Häusel · Brain View

Brain View

Warum Kunden kaufen

Dr. Hans-Georg Häusel

Haufe Mediengruppe
Freiburg · Berlin · München · Zürich

Bibliografische Information der deutschen Bibliothek

Die Deutsche Bibliothek verzeichnet diese Publikation in der Deutschen National-bibliografie; detaillierte bibliografische Daten sind im Internet über http://dnb.ddb.de abrufbar.

ISBN 978-3-448-08746-8 Bestell-Nr. 00143-0002

© 2009, Rudolf Haufe Verlag GmbH & Co. KG, Niederlassung Planegg/München
Postanschrift: Postfach, 82142 Planegg
Hausanschrift: Fraunhoferstraße 5, 82152 Planegg
Tel. 089 89517-0, Telefax 089 89517-250
Internet: www.haufe.de
E-Mail: online@haufe.de
Redaktion: Bettina Noé
Lektorat: Ulrike Wachter-Eberle

Anschrift des Autors: Dr. Hans-Georg Häusel, Gruppe Nymphenburg, Seidlstraße 25, 80335 München, Tel.: 089 549021-0, hg.haeusel@nymphenburg.de
Limbic®, Limbic® Map und Limbic Types® sind urheberrechtlich und patentrechtlich geschützte Verfahren. Ihre Verwendung ist nur nach schriftlicher Zustimmung des Autors gestattet.

Umschlaggestaltung: Grafikhaus, 80469 München
Satz/Layout: appel media, 85445 Oberding
Druck: freiburger graphische betriebe, 79108 Freiburg

Zur Herstellung der Bücher wird nur alterungsbeständiges Papier verwendet.

Inhalt

Vorwort zur 2. Auflage 2008

Seit dem ersten Erscheinen 2004 war und ist „Brain Script" oder jetzt „Brain View – Warum Kunden kaufen" mit das meistverkaufte Marketing-buch im deutschsprachigen Raum. Seine Popularität in der Praxis aber auch in der universitären Marketinglehre verdankt dieses Buch dem faszi-nierenden Grundansatz, der sich wie ein roter Faden durch das Buch zieht und unter dem Begriff „Limbic®" bei vielen namhaften Herstellern, Banken, Service-Dienstleistern und Handelsunternehmen inzwischen fest im Den-ken, Handeln und Forschen verankert ist.

Ausgehend von den verschiedensten Disziplinen der Hirnforschung und Psychologie wurde von mir und meinen Kollegen in der Gruppe Nymphen-burg mit Limbic® ein Ansatz entwickelt, der, wie eine namhafte Zeitung schrieb, „das heute weltweit beste Instrument ist, um Motive, Emotionen, Werte und Persönlichkeitsunterschiede bei Konsumenten und Kunden bes-ser zu verstehen", natürlich mit dem Ziel, dieses Wissen für die Praxis ver-kaufssteigernd zu nutzen.

Inzwischen wurde Limbic® in große Konsum-Panels (GFK) und in Burda Ty-pologie der Wünsche Intermedia (TDWI) eingepflegt – mit der faszinieren-den Möglichkeit, moderne Hirnforschung mit aktuellem Konsumverhalten empirisch zu verknüpfen. In der vorliegenden Neuauflage werden viele Bei-spiele dargestellt.

Aber Limbic® ist nicht nur ein Modell – dahinter verbirgt sich auch ein An-spruch: Nämlich stets die neuesten Erkenntnisse der Hirnforschung zu inte-grieren – immer mit dem Ziel, diese dem Praktiker und neuropsychologi-schen Laien so einfach wie möglich zugänglich und nutzbar zu machen, – aber nicht so einfach, dass dafür die wissenschaftliche Seriosität und Fun-dierung aufgegeben werden muss.

„Brain View" ist deshalb ein Buch für Praktiker, die fundierte Tools und An-regungen suchen, wie sie ihre Kunden besser ansprechen können und ihre Produkte und Marken besser an Frau und Mann bringen

„Brain View" ist aber auch ein Buch für die Marketinglehre und Forschung, weil es Studierenden und Lehrenden eine völlig neue Perspektive vermit-telt, was im Gehirn der Kunden wirklich abläuft.

Die vorliegende Neuauflage wurde in vielen Bereichen ergänzt, wissenschaftlich aktualisiert und mit zusätzlichen Praxisbeispielen versehen. Aufgrund der starken Nachfrage wurde ein zusätzliches Kapitel für das B2B-Geschäft integriert. Die sanfte Modifikation des Titels Brain Script in Brain View erfolgte aus markenrechtlichen Gründen.

Auf Sie, lieber Leser, wartet also eine spannende Expedition durch das Gehirn Ihrer Kunden. Jede Expedition hat Ziele, die sie erkunden und Fragen, die sie beantworten will. Unsere Fragen lauten:
Was treibt eigentlich den Kunden und Konsumenten an? Warum kauft er? Wie entscheidet er? Was kann man tun, damit er mehr kauft? Blättern Sie um – und unsere gemeinsame Expedition kann beginnen...

Hans-Georg Häusel

München, im September 2007

**Mehr Infos zum Thema Neuromarketing finden Sie unter
www.haufe.de/neuromarketing**

Einleitung oder Zeit zum Abschied von Marketing-Mythen

„Der Wurm muss dem Fisch schmecken, nicht dem Angler." Wer hat diese Weisheit, die Marketingexperten und Verkäufer einmütig nicken lässt, nicht schon hundert Mal gehört? Weit weniger Übereinstimmung herrscht darüber, was dem Fisch, also dem Konsumenten oder Käufer, wirklich schmeckt. Was sind seine wahren Bedürfnisse? Was treibt ihn an? Wie entscheidet er? Der Wunsch, den Kunden besser zu kennen, ist groß. Die Ernüchterung auf dem Weg zur Erkenntnis und Erleuchtung oft allerdings auch. Ein Marketingmanager eines bekannten Konsumgüterherstellers beendete vor einigen Jahren sein Referat auf einer internationalen Tagung mit der Feststellung: „Wir geben Millionen Euro für Marktforschung aus – und trotzdem bleibt der Konsument und Kunde ein Rätsel. Wie schön wäre es doch, wenn man mit Röntgenstrahlen oder so in den Kopf des Kunden schauen könnte, um seine wahren Bedürfnisse zu erkennen."

Der Wunschtraum aller Hersteller und Händler und der Albtraum aller Verbraucherschützer, nämlich dem Konsumenten direkt ins Gehirn zu schauen, um seine geheimsten Wünsche zu erkennen, scheint inzwischen zum Greifen nahe. Als in einer kürzlich durchgeführten Untersuchung nachgewiesen wurde, dass die Marke Coca-Cola zu völlig anderen Gehirn-Aktivierungen im Kopf der Konsumenten führt als die Marke Pepsi-Cola, war das Interesse der Marketingleute an der Hirnforschung geweckt.[12.8] Das war auch die offizielle Geburtsstunde der neuen Disziplin „Neuromarketing". Berichte in den Medien über den direkten Blick in das Konsumenten-Gehirn sorgen inzwischen auch für ein breites Interesse in der Öffentlichkeit. Quelle dieser Erkenntnis sind meist Untersuchungen mit einer sehr teuren und aufwändigen Apparatur, nämlich einem Kernspin-Resonanz-Tomographen. Mit ihm kann man die Aktivierung von Gehirnbereichen sichtbar machen. Diese heute unter dem Begriff fMRI (functional Magnetic Resonance Imaging) verwendete Technologie macht es möglich, dem Menschen ohne physischen Eingriff oder Verabreichung von radioaktiven Substanzen beim Denken in den Kopf bzw. in das Gehirn zu schauen. Vielleicht, so die Hoffnung, kann die Hirnforschung dazu beitragen, dem Rätsel Kunde auf die Spur zu kommen oder es vielleicht gar ganz zu lösen?

Vor etwa 15 Jahren begann ich, mich mit neuro- und biopsychologischen Aspekten des Konsumverhaltens zu beschäftigen. Auslöser war ein mehrjähriges Forschungsprojekt, das ich im Rahmen meiner Promotion, begleitet vom inzwischen verstorbenen Direktor am Münchner Max-Planck-Institut für Psychiatrie, Prof. Dr. med. Dr. phil. Johannes Brengelmann, durchführte. Ziel dieser Arbeit war es, herauszufinden, welche Zusammenhänge zwischen biologischen und psychologischen Altersprozessen und dem Konsum- und Geldverhalten bestehen. Mehrere im Rahmen dieses Projekts durchgeführte Untersuchungen mit verschiedenen Zielgruppen und unterschiedlichen Forschungsmethoden kamen alle zum gleichen Ergebnis: Das direkt beobachtbare Konsum- und Geldverhalten änderte sich mit dem Alter erheblich, während die Befragungen der Versuchspersonen lange nicht solche starken Zusammenhänge aufzeigten. Offensichtlich gab es eine erhebliche Diskrepanz zwischen dem bewussten Erleben der Testpersonen und ihrem unbewusst ausgeführten Verhalten. Das Konsumverhalten der verschiedenen Altersgruppen konnte aber durch ein Motiv- und Emotionsmuster erklärt werden, das sich wie ein roter Faden auch durch viele andere Untersuchungen des Max-Planck-Instituts zu eher psychosomatischen Fragestellungen zog (z. B. zur Entstehung von Stress, Herz-Kreislaufkrankheiten usw.).

Mich interessierte nun, welche Erkenntnisse die Hirnforschung zur Erklärung des entdeckten Motivmusters beitragen kann. Meine Vermutung: Wenn bei einer Vielzahl von Untersuchungen mit unterschiedlichsten Fragestellungen immer wieder das gleiche Emotions- und Motivmuster auftaucht, dann muss es im Gehirn entsprechende Bereiche geben, die für die Verarbeitung dieser Grundmotive und Emotionen zuständig sind. Ebenso muss es bestimmte Nervenbotenstoffe, also Neurotransmitter und Hormone geben, die zu Veränderungen im Gehirn führen und ebenfalls viel zur Erklärung menschlichen Kaufverhaltens beitragen können. Um diese Fragen zu klären, werteten meine Kollegen und ich in der Gruppe Nymphenburg mehrere tausend Hirnforschungsuntersuchungen aus. Und da die Hirnforschung täglich neue und spannende Erkenntnisse bringt, begleitet uns diese wissenschaftliche Grundlagenarbeit weiterhin in unserer täglichen Arbeit.

Neurochemie sagt Konsumverhalten voraus

Die Mühe und der damit verbundene ungeheure Zeitaufwand lohnten sich. Es zeigte sich nämlich, dass das beobachtete universelle Motivmuster eine fast identische neurobiologische Entsprechung im Gehirn hatte. Noch viel spannender war eine zusätzliche Erkenntnis. Die mit dem Alter einhergehenden Veränderungen der Neurotransmitter- und Hormonkonzentration im Gehirn sagten das tatsächlich beobachtete Geld- und Konsumverhalten wesentlich besser voraus als die Befragungen der Versuchspersonen.

Damit war klar: Die für uns und den Konsumenten weitgehend unbewussten biologischen Abläufe in unserem Gehirn haben einen weit höheren Einfluss auf das Konsum- und Kaufverhalten, als wir selber glauben oder in unserem Bewusstsein erleben. Damit wurde aber auch der Glaube an den bewussten, frei handelnden rationalen Konsumenten zerstört. Denn wenn entwicklungsgeschichtlich alte Gehirnstrukturen (wie das limbische System, das unsere Motive und Emotionen wesentlich steuert), wenn Neurotransmitter und Hormone einen so großen unbewussten Einfluss auf Konsum- und Kaufentscheidungen haben, dann ist der rationale und vernünftige Konsument ein Mythos!

Brain View eröffnet eine völlig neue Perspektive des Kunden

Brain View betrachtet also den Kunden und Konsumenten aus einer völlig neuen und faszinierenden Perspektive, nämlich der Hirnforschung. Welche Mechanismen und Programme sind es, die im Gehirn des Kunden und Konsumenten ablaufen und sein Konsum- und Kaufverhalten steuern?

Die ersten Überlegungen dazu hatte ich in meinen Büchern „Think Limbic!"[B3] und „Limbic Success"[B4] skizziert. Brain View baut teilweise darauf auf. Brain View integriert aber auch viele wichtige Ergebnisse aus der aktuellen Hirnforschung. Gleichzeitig werden ganz neue Überlegungen angestellt und neue Anwendungsmöglichkeiten dargestellt. Besonders wichtig sind aber der Praxisbezug und die Praxisbeispiele, die es in Hülle und Fülle aus unserer Arbeit für namhafte Hersteller, Banken, Telekommunikationsunternehmen und Handelskonzerne gibt.

Heute suchen viele nationale und internationale Unternehmen unseren Rat, wenn es darum geht, Marken, Produkte, Marketingkonzepte, Serviceabläufe, Verkaufsprozesse und Verkaufsflächen zu optimieren. Die Verknüpfung der neuesten Erkenntnisse der Hirnforschung, Neurochemie, Psychologie und Biologie mit Ergebnissen aus klassischen empirischen Konsumentenuntersuchungen macht Zusammenhänge sichtbar und zeigt Verbesserungsmöglichkeiten auf, die so vorher noch nie gesehen wurden.

Ein weiterer Grund für den großen Erfolg dieses neuen Ansatzes liegt darin, dass er ein umfassendes Grundmodell bietet, wie der Konsument und Kunde tatsächlich tickt. Darüber hinaus werden viele Fragen aus der Verkaufspraxis verständlich und dabei wissenschaftlich fundiert beantwortet. Nach Ansicht vieler Experten ist dieser in Brain View dargestellte Limbic®-Ansatz der lang gesuchte Zauberschlüssel, um den Konsumenten, seine Motive, seine Emotionen und seine Werte besser zu verstehen.
In der Marketingpraxis findet man eine Reihe weiterer Instrumente, die ein ähnliches Ziel haben. Alle diese Instrumente wurden durch umfangreiche Konsumentenbefragungen gewonnen und sind durch statistische Methoden mehr oder weniger abgesichert. Eines haben diese Instrumente gemeinsam: Keines beginnt dort, wo alle Kaufentscheidungen fallen, nämlich im Gehirn. Keines kann erklären, welche Motiv- und Emotionssysteme es in unserem Kopf tatsächlich gibt und wie diese zusammenspielen. Genau das wird in Brain View erklärt.
Der Blick ins Gehirn des Konsumenten und Kunden eröffnet also all jenen spannende Einsichten und Erkenntnisse, die mehr und besser verkaufen wollen. Aber auch für alle anderen ist die Lektüre lohnend, denn schließlich sind wir alle täglich auch Kunden und Konsumenten und damit Opfer der vielen geheimen Konsum-Verführer.

Abschied von den Mythen

Das tiefere und bessere Verständnis von Kunde und Konsument und seinen wirklichen Antrieben hat noch einen weiteren Nutzen: Viele Marketing-Mythen und Glaubenssätze, auf die man in der Praxis stößt, werden im Laufe des Buches als falsch entlarvt. Damit werden gleichzeitig teure Fehlentscheidungen verhindert. Auf einige dieser Mythen will ich gleich zu Anfang kurz eingehen:

„Der Kunde fällt seine Entscheidung bewusst."
Das ist ein gewaltiger Trugschluss, wie sich im Laufe des Buches noch herausstellen wird. Denn was in unserem Bewusstsein vorgeht, hat mit den tatsächlichen Entscheidungsabläufen und Brain View in unserem Kopf und Gehirn relativ wenig zu tun – aus diesem Grund sprechen die Gehirnforscher auch gerne von der Benutzer-Illusion. Die Macht des Unbewussten ist weit größer als die meisten Menschen ahnen. Weit mehr als 70 bis 80 % unserer Entscheidungen laufen unbewusst ab und auch die verbleibenden bewussten 30 % sind lange nicht so frei, wie wir glauben, sondern bewegen sich strikt im Rahmen eines Programms, das sich im Laufe der Evolution als erfolgreich erwiesen hat. Brain View enthüllt, was es mit dem Unterbewussten auf sich hat.

„Der Kunde fällt seine Entscheidung meist rational."
Bis heute beherrscht das platonische Missverständnis unser Denken, dass Ratio das Gegenteil der Emotion sei. Die Rationalität unseres Gehirns liegt darin, durch unsere Handlungen ein Maximum an positiven Emotionen zu erzielen und – weil mit diesen positiven Emotionen unsere biologische Fitness verknüpft ist – dafür zu sorgen, dass wir möglichst viele unserer Gene in die nächste Generation bringen. In Brain View erfahren Sie, warum es keine unemotionalen Kaufentscheidungen gibt und warum auch Produkte, die Qualität, Präzision und Perfektion bieten, Emotionen auslösen.

„Was einzig und allein zählt, ist der Preis."
Wer an das Geld seiner Kunden will, sollte wissen, dass und wie Emotionen bei preislichen Überlegungen eine wichtige Rolle spielen. Brain View zeigt Ihnen, wie Sie die Preisfalle im Kopf Ihrer Kunden geschickt umgehen können.

„Der Konsument von heute ist hybrid, multioptional und nicht mehr berechenbar."
Was man nicht weiß, das sieht man auch nicht. Auch für unsere Ur-Vorfahren war die Welt unberechenbar, weil sie die dahinter liegenden physikalischen Gesetze nicht kannten. Das gleiche Problem haben wir auch im Marketing. Kaum einer weiß, was im Kopf des Kunden wirklich vorgeht, und deshalb wird sein Verhalten als hybrid und unberechenbar empfunden. Brain View deckt auf, welches Programm hinter dem scheinbar unberechenbaren Kundenverhalten steht und wie Sie Ihre Kunden binden können.

„Die Alten und die Best Ager sind die Umsatzbringer von heute und morgen."

Hier ist die Hoffung der Vater des Gedankens. Tatsächlich haben die älteren Konsumenten das meiste frei verfügbare Geld. Leider geben sie es aber nur sehr ungern aus. Brain View weiht Sie in die Geheimnisse eines erfolgreichen Generationen-Marketings ein.

„Geschlechtsunterschiede spielen im Marketing eine immer geringere Rolle."

Bei solchen Aussagen spürt man die deutlichen Nachwehen einer falsch verstandenen Emanzipation, die sich weigert, die biologischen Geschlechtsunterschiede im Denken und Handeln zu akzeptieren. Tatsächlich weist die Hirnforschung nach, dass das männliche und weibliche Gehirn höchst unterschiedlich operieren. Brain View zeigt, was man beachten muss, wenn man Männer bzw. Frauen als Konsumenten für sich gewinnen will.

„Der Konsument von heute ist gegen die Tricks von Werbung und Marketing immun."

Dieser Mythos wird meist mit dem Argument untermauert, dass wir in einer gut informierten und aufgeklärten Gesellschaft leben. Tatsächlich hat der Kunde nur einen sehr beschränkten Einfluss darauf, was in seinem „Oberstübchen" passiert. Sein Bewusstsein ist das Ende eines langen unbewussten Verarbeitungsweges im Gehirn und spiegelt nicht, wie er selbst glaubt, die gesamte Verarbeitung wider. Viele Signale und Botschaften, die von Produkten oder Werbung ausgesendet werden, erreichen das Bewusstsein des Konsumenten nicht, trotzdem beeinflussen sie in hohem Maße sein Denken und sein Verhalten. In Brain View erfahren Sie, wie die geheimen Verführer tatsächlich wirken und wie Sie durch das Management der geheimen Signale Ihr Angebot attraktiver machen.

„Mit den neuen Apparaten der Hirnforschung sieht man, was der Kunde wirklich denkt."

Unter dem Stichwort „Neuromarketing" machen Untersuchungen von sich reden, die sogenannte bildgebende Verfahren der Hirnforschung zu Marktforschungszwecken einsetzen. Haben die klassischen Marktforschungsinstrumente jetzt ausgedient, weil man Kunden direkt und ohne Befragung in den Kopf schauen kann? Brain View zeigt, welche Chancen, vor allem aber welche Grenzen diese neuen Methoden haben.

Konsument oder Kunde?

Sie haben vielleicht gemerkt, dass ich in der Einleitung sowohl den Begriff „Kunde" als auch „Konsument" verwendet habe. Manchmal benutzt man in der Umgangssprache beide Begriffe, ohne lange darüber nachzudenken. Trotzdem gibt es bei näherem Hinsehen erhebliche Unterschiede: In der B2B (Business-to-Business)-Welt spricht man vom Kunden, im Bereich B2C (Business-to-Consumer) spricht man vom Konsumenten.

Was genau ist Neuromarketing?

In der Einleitung habe ich den Begriff „Neuromarketing" eingeführt – aber was versteht man genau darunter? Ganz pragmatisch formuliert, beschäftigt sich Neuromarketing damit, wie Kauf- und Wahlentscheidungen im menschlichen Gehirn ablaufen und vor allem, wie man sie beeinflussen kann. Für die Beantwortung dieser Kernfragen des Marketings bietet die Hirnforschung nun zwei unterschiedliche Zugänge, die auch gleichzeitig für eine engere oder erweiterte Definition von Neuromarketing stehen:

In der engeren Definition wird Neuromarketing mit dem Einsatz von apparativen Verfahren der Hirnforschung zu (Markt)forschungszwecken gleich gesetzt. Von besonderer Bedeutung für die Praxis ist dabei der sogenannte „Hirnscanner" oder wissenschaftlich exakt „Functional Magnetic Resonance Imaging" (FMRI). In der universitären Grundlagenforschung vermeidet man heute zunehmend den Begriff „Neuromarketing", weil mit diesem Begriff immer gleich auch praktischer Nutzen und Anwendbarkeit suggeriert wird. In der Grundlagenforschung spricht man deshalb lieber von „Neuroökonomie" und „Consumer Neuroscience".

In der erweiterten Definition wird Neuromarketing umfassender gesehen. Hier wird Neuromarketing als die Nutzung der vielfältigen Erkenntnisse der Hirnforschung für das Marketing verstanden. Zwar spielt der Einsatz der oben beschriebenen Hirnforschungsapparate zu Marktforschungszwecken auch hier eine Rolle. Von wesentlich größerer Bedeutung für diesen Blickwinkel ist jedoch, dass er die gesamten Erkenntnisse der aktuellen Hirnforschung in die Marketingtheorie und Marketingpraxis zu integrieren versucht. Die Hirnforschung hat in den letzten Jahren nämlich viele spannende Geheimnisse unseres Oberstübchens enthüllt, die für das Marketing von großer Bedeutung sind und sein können. Und genau mit diesem Schwerpunkt beschäftigt sich Brain View – nämlich, wie man die Erkenntnisse der Hirnforschung für die Marketing- und Verkaufspraxis nutzen kann.

So ist dieses Buch aufgebaut:

● In Teil 1, Kapitel 1–4, beschäftigen wir uns mit der Frage „Warum kaufen Kunden?". In diesem Teil geht es um die wahren Kaufmotive im Kopf und darum, wie Entscheidungen wirklich ablaufen.

● In Teil 2, Kapitel 5–7, steht die Frage im Vordergrund: „Worin unterscheiden sich Kunden beim Kaufen?". In diesem Teil erfahren Sie, welchen enormen Einfluss die Persönlichkeitsstruktur, das Alter und das Geschlecht auf Kaufentscheidungen und Produktpräferenzen haben.

● In Teil 3 begleiten wir ein Produkt von der Markenbildung bis ins Regal des Handels. Konkret interessiert uns die Frage: „Was kann man tun, damit Kunden mehr und häufiger kaufen?". Den Abschluss des Buches bildet ein Kapitel, welches sich nochmals kritisch mit den Chancen und Grenzen von Hirn-Tomographen in der Marktforschung auseinandersetzt.

Für alle Leser, die es genauer wissen wollen und an wissenschaftlichem Material und Belegen interessiert sind, gibt es neben den Literaturhinweisen am Ende des Buches sogenannte Infoboxen, in denen neurobiologische und psychologische Hintergrundinformationen zu den Motiv- und Emotionssystemen, zur Wirkung von Nervenbotenstoffen und zur Funktion von bestimmten Gehirnbereichen detaillierter dargestellt werden.

Zwölf spannende Kapitel warten auf Sie. Sie geben, so hoffe ich, einen faszinierenden Einblick, was im Kopf, genauer im Gehirn des Kunden, wirklich vorgeht.

Teil 1:
Warum Kunden kaufen

Mit der Frage, wie man Kundenverhalten erklären kann, beschäftigen sich viele Wissenschaften. Bis vor einigen Jahren waren die Psychologie und die empirische Marktforschung die Wissenschaften, die reklamierten, den Kunden und sein Verhalten erkennen zu können. Durch Befragungen und Beobachtungen wurden viele Zusammenhänge erforscht und auch teilweise erklärt. Seit einigen Jahren macht eine neue Disziplin mit teilweise sensationellen und erstaunlichen Erkenntnissen auf sich aufmerksam: die Hirnforschung. Verknüpft man die Erkenntnisse der Psychologie mit den neuesten Forschungsergebnissen der Hirnforschung, so ergibt sich ein neues Bild von dem, was im Kopf des Kunden wirklich vorgeht. Die ersten vier Kapitel dieses Buches liefern spannende Antworten auf folgende Fragen:

- Was ist Hirnforschung und warum können wir mit ihrer Hilfe Kunden besser verstehen?

- Was bewegt den Kunden und Konsumenten?

- Welche Kaufmotive gibt es überhaupt?

- Warum sind bestimmte Produkte attraktiver als andere?

- Wie fallen Kaufentscheidungen tatsächlich im Kopf?

Kapitel 1:
Hirnforschung – den geheimen
Verführern auf der Spur

Was Sie in diesem Kapitel erwartet:

Durch modernste Methoden der Hirnforschung hat Coca-Cola den Beweis für seine Überlegenheit gegenüber Pepsi erbracht. Die neue Disziplin mit Namen Neuromarketing sorgt für großes Aufsehen in der Presse. Was eigentlich ist Hirnforschung genau und was kann sie zu einem besseren Verständnis des Verbrauchers beitragen?

1957 landete der US-Amerikaner Vance Packard mit seinem Buch „Die geheimen Verführer" einen Bestseller. Was Packard schilderte, faszinierte Werber und Marketingmanager. Blankes Entsetzen dagegen lösten seine Enthüllungen bei Verbraucherschützern aus. Er berichtete darüber, wie amerikanische Unternehmen Konsumenten durch geheime Techniken manipulierten. In gewöhnliche Kino-Spielfilme wurden Bilder von Konsumprodukten so kurz eingeblendet, dass die Zuschauer nichts davon bemerkten. Die geheimen Werbebotschaften lagen also unterhalb der menschlichen Wahrnehmungsschwelle. In den Supermärkten, die danach von den Zuschauern besucht wurden, stieg der Konsum dieser Produkte laut Packard überproportional an.

Offenbar gab es also unbewusste Mechanismen, die zum Kauf von Produkten führten. Das Faszinierende bzw. Erschreckende daran war nur, dass der Konsument nicht registrierte, wie sein Unbewusstes beim Betrachten beispielsweise eines Liebesfilms manipuliert wurde. Dieses Phänomen der unterschwelligen Wahrnehmung (subliminale Wahrnehmung) und seiner Auswirkung auf das Kaufverhalten wurde inzwischen von der Psychologie und Hirnforschung bestätigt. Kontrovers diskutiert wird dagegen, wie stark deren Wirkung ist – es gibt wohl Effekte auf den Abverkauf, diese sind aber nicht sehr groß. Einige Versuche jüngeren Datums zeigen, dass nur direkt nach der Darbietung des unterschwelligen Reizes eine Veränderung der Produktpräferenzen erreicht wird, diese aber nicht anhält.

Coca-Cola schlägt Pepsi im Gehirn

Fast 50 Jahre später, nämlich 2003, sorgten Berichte im Fernsehen und in der Publikumspresse für ähnliche Reaktionen wie die Veröffentlichung der geheimen Tricks der Konsumenten-Manipulation. In Presseberichten wurde nämlich eine Untersuchung veröffentlicht die vom Brausebrauer Coca-Cola mit modernsten Methoden und Geräten der Hirnforschung durchgeführt wurde[12.8]. Während eine Reihe von Konsumenten Coca-Cola und Pepsi-Cola tranken, schauten ihnen Gehirnforscher direkt ins Gehirn. Das dazu verwendete Gerät war ein viele Millionen Dollar teurer Magnet-Resonanz-Tomograph (fMRI), mit dem man die Gehirnabläufe der Versuchspersonen bei Denkprozessen sichtbar machen kann. (Da wir im Laufe des Buches noch öfters auf diesen Apparat stoßen werden, nenne ich ihn ab jetzt einfach Hirnscanner).

Das Ergebnis dieser Untersuchung: Im Blindtest, also ohne dass die Konsumenten wussten, welche Marke sie tranken, aktivierten Pepsi und Coca-Cola die gleichen Hirnbereiche; insbesondere ein Bereich im Stirnhirn, der für Belohnungsverarbeitung zuständig ist, wurde aktiviert (süßer Geschmack ist für das Gehirn Belohnung). Doch sobald bei der Getränkedarbietung das Coca-Cola- und Pepsi-Zeichen mit eingespielt wurde, veränderte sich das Bild im Hirnscanner. Beim Genuss von Coca-Cola leuchteten noch zusätzliche Bereiche im Mittel- und im Großhirn auf, bei Pepsi jedoch nicht. Und: Wenn der Konsument die Marken kannte, bevorzugte er überwiegend Coca-Cola. Obwohl nach den Gehirnbildern Pepsi im Geschmack gleich belohnend war, gab und gibt es offensichtlich eine mächtigere Gehirnregion, die ganz auf der Seite von Coca-Cola stand bzw. steht: das Großhirn.
Wurde mit diesen Mitteln der Hirnforschung bewiesen, dass Coca-Cola die stärkere Marke ist? In Kapitel 12 werden wir diese Untersuchung näher betrachten, wenn wir uns mit den Chancen und Grenzen des Neuromarketings beschäftigen.

Die Angst vor dem Gehirn-Big-Brother

Der Jubel bei Coca-Cola war groß, denn damit glaubte man den objektiven Beweis des Vorsprungs geliefert zu haben. Doch die Freude wurde bald getrübt. Als der Versuch und seine Ergebnisse an die Öffentlichkeit kamen, erfolgten massive Gegenreaktionen von Verbraucherschutzorganisationen und Bürgerrechtlern. Die Schreckensvorstellung von globalen „Super-Big-Brother"-Konzernen, die mit geheimnisvollen Hightech-Maschinen direkt ins Gehirn des Konsumenten schauen konnten, machte die Runde. Gleichzeitig wurde dem Krankenhaus, dem der Hirnscanner gehörte, vorgeworfen, soziale Einrichtungen für schnöde kapitalistische Machenschaften zu

missbrauchen. Inzwischen wurden in den USA eine Reihe von Bürgerinitia-
tiven mit dem Ziel gegründet, solche Untersuchungen zu verhindern.

Aber der Fortschritt lässt sich nicht aufhalten, allenfalls verlangsamen – die
Untersuchung von Coca-Cola erregte das Interesse von Universitäten und
von Marketingverantwortlichen großer Konzerne. So entstand in den letzten Jahren eine neue Disziplin mit Namen „Neuromarketing". Ihr For-
schungsziel besteht darin, dem Konsumenten beim Denken und Entscheiden zuschauen zu können. Die großen Erwartungen der Marktforscher und
Marketingabteilungen werden nicht zuletzt durch die unzähligen Berichte
über Hirnforschung geschürt. Das Computer-Gehirnbild mit der vermeintli-
chen Lokalisation der Eigenschaften darf auch in Illustrierten nie fehlen.
Diese bunten Gehirnbilder sind meist mit Unterzeilen versehen wie „Gehirnforscher haben entdeckt, wo Glaube/Gott/Sex/Autos/Erfolg in unserem
Gehirn ihren Platz haben". Dass solche Aussagen meist Humbug sind, stört
ihre Beliebtheit nicht. Da insbesondere Manager eine besondere Freude an
bunten Bildern und einfachen Erklärungen haben, erobern Hirnbilder zunehmend die Vorstandsetagen. Damit soll nicht gesagt sein, dass diese Art
der Konsumentenforschung falsch oder gar sinnlos sei. Aber ganz so einfach, wie die bunten Bilder und die zugehörigen Erklärungen es suggerieren, ist es nun mal nicht. Die Bilder zeigen nämlich nur, welche Gehirnbereiche an einer Denkoperation beteiligt sind, sie zeigen aber nicht, was der
Konsument denkt, erlebt und fühlt.

Was ist eigentlich Hirnforschung?

Vielleicht sind Sie jetzt etwas enttäuscht? Wie schön und spannend wäre es
doch gewesen, dem Kunden und Konsumenten ganz einfach in den Kopf zu
schauen und dabei seine unbewussten Wünsche und geheimsten Gedanken
zu lesen. Verbraucherschützer, Bürgerrechtler und Moralphilosophen teilen
die Enttäuschung aus nachvollziehbaren Gründen natürlich nicht. Und vielleicht stellen Sie jetzt in Frage, ob die Hirnforschung überhaupt helfen
kann, den wahren Wünschen und Bedürfnissen des Konsumenten und Kunden auf die Spur zu kommen.

Sie kann. Wohl kein Wissenschaftsbereich hat nämlich in den letzten zwan-
zig Jahren einen solchen Aufschwung erlebt und solche wichtigen Erkenntnisse über das menschliche Denken und Handeln beigesteuert wie die Hirnforschung. Doch um zu verstehen, warum die Erkenntnisse der Hirnforschung so wichtig sind, müssen wir uns zunächst kurz damit beschäftigen,
was Hirnforschung eigentlich ist.

Die Disziplinen und Methoden der Hirnforschung

Hört oder liest man von „Hirnforschung", klingt das für die meisten sehr geheimnisvoll und kompliziert. Das liegt am Gehirn als Forschungsgegenstand selbst, aber auch an den vielfältigen wissenschaftlichen Unterdisziplinen, die das größte Geheimnis des Menschen, die Arbeitsweise seines Gehirns, mit unterschiedlichsten Methoden lüften wollen.[1.2] Zellbiologen beispielsweise beschäftigen sich mit dem chemischen und elektrischen Verhalten von einzelnen Nervenzellen oder Zellgruppen. Neurobiologen erkunden die Struktur unseres Gehirns, die Funktion einzelner Gehirnbereiche und wie sie zusammenspielen. Neurophysiologen beschäftigen sich mit chemischen und elektrischen Abläufen in unserem Gehirn. Neuroendokrinologen interessiert, wie Nervenbotenstoffe, also Neurotransmitter und Hormone im Gehirn wirken. Neurologen suchen bei Krankheiten oder Verletzungen des Gehirns nach den Ursachen. Neurogenetiker schauen, wie bestimmte Gene unser Gehirn und damit unser Verhalten beeinflussen. Neuropsychologen schließlich untersuchen die Beziehungen zwischen Gehirnfunktionen und Verhalten mit den Methoden der experimentellen Psychologie.

Das Babylon der Wissenschaft vom Menschen und Kunden

Nun werden Sie sagen, das klingt ja alles ganz interessant, was die Hirnforscher da so treiben, aber was hat das mit dem Kunden- oder Konsumentenverhalten zu tun? Reicht nicht die klassische Psychologie oder die empirische Marktforschung aus, um den Menschen, genauer den Konsumenten, und seine Bedürfnisse vollständig zu erklären? So wichtig und richtig die heutigen Erkenntnisse der Psychologie und der empirischen Marktforschung sind, sie haben ein Problem: Sie entstehen und entstanden durch Beobachtung des Kaufverhaltens oder durch Befragungen. Was dabei wirklich im Kopf des Kunden vorgeht, welche Motiv- und Emotionssysteme tatsächlich im Gehirn existieren und wie diese zusammenwirken und das Verhalten steuern, blieb der Psychologie und der Marktforschung weitgehend verborgen. Durch die Verknüpfung dieser Disziplinen mit den Forschungsergebnissen der Hirnforschung entsteht ein neues und faszinierendes Bild von dem, was im Kopf des Konsumenten wirklich vorgeht. Anders herum gilt das aber auch: Die Erkenntnisse der Hirnforschung erhalten nur in Verknüpfung mit der Psychologie eine praxisrelevante Erklärungskraft.

Aber es gibt auch ein Problem: Jede der aufgezählten Disziplinen der Hirnforschung ist in ihren Methoden und Zielen hoch spezialisiert, spricht ihre eigene Sprache, publiziert in eigenen Zeitschriften und besucht die eigenen Kongresse. Durch die hohe Spezialisierung fehlt vielen Gehirnforschern meist das Wissen der Nachbardisziplin. Genau das aber ist ein Ziel von Brain View: Die Erkenntnisse dieser verschiedenen Forschungsrichtungen sollen so weit verdichtet und vereinfacht werden, dass der Marketing- und Verkaufspraktiker in seiner täglichen Arbeit etwas damit anfangen kann.

Ein fiktiver Rundgang durch das modernste Forschungsinstitut der Welt

Wenn wir auf die Frage „Warum kauft der Kunde?" eine Antwort suchen, dann dürfen wir uns nicht mit einfachen Rezepten zufrieden geben. Verheißungen wie „Wenn du deinen Kunden liebst, wird er auch dich lieben und bei dir kaufen", sorgen auf Verkaufstrainings zwar für bestätigenden Applaus, tragen aber zum Verständnis, was im Kopf des Kunden geschieht, wenig bei. Gute Antworten finden wir nur, wenn wir uns die Zeit nehmen, die verschiedensten wissenschaftlichen Perspektiven vom und über den Menschen (= Kunde) zu betrachten, nach möglichen gemeinsamen Erklärungsmustern suchen und diese anschließend in die Marketing- und Verkaufspraxis übertragen. Aus diesem Grund wollen wir uns im Rest dieses Kapitels kurz mit den unterschiedlichen wissenschaftlichen Perspektiven beschäftigen, die fundiert dazu beitragen können, „das Geheimnis Kunde" zu lüften. Dem Ziel und Zweck des Buches gemäß hat die Hirnforschung ein besonderes Gewicht.

Damit das Ganze für Sie nicht langweilig wird, möchte ich Sie zu einem kleinen Rundgang einladen. Wir besuchen ein riesiges, aber nur in der Fantasie existierendes Forschungsinstitut, das irgendwo in der Mitte zwischen Oxford, Cambridge, Harvard und Stanford liegt. Dieses Forschungsinstitut hat nur ein Ziel, nämlich das menschliche Denken und Verhalten aufzuklären. Unter dem Dach dieses Forschungsinstituts treffen wir auf Wissenschaftler aus den genannten Disziplinen der Hirnforschung. Wir sprechen aber auch mit Psychologen und sozialwissenschaftlich ausgerichteten Marktforschern. Im Verlauf unseres Rundgangs werden wir nun erkennen, wie unterschiedlich Menschen und Kunden erklärt werden können.

Das Gehirn als Netzwerk

Im ersten Gebäude treffen wir auf jene Gehirnforscher, die sich mit der Funktion einzelner Nervenzellen oder großer Netzwerke aus Nervenzellen beschäftigen.[B7; 1.4] Sie erklären uns, dass das menschliche Verhalten im Wesentlichen auf informationstheoretischen Prinzipien basiert. „Das Gehirn ist nichts anderes als ein riesiges neuronales Netzwerk. Die Informations-speicherung, das menschliche Lernen, basiert auf den Verbindungen der Nervenzellen im Netzwerk und verschiedensten Formen der Rückkopplung zwischen den Netzwerk-Zellen. Auch dem Rätsel des Bewusstseins sind wir schon auf der Spur. Bewusstsein kommt durch gleichzeitige Synchronisie-rung verschiedener Nervenzellen-Netzwerke im Gehirn zustande.[B.7] Da un-sere Bewusstseinsinhalte laufend wechseln, wechseln auch die Zentren, von denen diese Synchronisierungen ausgehen".[B.2] Natürlich interessiert uns, welche Relevanz diese Ergebnisse für Marketing und Vertrieb haben. Die Forscher überlegen kurz. Sie erklären, dass Markenimages hier eine sehr große Rolle spielen. Markenimages im Gehirn seien aus ihrer Sicht aber nichts anderes als große neuronale Super-Netzwerke, die aus verschiedens-ten kleineren Netzwerken im Gehirn bestehen. In diesen kleineren Netz-werken seien an unterschiedlichsten Orten im Gehirn Bilder, Vorstellungen und Emotionen gespeichert, die zusammen das Markenimage in unserem Bewusstsein bildeten.

Vergleichende Hirnforschung

Tief beeindruckt gehen wir weiter ins nächste Gebäude. Dort sitzt die For-schergruppe, die sich mit vergleichender Hirnforschung beschäftigt, die Neurobiologen. Auf die Frage, warum man hier mit Affen arbeitet, wo es doch um menschliches Verhalten geht, reagiert einer der Wissenschaftler etwas pikiert. Er erklärt uns zunächst, man spreche heute wissenschaftlich korrekt von menschlichen Primaten (das sind Sie und ich!) und von nicht menschlichen Primaten. Dabei zeigt er auf unseren behaarten Kollegen im Käfig. Der Grund für diese Einteilung sei die hohe genetische Verwandt-schaft. „Schimpansen und Menschen haben zu 98,76 % die gleichen Gene!" Unser Blick wandert fragend in die andere Abteilung des Labors, in der Rat-tenkäfige stehen. Als hätte er unsere Frage geahnt, was nun Ratten mit Menschen zu tun hätten, erklärt er, dass das Gehirn unserer verschiedenen Säugetier-Kollegen strukturell, also in den Grundfunktionen, fast identisch mit dem menschlichen Gehirn sei.[B6,I.3] „95 % aller Untersuchungen in der Hirnforschung werden an Säugetieren gemacht – aber nicht, weil jemand an der Psyche des Hasen oder der Ratte interessiert ist, sondern weil man die Ergebnisse (mit ein paar artspezifischen Abstrichen) durchaus auf den Menschen übertragen kann. Übrigens: Auch das menschliche Motivations-system gleich in seiner Grundstruktur dem jedes Säugetiers." Der gerade erfahrende Thronsturz schmerzt. Hatten wir bisher doch immer geglaubt, wir Menschen wären die absolute Krone der Schöpfung! Und jetzt soll der grundsätzliche Aufbau unseres Gehirns dem eines Schimpansen gleichen und noch schlimmer: ganz ähnlich dem einer Ratte sein? Auch von dem

Neurobiologen wollen wir wissen, was seine Forschung dazu beitragen kann, das Geheimnis Kunde zu klären. Er lächelt und sagt: „Nach meiner Kenntnis herrscht im Marketing und Verkauf eine ziemliche Konfusion darüber, welche Kaufmotive und Emotionen das Kundenverhalten steuern und nach welcher Logik diese Emotions- und Motivsysteme funktionieren. Gerade unsere Grundlagenforschung kann enorm wichtige Auskunft genau zu diesen Fragen geben."

Neurochemische Hirnforschung
Dass scheinbar schon ganz einfache Verhaltensweisen höchst komplizierte Abläufe im Gehirn erfordern, gibt uns zu denken. Wir gehen in das nächste Institut. Hier treffen wir auf Forscher, die im Begriff sind, Gehirne in hauchdünne Scheiben zu schneiden. Sie erklären uns dabei, was sie tun und was der Zweck der Untersuchung sei. Vor ihrem Tod seien die Ratten längere Zeit einer hell beleuchteten Fläche ausgesetzt worden. Dies, das wisse man, würde den Nagern Angst machen und Stress auslösen. Nun würde man untersuchen, ob und wie sich die Konzentration des Stresshormons Corticosteron im Gehirn verändert habe und ob durch dieses Hormon die Zellen im Neokortex geschädigt worden seien. Daraus könne man Rückschlüsse ziehen, ob und wie Stress das Lernen beeinträchtigt.[1.8] „In der Neurochemie", fügt ein Forscher hinzu, „gibt es Neurohormone, Neuropeptide, Neurotransmitter und Neuromodulatoren. Diese Substanzen unterscheiden sich sowohl hinsichtlich des Orts ihrer Entstehung, ihrer chemischen Struktur, aber auch in ihrer Wirkung auf die Nervenzelle. Ich spreche in Gegenwart von Nicht-Fachleuten aber immer von Nervenbotenstoffen, um diese nicht zu verwirren." Übrigens bemerkt der Forscher, seine Disziplin sei mit die wichtigste der ganzen Hirnforschung. Zum einen weil hinter allen menschlichen Motiven und Emotionen immer auch Nervenbotenstoffe stünden, die an deren Steuerung maßgeblich beteiligt seien.[1.5; 1.6; 1.7] Zum anderen seien ohne seine Forschung die modernen Psychopharmaka nicht möglich.[1.8] Auch ihn fragen wir, was wir aus seinen Erkenntnissen verwenden könnten, um Kunden und Konsumenten besser zu verstehen. Er denkt kurz nach und antwortet: „Es gibt erhebliche Geschlechtsunterschiede in der Neurotransmitter- und Hormonkonzentration zwischen Mann und Frau. Diese führen nicht nur zu unterschiedlichen Emotions- und Motivausprägungen, sondern zu unterschiedlichen Arten des Denkens. Wenn wir Männer und Frauen als Kunden besser verstehen wollen, wären die Erkenntnisse der Neurochemie sehr hilfreich. Ähnliches gilt für das Generationen-Marketing, weil sich der Neurotransmitter- und Hormon-Mix im Lebensalter gewaltig verändert." In diesem Moment kommt noch ein Kollege in den Raum, der kurz zuhört und sich dann vorstellt. Er sei Neurogenetiker und auch aus

seiner Disziplin gäbe es Interessantes zu berichten. Man hätte nämlich ein Gen gefunden, dass für Neugier und Belohnungssuche zuständig sei. Dieses Gen, das DRD4 Gen, wäre nämlich für das Neugier-Hormon Dopamin im Gehirn zuständig. Menschen mit einer bestimmten Form dieses Gens wären neugieriger und damit auch anfälliger für Kaufreize. Jetzt sei man dabei, für alle Persönlichkeitseigenschaften entsprechende Gene zu suchen.

Kognitive Hirnforschung

Etwas müde zwar, aber noch immer neugierig gehen wir ins nächste Gebäude. Der Raum, den wir nun betreten, erinnert uns an einen Science-Fiction-Film. Ein Mensch, angeschnallt auf einer Bahre, wird gerade in eine Röhre geschoben, die von einem großen, brummenden Gerät umgeben ist. Offensichtlich ein Gehirn-Tomograph. Der Versuchsleiter stellt nun der Versuchsperson verschiedene Aufgaben. Zunächst soll sie sich die Farben Blau, Rot, Gelb vorstellen. Dabei wird untersucht, welche Gehirnbereiche bei dieser Aufgabe aktiv sind. Jetzt soll die Versuchsperson die gleichen Farben als Wörter aussprechen. Das Tomographen-Bild sieht bei dieser Aufgabe ganz anders aus, als bei der reinen Vorstellung der Farbe. Obwohl uns die Aufgaben fast gleich erscheinen, sind sie für das Gehirn und seine Verarbeitung völlig verschieden.[1.1] Dass das Gehirn und seine Verarbeitungsprozesse so unterschiedlich auf eine geringfügig veränderte Aufgabe reagieren, verblüfft uns.

Wie gewohnt stellen wir auch hier die Frage, was diese Forschungsrichtung zu einem besseren Verständnis des Kunden beitragen könne. Er verweist auf die Coca-Cola-Untersuchung und fügt hinzu, dass Kaufentscheidungen komplexe Prozesse seien, an denen unterschiedlichste Gehirnbereiche beteiligt sind. Ebenso komplex sei die Verarbeitung von Werbeanzeigen. Auch wenn der Einsatz von Hirnscannern im Marketing und in der Marktforschung noch in den Kinderschuhen stecke, so könne man in einigen Jahren viele und spannende Ergebnisse erwarten.

Psychologie

Als wir das nächste Institut betreten, kommt uns eine größere Gruppe von Menschen entgegen. Die Gruppenleiterin erklärt uns ihr Forschungsgebiet: Man möchte herausfinden, in welchen Bereichen und wie sich die Menschen voneinander unterscheiden. Man wolle Erkenntnisse über Persönlichkeitseigenschaften, Werte und Einstellungen gewinnen.[1.10; 1.11] Das sei natürlich nur eines der vielen Forschungsgebiete der Psychologie. Ein Zweig ihrer Disziplin beschäftige sich mit den Konsumenten und ihrer Kaufmotivation. Besonders wichtig sei hier die Erforschung und Entwicklung von Methoden, um sowohl die Gemeinsamkeiten zwischen Menschen

sauber zu messen als auch die individuellen Unterschiede durch Befra-
gungs- und Beobachtungstechniken zu erfassen. Im Übrigen sei die Psychologie die Wissenschaft, die wohl die meisten Antworten in puncto Kundenverhalten geben könne, weil in fast allen Marktforschungsinstituten mit
Methoden und Theorien gearbeitet würde, deren Ursprung in der Psychologie liege.

Empirische Marktforschung

Als wir dem Chef des nächsten Instituts, einem Sozialwissenschaftler, von
den Äußerungen der Psychologie-Kollegin berichten, schmunzelt er. Ohne
Zweifel sei die Psychologie wichtig, aber viele Dinge könne sie nicht erklären und seien auch nicht Forschungsgegenstand.[1.12] „Zum einen sind es soziodemographische Entwicklungen, die gewaltigen Einfluss auf den Markt
haben (er zeigt dabei auf eine Grafik mit der Altersentwicklung in den
nächsten 50 Jahren), zum anderen braucht man auch nicht immer eine psychologische Erklärung. Wenn 1995 der Preis bei 35 % der Bevölkerung die
wichtigste Rolle bei der Kaufentscheidung gespielt hat und dieser Anteil bis
im Jahr 2003 auf 55 % gewachsen ist, sprechen diese Zahlen für sich." Um
Käuferverhalten zu verstehen, sei auch das Konsumklima wichtig. „Nicht
zu vergessen sind auch soziale Schichten und ihre unterschiedlichen Wert-
haltungen", erklärt er weiter, „in einem Arbeitermilieu lebt man andere
Werte und Lebensstile als in einem gehobenen Akademikermilieu. Und
schließlich gibt es auch gewaltige Kulturunterschiede. Japaner haben ein
ganz anderes Konsumverhalten als Amerikaner oder Russen."

Neurophilosophie

Erschöpft von unserem Rundgang gehen wir in die Cafeteria. Da kein Tisch
mehr frei ist, setzen wir uns zu einer jüngeren Frau, mit der wir ins Ge-
spräch kommen. Wir erzählen ihr von unseren vielfältigen Eindrücken. Sie
lächelt uns an und meint, wenn wir uns wirklich ein umfassendes Bild vom
Menschen bzw. Kunden machen wollten, sei unser Rundgang noch nicht beendet. Wir hätten, so sagt sie, die Neurophilosophie vergessen. [1.13; 1.14; 1.15] Die
eigentliche Frage sei, ob der Mensch einen freien Willen habe und was man
überhaupt unter Bewusstsein verstehen müsse. „Haben Sie eigentlich schon
einmal darüber nachgedacht, was unser ‚Ich' ist?", fragt sie uns. „Man kann
das, was für uns ganz selbstverständlich ist, nämlich auch als eine Konstruktion unseres Gehirns betrachten. Keine der von uns bisher besuchten
Wissenschaften kann diese Fragen beantworten. Es ist die Aufgabe der Neurophilosophie, Antworten zu suchen", erklärt sie. Etwas irritiert schauen
wir die Frau an. Das klingt ja spannend, aber doch etwas abstrakt – wir sei-
en eher an praktischen Erkenntnissen interessiert, die uns helfen könnten,

den Kunden besser zu verstehen, erklären wir. „Nun ja", erwidert sie mit einem geheimnisvollen Lächeln, „könnte es nicht sein, dass wir und damit auch der Kunde gar nicht frei in unseren Entscheidungen sind? Wäre es nicht denkbar, dass diese Entscheidungen schon getroffen sind, bevor wir sie bewusst als solche erleben? Und überhaupt: Unser erlebter freier Wille wäre dann nichts anderes als eine Bewusstseins-Illusion. Das hätte enorme Konsequenzen für das Marketing, denn in diesem Falle wäre es höchste Zeit, sich vom Bild des freien und vernünftigen Konsumenten zu verabschieden!"

Damit ist unser virtueller Rundgang beendet. Versuchen wir nun ein Fazit zu ziehen. Zunächst einmal sind wir davon überwältigt, wie viele unterschiedliche Perspektiven vom Menschen und Kunden möglich sind. Jede dieser einzelnen Forschungsdisziplinen hat offensichtlich Wichtiges und Spannendes zu einem besseren Verständnis des Kunden beizutragen. Aber keine der Forschungsdisziplinen allein ist in der Lage, ein umfassendes Bild zu zeichnen. Wir spüren: Erst durch eine Verknüpfung dieser Erkenntnisse entsteht ein ganzheitliches Bild. Darüber hinaus erkennen wir, dass die klassischen Disziplinen, die sich seit jeher mit dem Kunden beschäftigen, nämlich die empirische Sozial- und Marktforschung und die Psychologie, dringend einer Ergänzung durch die Hirnforschung bedürfen. Denn offensichtlich haben die biologischen und neurobiologischen Mechanismen im Kopf der Kunden und Konsumenten einen viel stärkeren Einfluss auf ihr Entscheidungs- und Kaufverhalten, als wir auch nur im Entferntesten ahnen. Im nächsten Kapitel werden wir uns deshalb damit beschäftigen, was Kunden und Konsumenten eigentlich zum Kaufen motiviert und welche Kaufmotive es in ihrem Kopf, genauer in ihrem Gehirn, gibt.

Kapitel 2:
Was Kunden wirklich wollen!
Die wahren Kaufmotive im Gehirn

Was Sie in diesem Kapitel erwartet:

Nachdem wir uns mit den verschiedenen Perspektiven des menschlichen Verhaltens befasst haben, gehen wir in diesem Kapitel der Frage nach, welche Kaufmotive im Kopf des Kunden zu finden sind, und wie diese Motive zusammenspielen.

Wenn wir wissen wollen, warum der Kunde kauft, sind wir automatisch bei der Frage, welche Kaufmotive es eigentlich gibt. Über das, was Kunden antreibt, gibt es viele Spekulationen und Theorien. Manche kommen der Sache näher, andere nicht. Wenn wir den Kunden und Konsumenten wirklich verstehen wollen, ist es wichtig, uns etwas detaillierter damit zu beschäftigen, wie das Motiv- und Emotionssystem im Kopf des Kunden aussieht. Deshalb kommt diesem Kapitel eine fundamentale Bedeutung zu. Wir erfahren hier, warum der Kunde einkauft und welche Produkte er aus welchen Gründen einkauft.

Inzwischen werde ich von vielen Universitäten und Fachhochschulen zu Vorträgen eingeladen. In diesen Vorträgen fragt man mich natürlich auch immer nach den wissenschaftlichen Quellen, auf die sich meine Ausführungen stützen. Da ich davon ausgehe, dass es auch eine Reihe von Lesern gibt, die an dieser Information interessiert sind, vertiefe ich die wissenschaftlichen Hintergründe. Aber keine Angst, die Praxis geht vor. Die „reine" Wissenschaft habe ich in „Extra-Infoboxen" in den Anhang verbannt.

Gibt es ein Putz- und ein Reise-Motiv?

Nun also zu der Frage, was den Kunden antreibt und warum er kauft. Versuchen wir zunächst einmal ganz pragmatisch vorzugehen, um diese Frage zu beantworten. Wir begleiten dazu eine Konsumentin, beispielsweise Frau Sommer, bei ihrem Einkauf. Die Shopping-Tour beginnt im Supermarkt, in dem Frau Sommer Gemüse, Milch, Wasser, Brot und Käse kauft. Offensichtlich gibt es ein Nahrungs-Motiv. Etwas komplizierter wird es, wenn wir sehen, wie Frau Sommer in ihren Einkaufskorb Putzmittel und Hundenahrung packt. Gibt es also ein Putz-Motiv und ein Tier-Motiv? Als nächstes führt uns Frau Sommer in eine Apotheke, in der sie Vitamine kauft. Aha, denken wir, das wird wohl das Gesundheits-Motiv sein. Frau Sommer ist nicht zu bremsen und schleift uns nun in ein Modegeschäft: Mit einer schicken Bluse in bunten Farben verlässt sie den Laden. Ein Mode-Motiv scheint sich hier durchgesetzt zu haben. Gleich nebenan im Sportgeschäft kauft Frau Sommer ein paar Joggingschuhe. Wir schließen: Es könnte das Gesundheits-Motiv sein – vielleicht gibt es aber auch ein eigenes Sport-Motiv? Etwas verwirrt sind wir, als Frau Sommer noch schnell in das Reisebüro geht und eine Städtereise bucht. Wir zweifeln. Denn an ein Reise-Motiv glauben wir dann doch nicht so richtig. An dieser Stelle verlassen wir Frau Sommer. Wir ahnen: Wenn wir sie den Tag über weiter begleitet hätten und in dieser Art auf Motiv-Suche gegangen wären, hätten wir am Ende des Tages einige hundert Motive gesammelt.

Diese Erkenntnis befriedigt uns nicht. Ein Verhalten zu beobachten und es einfach als Motiv zu benennen, liefert uns keinen Hinweis auf die eigentliche Motivation für einen Kauf. Dazu brauchen wir weder die Psychologie noch die Hirnforschung. In der Praxis arbeitete und arbeitet man aber mit solchen Motiven. Man beobachtet beispielsweise Menschen, wie sie es sich auf einem Stuhl bequem machen, und erklärt, dass es ein Bequemlichkeits-Motiv geben muss. Man sieht, wie wichtig fast allen Menschen Geld ist. Der Fall ist klar: Es muss ein Geld-Motiv geben. Und dann sehen wir noch Konsumenten, die hektisch und schnell einkaufen: Das kann nur das Zeitspar-Motiv sein. Im Laufe der Jahre kamen so weit über 1000 Motive, Bedürfnisse und Instinkte zusammen und täglich kommen neue hinzu.

Was treibt den Kunden wirklich an?

Befreien wir uns von diesem verwirrenden Ballast. Wenn man vor lauter Bäumen den Wald nicht mehr sieht, empfiehlt es sich auf einen Berg zu steigen und von etwas größerer Höhe herunterzuschauen. Wir erheben uns über alle Wissenschaften, die sich mit dem Menschen und seinem Verhalten beschäftigen. Uns interessiert, ob es Motiv- und Emotionsmuster gibt, die in all diesen Disziplinen zu finden sind. Vielleicht haben sie unterschiedliche Namen, aber gleiche Verhaltens- und Emotionsmuster.

Genau das war unsere Forschungsstrategie in der Gruppe Nymphenburg, um den Konsumenten noch besser zu verstehen. Dabei wurden die aktuellen Erkenntnisse der Psychologie, Neurobiologie, Neurochemie usw. übereinander gelegt und auf gemeinsame Strukturen untersucht. Durch dieses Vorgehen ist es gelungen, ein verständliches und wissenschaftlich fundiertes Emotionssystem für die Marketing- und Verkaufspraxis zu entwickeln. Dabei wurden keine neuen Motiv- und Emotionsmuster erfunden, sondern nur

die vielfältigen Erkenntnisse dieser verschiedenen Disziplinen zusammengeführt. Gleichzeitig beschäftigte uns natürlich auch, was wo und wie im
Gehirn abläuft, wenn die einzelnen Motiv- und Emotionssysteme aktiv sind.

Emotionen und Motive: Das Zwillingspaar im Kopf

Bisher wurden die Begriffe Emotion und Motiv immer zusammen verwendet. Der Grund liegt darin, dass die Gehirnforscher eher von Emotionen[2.18]
und die Psychologen eher von Motiven[2.9] sprechen. Im Alltag nähern sich
die Begriffe allerdings an. Die Gehirnforscher erkennen, dass hinter Emotionen Ziele stehen, die erreicht werden sollen. Diese Zielkomponente ist
aber ein wesentlicher Bestandteil des Motivs. Die Psychologen erkennen,
dass Motive mit Gefühlen verknüpft sind und damit auch zu körperlich
messbaren Veränderungen sowie Veränderungen des Gesichtsausdrucks
führen. Diese Bestandteile sind aber wesentlich für den Begriff der Emotion. Trotzdem sollten wir Motive und Emotionen etwas genauer trennen. Beginnen wir mit den Emotionen. Schauen wir uns das an einem Beispiel etwas näher an. Betrachten wir dazu das stärkste Emotionssystem im Gehirn
des Menschen, das Angst-Furcht-Sicherheitssystem. Ziel dieses Systems ist
es, den Organismus vor Gefahren und Bedrohungen zu schützen. Es hält
ihn an, Gefahren zu vermeiden und nach Sicherheit zu streben.

Was läuft dabei im Kopf und Gehirn ab? Stellen Sie sich einmal vor, Sie gehen abends nach Hause. Plötzlich steht ein Mann mit einer Pistole vor Ihnen und will Ihre Brieftasche haben. Im Gehirn werden nun Teile des limbischen Systems aktiv. Das limbische System ist ein entwicklungsgeschichtlich älterer Gehirnteil, den wir im Laufe des Buches noch näher kennen lernen werden. Es bewertet die Situation als gefährlich (Bewertungskompo-
nente) und sorgt dafür, dass Noradrenalin und Cortisol ausgeschüttet werden. Dies führt zu einem Anstieg des Herzschlags (physiologische Komponente). Gleichzeitig erleben Sie in Ihrem Bewusstsein das Gefühl der Angst
und Furcht (Gefühlskomponente). Wenn Sie nicht vor Schreck starr sind,
überlegen Sie, ob die Pistole echt ist und ob es Fluchtmöglichkeiten gibt (kognitive Komponente). Natürlich verändert sich auch Ihr Gesichtsausdruck
in dieser Situation (Ausdrucks-Komponente). Das zufriedene Lächeln
weicht einer vor Schreck geweiteten Miene. Gott sei Dank kommt in diesem
Moment eine Polizeistreife vorbei, der Räuber ergreift die Flucht.
Nun wechseln wir in den Urwald und ersetzen den Räuber durch einen Ti-
ger. Auch in dieser Situation werden Sie fast identische Abläufe in ihrem
Körper und Gehirn erleben wie beim Räuber. Emotionen sind also generali-
sierte Programme, die Geist und Körper gleichermaßen beherrschen, um
unser Leben zu schützen und unsere biologisch eingebauten Lebensziele zu

erreichen. Etwas weiter unten werden wir alle Emotionsprogramme kennenlernen.

Was sind nun Motive? Motive sind die konkrete Umsetzung der Emotionsprogramme in unseren aktuellen Lebensvollzug und in aktuelle Situationen. Auch das schauen wir uns etwas genauer an. Wir haben gerade gesehen, dass es in unserem Gehirn ein Angstsystem gibt. Dieses System gibt uns grundsätzlich vor, unsichere und gefährliche Situationen zu meiden. Begleiten wir nun einen Konsumenten beim Autokauf. Wenn wir ihn fragen, was für ihn beim Autokauf besonders wichtig ist, wird er uns sagen: Das Auto muss sicher sein. Die generellen Vorgaben des Angstsystems, werden also ganz spezifisch beim Autokauf zum Motiv: Nämlich ein möglichst sicheres Auto zu kaufen. Auch bei der Geldanlage kann sich das Angstsystem in einem spezifischen Anlage-Motiv bemerkbar machen, wenn der Kunde vom Bankberater nämlich eine risikolose Geldanlage wünscht.

Unser Denken und unsere Motive basieren immer auf unseren Emotionsprogrammen. Man sieht aber auch wie eng Emotion, Motive und Denken (Kognition) zusammenhängen.(2.13; 2.14; 2.15; 2.16; 2.17)

Nun zur Namensgebung. Die Gehirnforscher nennen dieses System, das wir gerade kennengelernt haben, „Fear-System" (Furcht-System). Die Psychologen, die mit Patienten arbeiten, nennen es „Angst-, Furcht-, Paniksystem". Die Marktpsychologen, die eher die positive Seite des Lebens betrachten, sprechen von einem „Sicherheitssystem". Alle meinen im Grunde das gleiche Emotionssystem, betrachten es aber aus unterschiedlichen Perspektiven und geben dem System unterschiedliche Namen. Bei fast allen Emotionssystemen werden wir mit diesen unterschiedlichen Bezeichnungen der einzelnen Disziplinen konfrontiert. Wir entgehen diesem Namensdilemma und geben diesen Systemen neutrale Namen.

Die Big 3 und ihre „Töchter" und „Söhne"

Was geht nun im Kopf der Kunden wirklich vor? Zunächst einmal verschaffen wir uns einen ersten Überblick(2.1) über den Grundaufbau der Emotionssysteme im Gehirn, bevor wir weiter ins Detail gehen. Im Zentrum aller Emotionssysteme stehen die sogenannten physiologischen Vitalbedürfnisse wie Nahrung, Schlaf und Atmung. Mit diesen Bedürfnissen werden wir uns nicht weiter befassen, weil sie im Prinzip unveränderlich sind und unser Leben bestimmen. In unserem obigen Beispiel haben wir sie auch schon kennengelernt, als Frau Sommer Brot, Wasser und Käse eingekauft hat.

Neben diesen Vitalbedürfnissen gibt es drei große Emotionssysteme, die unser gesamtes Leben bestimmen. Das sind die „Big 3" in unserem Gehirn!

- Das Balance-System[2.4; 2.8; 2.9; 2.10]

- Das Dominanz-System[2.3; 2.5; 2.6; 2.8; 2.11]

- Das Stimulanz-System[B8; 2.8; 2.12]

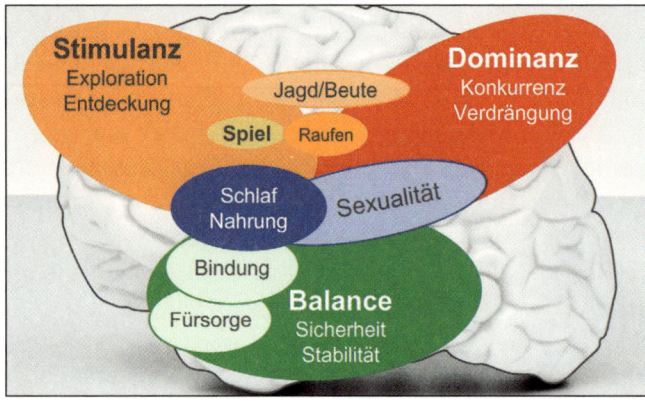

**Abbildung 2.1:
Die Emotionssysteme
im Kunden-Gehirn**

So sieht die Landkarte
der Emotionssysteme
aus, wenn man die
Erkenntnisse der Hirn-
forschung mit denen der
Psychologie verknüpft

Im Laufe der Evolution haben sich zusätzliche Module entwickelt. Sie liegen innerhalb oder zwischen den Big 3 und ermöglichen eine noch bessere Anpassung des Menschen an seine Umwelt. Sie helfen uns, unsere eigentliche Lebensaufgabe noch besser zu erfüllen, nämlich möglichst viele unserer eigenen Gene in die nächste bzw. übernächste Generation zu übertragen. Diese Submodule sind:

- Bindung[2.7; 2.8; 2.9]

- Fürsorge[2.7; 2.8; 2.9]

- Spiel[2.8]

- Jagd/Beute[2.8]

- Raufen[2.8]

- Appetit/Ekel[4.8]

- Sexualität (männlich/weiblich)[1.5; 2.7; 6.11]

Die Anordnung in Abbildung 2.1 ist übrigens nicht zufällig oder willkürlich. Sie zeigt die Zusammenhänge im Gehirn, die zwischen den einzelnen Emotionssystemen bestehen. Die Sexualität beispielsweise wird im Gehirn zum Teil von den gleichen Nervenbotenstoffen gesteuert wie das Dominanz- und Stimulanz-System. Deshalb sehen wir auch, dass Sexualität Dominanz und Stimulanz überdeckt. Ähnliches gilt für das Bindungs-Modul und das

Fürsorge-Modul, die zum großen Teil in gleichen, zum Teil auch in anderen Gehirnbereichen als das Balance-System verarbeitet wird.

Die gesamte Logik, die hinter den Emotionssystemen steckt, lernen wir im Laufe dieses Kapitels noch kennen. Hinter den Big 3 und den einzelnen Modulen verbergen sich hochkomplexe Abläufe, an denen unterschiedlichste Gehirnstrukturen und eine Vielzahl von Nervenbotenstoffen beteiligt sind. Der zentrale Gehirnbereich, der hauptsächlich für alle Emotionssysteme und damit natürlich auch für unsere Motive zuständig ist, ist das sogenannte limbische System. Es besteht aus vielen Subzentren, die vom unteren Hirnstamm bis in das Großhirn, den Neokortex, verteilt sind.[1.3] Im Moment soll uns dieser Hinweis genügen. Im übernächsten Kapitel, wenn es darum geht, wie Kaufentscheidungen im Kopf fallen, werden wir uns mit dem Machtzentrum in unserem Gehirn näher beschäftigen. Schauen wir uns aber nun die Kaufmotive etwas näher an. Wir beginnen mit dem mächtigsten Emotionssystem im Gehirn – dem Balance-System.

Das Balance-System: Der Wunsch des Kunden nach Sicherheit

Das Balance-System ist zweifellos die stärkste Kraft im Gehirn des Kunden. Es lässt ihn nach Sicherheit und Ruhe streben, jede Gefahr und jede Unsicherheit meiden, nach Harmonie streben. Es macht ihn glücklich, wenn alles in seinem Leben am gewohnten Platz ist und seine Ordnung hat. Entstanden ist es aus dem Grundprinzip einer biologischen Zelle, der Homöostase (Biologen sprechen lieber von Homöodynamik). Sie sorgt dafür, dass eine Zelle möglichst energiearm leben kann und ein energiesparender Gleichgewichtszustand zwischen innerem und äußerem Milieu erreicht wird. Die Befehle des Balance-Systems lauten:

- Vermeide jede Gefahr!

- Vermeide jede Veränderung; baue Gewohnheiten auf und behalte sie so lange wie möglich bei!

- Vermeide jede Störung und Unsicherheit!

- Strebe nach innerer und äußerer Stabilität!

- Optimiere deinen Energiehaushalt und vergeude nicht nutzlos Energie!

Die Erfüllung dieser Befehle erlebt der Kunde als Geborgenheits- und Sicherheitsgefühl, die Nicht-Erfüllung als Angst, Furcht oder Panik. Jedes Emotionssystem besteht neben seinem Grundziel, beim Balance-System

Sicherheit zu suchen und Gefahr zu vermeiden, immer aus einer Lust-/Un-
lust-Seite. Die Zielkomponente wird in der Emotionsforschung als „Apprai-
sal" bezeichnet, die Lust/Unlust-Bewertung als Valenz. Es gibt noch eine
dritte Komponente – nämlich die Erregung (Arousal), die die Stärke der
Emotion kennzeichnet. Doch wieder zurück zum Balance-System.

Im Laufe der Evolution und der damit verbundenen Entwicklung und Differenzierung des Nervensystems hat sich dieses Grund-System der Natur
„Strebe nach Stabilität und Sicherheit" ebenfalls weiter differenziert und
verfeinert. Der Wunsch nach Gesundheit, Geborgenheit in der Familie oder
der Glaube an einen Gott, der uns Menschen beschützt, werden vom Balance-System verantwortet. Betrachten wir nun, in welchen Formen und Produkten sich das Balance-System in konkreten Kaufmotiven bemerkbar
macht:

Versicherungen aller Art; Finanzprodukte zur Altersvorsorge; Medikamente; Arztbesuche; Sicherheitsgurt; Airbag; stabile Fahrgast-Zelle im Auto;
verlässliche Qualität und lange Haltbarkeit eines Produktes; Garantie-Ver-
sprechen; zuverlässiger Service; Sicherheitsprodukte wie Alarmanlagen,
Schließsysteme usw.; Ratgeber in jeder Form; möglichst immer dieselben
Verkäufer oder Servicekräfte; die eigene Wohnung, in der man sich sicher
und geborgen fühlt; Traditionsprodukte, die man schon lange kennt und die
sich über die Jahre kaum verändert haben; Qualität; Service; dieselben An-
sprechpartner; Liefersicherheit; Familienunternehmen mit persönlichen
Beziehungen zum Kunden; Vertragssicherheit und Einhaltung; Konstanz
und Berechenbarkeit in allen Prozessen der Zusammenarbeit.

Diese Liste könnten wir noch unendlich lange fortsetzen. Man erkennt aber
schon an den wenigen Beispielen, wie tief und umfassend das Balance-System in unser Leben eingreift. Leser, die an wissenschaftlichen Hintergründen zu den Emotionssystemen interessiert sind, finden in Infobox 1 im Anhang vertiefende Information zum Balance-System und in Infobox 5 einen
Überblick über die Wirkung der Nervenbotenstoffe.

Kommen wir nun zum nächsten Modul im Gehirn des Kunden. Es ist zwar
eng mit dem Balance-System verbunden, aber trotzdem in Teilen eigenständig: das Bindungs- und Fürsorge-Modul.

Das Bindungs-Modul: Warum Kunden Anschluss suchen

Das Bindungs-Modul hat in erster Linie das Ziel, das Überleben der Nach-
kommen zu sichern. Eine zu lange Trennung von der Mutter führt bei Babys

und Kindern zu Angst und Panik und damit zu wildem Geschrei, womit die Mutter herbeigerufen wird. Dieser Wunsch nach Bindung und der damit verbundene Sicherheitsgewinn wurden im Laufe der Entwicklung generalisiert. Als „Mängelwesen" ist der Mensch zum Überleben immer auf eine soziale Gruppe angewiesen. Aus diesem Grund sind der Partner, die Familie oder eine Gruppe wichtig. Auch aus Sicht der Evolution macht das Bindungs-Modul Sinn: Gene von Menschen, die in Gruppen leben, haben eine höhere Chance sich durchzusetzen, als solche von notorischen Einzelgängern. Das Bindungs-Modul ist seit langem in der Psychologie bekannt (Attachement-Forschung) und neuere Forschungen haben seine Existenz auch im Gehirn nachgewiesen. Besonders wichtige Gehirnzentren sind der ventrolaterale präfrontale Kortex, der das komplexe Beziehungsmanagement steuert, der vordere cinguläre Kortex, der Teil des limbischen Systems, der stark mit der Verarbeitung des „Ich und Du" beschäftigt ist, die Amygdala, der Hypothalamus und der Gehirnstamm, in dem das Bindungssystem mit dem oben beschriebenen Angstsystem zusammenläuft. Wichtige Nervenbotenstoffe und Hormone des Bindungs-Moduls sind: Oxytocin, Prolactin, GABA und Cortisol (siehe Infobox 5 im Anhang). Betrachten wir nun, in welchen Formen und Produkten sich das Bindungs-Modul als Kaufmotiv bemerkbar macht:

Produkte die die Bindung fördern: z. B. Bier und die damit verbundene soziale Gemütlichkeit. Produkte, die die Zugehörigkeit zu einer Gruppe signalisieren: Vereinstrikots; bestimmte Modestile; die Mitgliedschaft in Clubs und Vereinen; Gruppenreisen; Kundenveranstaltungen für Stammkunden; persönliche Betreuung, die über das rein Geschäftliche hinausgeht; Interesse an privaten Belangen; schnelle und spontane Hilfe, wenn der Kunde etwas benötigt; die Rückfrage, ob die Auftragsabwicklung geklappt hat.

Das Fürsorge-Modul: Warum es viele Millionen Haustiere gibt

Das Fürsorge-Modul ist die Schwester des Bindungs-Moduls. Auch dieses hat sich in erster Linie zur Überlebenssicherung des Nachwuchses entwickelt. Während das Bindungssystem beim Baby aktiv ist, sorgt das Fürsorge-Modul insbesondere auf Seiten der Mutter für das „doppelte Sicherungsnetz". Das Panik-Geschrei des Babys wird ja vom Baby-Gehirn nur bei Mangel eingeschaltet. Das Fürsorge-Modul im Gehirn der Mutter achtet aber meist schon längst vorher darauf, dass dieser Mangel nicht eintritt und das Baby umhegt und gepflegt wird. Im Laufe der Entwicklung fand auch hier eine Generalisierung statt, vom eigenen Baby auf die eigene Familie, auf die eigene Gruppe, auf viele Artgenossen und vor allem auch auf Tiere. Allein an den Ausgaben für die lieben Haustiere lässt sich erkennen, dass das Fürsorge-Modul erhebliche Kaufakte auslöst. Das Fürsorge-Modul ist aber auch noch aus einer anderen Sicht heraus interessant. In der klassischen Ökonomie, die ja vom egoistischen Menschen ausgeht, wird seine Existenz schlicht verleugnet und übersehen. So gesehen könnte man das Fürsorge-Modul auch als unser „Altruismus-Modul" bezeichnen.

Besonders wichtige Gehirnzentren für das Fürsorge-Modul sind der vordere cinguläre Kortex, das „Ich und Du"-Zentrum in unserem Kopf, der Teil des Angstsystems, der uns das positive Gefühl der Sicherheit gibt. Wichtig ist aber auch das sogenannte mesolimbische Belohnungssystem, das auch eng mit dem Stimulanz-System verknüpft ist. Für altruistisches Verhalten und Fürsorge wird der Mensch offensichtlich mit einer Extra-Portion Dopamin belohnt. Weitere Neurotransmitter und Hormone, die eng an das Fürsorge-Modul gekoppelt sind, sind insbesondere Sexualhormone, wie z. B. Östrogen/Östradiol und Prolactin, Oxytocin. Betrachten wir nun, in welchen Formen und Produkten sich das Fürsorge-Modul als Kaufmotiv bemerkbar macht:

Kindernahrung; Kinderkleidung; Haustiere und der gesamte Heimtier-Markt inklusive Futter und Zubehör; Geschenke aller Art; Blumen; Produkte mit Umweltschutz- und Naturschutz-Aspekten; das gesamte Spendenwesen.

Das Stimulanz-System: Der Wunsch des Konsumenten nach Erlebnis, nach Neuem und nach Individualität

Der durchschnittliche Bundesbürger verbringt mehr als drei Stunden am Tag vor dem Fernseher. Medien, Tourismus und Unterhaltungsindustrie gehören heute zu den größten und schnell wachsenden Bereichen unserer Wirtschaft. Das wundert uns nicht. Welche Freude macht es uns, unseren Urlaub zu buchen, ins Kino zu gehen und beim Italiener oder Chinesen fremde Speisen zu genießen. Schon das Ausmaß der wirtschaftlichen Bedeutung lässt erahnen, welch zentrale Rolle das Stimulanz-System in der menschlichen Existenz spielt. Die Befehle des Stimulanz-Systems lauten:

● Suche nach neuen, unbekannten Reizen!

● Brich aus dem Gewohnten aus!

● Entdecke und erforsche deine Umwelt!

● Suche nach Belohnung!

● Vermeide Langeweile!

● Sei anders als die anderen!

Die Erfüllung dieser Befehle erlebt der Kunde als Spaß, Prickeln usw., seine Nichterfüllung als Langeweile. Genau wie das Balance-System ist das Stimulanz-System ein untrennbarer Bestandteil allen Lebens. Besonders wichtig für das Stimulanz-System ist immer die unerwartete Belohnung und Neue. Aus Sicht der Evolution ist dieses System sehr sinnvoll: Der Organismus erschließt sich neue Lebensräume, neue Nahrungsquellen und eignet sich dabei neue Fähigkeiten und Fertigkeiten an, die seine Überlebenschancen in einer sich verändernden Umwelt wesentlich erhöhen. Auch im modernen Leben hat das Stimulanz-System nichts von seiner Wirkung eingebüßt. Neue Trends, Innovationen in der Technik, die unstillbare Neugier und Suche nach neuen, spannenden Erlebnissen – all das ist dem Stimulanz-System zu verdanken. Dabei spielt es keine Rolle, ob ein Konsument neue Rezepte oder Speisen ausprobiert, fremde Länder erkundet, eine neue Theaterinszenierung ansieht oder eine avantgardistische Kunstrichtung höchst spannend findet. Der Grund für sein Verhalten hat dieselbe Ursache: das Stimulanz-System. Eine besondere Eigenschaft des Stimulanz-Systems sei noch erwähnt. Es ist eigentlich nur für die Vorfreude, für die lustvolle Erwartung zuständig (antizipatorische Belohnung). Die Belohnung durch das Ereignis selbst oder den Genuss (konsumatorische Belohnung), erfolgt über körpereigene Opioide, die Endorphine. Die Verarbeitung dieser eingetretenen Belohnung erfolgt nur teilweise im Stimulanz-System. In Infobox 2 im Anhang finden interessierte Leser wissenschaftliche Informationen dazu. Betrachten wir nun, in welchen Formen und Produkten sich das Stimulanz-System als Kaufmotiv bemerkbar macht:
Erlebnis-Gastronomie; Reisebranche; Unterhaltungselektronik; Funk & Fernsehen; Bücher zur Unterhaltung; Genuss-Mittel aller Art; Videos; Musik; Produkte, die uns helfen, anders zu sein als alle anderen und die Aufmerksamkeit auf uns zu ziehen; Freizeit-Industrie; innovative Produkte (z. B. in puncto Design); Reisen und Tourismus; Erlebniseinkauf; Einladung zu Innovationsmessen; Informationen über Neuheiten/Newsletter; Einladung zu Events.

Die „Tochter" des Stimulanz-Systems: Das Spiel-Modul

Das Spiel-Modul ist mit dem Stimulanz-System verbunden, aus Sicht der Hirnforschung aber auch teilweise eigenständig. Besonders aktiv ist das

Spiel-Modul bei kleinen Kindern, denn durch das Spiel verbessern sie ihre geistigen und motorischen Fertigkeiten. Im Gehirn ist das Spiel-Modul eng mit dem Stimulanz-System verschaltet – auch das Dopamin ist deshalb ein wichtiger Nervenbotenstoff. Es gibt aber im Gehirn eigene Bereiche, wie z. B das dorsomediale Zwischenhirn und den parafasciculären Kern, die den Spieltrieb auslösen. Neben dem lustvollen Effekt, der durch das Dopamin hervorgerufen wird, sind auch körpereigene Opioide beim erlebten Lustgefühl aktiv. Der Nervenbotenstoff Acetylcholin, der ebenfalls am Spiel-Modul beteiligt ist, sorgt im Gehirn für schnelles Lernen aus Erfahrung. Betrachten wir nun, in welchen Formen und Produkten sich das Spiel-Modul als Kaufmotiv bemerkbar macht:

Spielwaren aller Art; spielerischer Sport; technische Geräte mit vielen Funktionen und Knöpfen; Geldspiel-Automaten; Lotto; Pferdewetten; Gewinnspiele usw.; aber auch unser Wunsch, Dinge beim Kauf anzufassen und auszuprobieren.

Das Dominanz-System: Der Wunsch des Kunden nach Macht, Status, Überlegenheit und Autonomie

Das letzte große Emotionssystem der Big 3 ist das Dominanz-System. Das Dominanz-System ist mit Sicherheit das ideologisch umstrittenste, weil es auch auf Verdrängung des Konkurrenten abzielt. Es gibt dem Menschen vor, den Konkurrenten im Kampf um Ressourcen und Sexualpartner auszustechen, die eigene Macht auszubauen und sein Territorium zu erweitern. Seine Befehle lauten:

- Setze dich durch!
- Strebe nach oben!
- Sei besser als andere!
- Vergrößere deine Macht!
- Verdränge deine Konkurrenten!
- Erweitere dein Territorium!
- Erhalte deine Autonomie!
- Sei aktiv!

Bei der Erfüllung seiner Befehle erlebt der Mensch (bzw. der Kunde) Stolz, ein Sieges- und Überlegenheitsgefühl, bei Nichterfüllung reagiert er mit Ärger, Wut und innerer Unruhe. Doch dieses System hat nicht nur negative

Seiten. Es wird nämlich völlig verkannt, dass es letztlich der Motor des Fortschritts ist. Unser angenehmes und im Vergleich zu unseren Vorfahren bequemes Leben verdanken wir nämlich diesem System. Ohne Dominanz-System gäbe es keine Autos, keine Flugzeuge, keine Antibiotika und keine Computer. Dieser Fortschritt basiert letztlich darauf, dass der Mensch, gleich ob er Wissenschaftler, Politiker, Techniker, Sportler oder Schauspieler ist, an die Spitze seiner Zunft will. Und um an die Spitze zu kommen, muss er sich mit außerordentlichen Leistungen durchsetzen. Das Dominanz-System ist schon bei einfachsten Lebewesen, wie z. B. Bakterien, zu beobachten. Daraus kann man schließen, dass es seit Milliarden Jahren fest im genetischen Marschgepäck des Menschen verankert ist. Infobox 3 im Anhang informiert über die wissenschaftlichen Hintergründe des Dominanz-Systems.

Betrachten wir nun, in welchen Formen und Produkten sich das Dominanz-System als Kaufmotiv bemerkbar macht:

Statusprodukte aller Art, wie z. B. teure Uhren, Parfüm, Mode usw.; Mitgliedschaft in elitären Clubs; VIP-Status; VIP-Events; Autos; Maschinen-Werkzeuge, die die Selbstwirksamkeit erhöhen; Produkte, die überlegene Kennerschaft signalisieren, wie z. B. erlesene Weine; Produkte und Dienstleistungen, von denen wir uns Stärke und Schnelligkeit versprechen, wie z. B. Sportgeräte, Fitness-Präparate; sowie Produkte, Systeme und Dienstleistungen, die die Effizienz und Leistung erhöhen.

Nun beschäftigen wir uns mit den „Söhnen" des Dominanz-Systems, nämlich dem Jagd- und Beute-Modul sowie dem Rauf-Modul. Obwohl beide im Gehirn zwischen dem Stimulanz- und dem Dominanz-System liegen, haben sie nichts miteinander zu tun. Sowohl das Jagd-Modul als auch das Rauf-Modul haben aber Gemeinsamkeiten mit dem Dominanz-System. Den Nachweis ihrer Existenz im Gehirn verdanken wir vor allen den Untersuchungen des renommierten amerikanischen Neurobiologen Jaak Panksepp.[(2.8)]

Das Jagd- und Beute-Modul: Der innere Antrieb der Schnäppchen-Jäger

Das Jagd- und Beute-Modul hat eine spielerische, aber auch eine aggressive Komponente. Die spielerische Komponente: Die Jagd auf Beute ist meist mit prickelnder Ungewissheit und lustvoller Anspannung verknüpft. Die aggressive Komponente: das Töten der Beute oder das Verdrängen des Fress-Wettbewerbers. Wichtiger Gehirnbereich für das Jagd- und Beute-Modul ist der Hypothalamus. Als wichtigste Nervenbotenstoffe werden Dopamin und Testosteron betrachtet. Allerdings gibt es hierzu noch relativ wenige Erkenntnisse. Betrachten wir nun, in welchen Formen und Produkten sich das Jagd- und Beute-Modul als Kaufmotiv bemerkbar macht:

Jagd-Sport-Produkte; Angel-Sport-Produkte; Schnäppchen-Jagd (man denke nur an die erbitterten Kämpfe der Kunden, als Aldi Computer zu Billigpreisen, aber nur in begrenzter Stückzahl anbot).

Das Rauf-Modul: Das Gehirnzentrum für Fußball & Co.

Das Rauf-Modul hängt zum einen eng mit dem Dominanz-System zusammen, zum anderen aber auch mit dem Spiel-Modul im Stimulanz-System. Dieses Modul ist besonders bei kleinen Jungs sehr aktiv, die ihre körperlich-kämpferischen Fähigkeiten für den späteren „Ernstfall" spielerisch schulen. Wichtige Gehirnbereiche sind: der parafasciculäre und der posteriore Kern des Thalamus sowie die Gehirnbereiche, die wir beim Spiel-Modul und beim Dominanz-System schon kennengelernt haben. Wichtige Nervenbotenstoffe und Hormone sind: Dopamin, Testosteron, Noradrenalin, Acetylcholin und verschiedene Opioide. Betrachten wir nun, in welchen Formen und Produkten sich das Rauf-Modul als Kaufmotiv bemerkbar macht:

Betreiben von und Interesse an Wettkampf-Sportarten mit Gegner (Tennis, Boxen, Fußball usw.) sowie entsprechende Produkte; Zuschauen bei Wettkampf-Sportarten usw.

Freuds Vermächtnis: Die Sexualität

Zweifellos ist die Sexualität von fast gleich großer Bedeutung wie das Dominanz-, Stimulanz- und das Balance-System. Sigmund Freud würde jetzt energisch einwenden, dass „fast" untertrieben sei. Schließlich treibe im Wesentlichen die Sexualität die ganzen menschlichen Emotionssysteme an. Freud hat zugleich Recht und Unrecht. Beginnen wir mit Freuds Irrtum. Dieser wird durch eine evolutionsbiologische Betrachtung sichtbar. Tatsache ist, dass die sexuelle Fortpflanzung erst relativ spät im Laufe der Evolution entstanden ist. Viele Organismen pflanzen sich bis heute ohne Sexualität fort. Milliarden Jahre vorher gehorchten aber die damals existierenden Lebewesen schon dem Dominanz-, Balance- und Stimulanz-System in ihrer einfachsten Ausprägung.

Wo hat Freud Recht? Tatsächlich hat sich die Sexualität fest in alle bestehenden Emotionssysteme integriert und nutzt diese, um ihr Fortpflanzungsziel zu erreichen. Mit anderen Worten: Die Sexualität wurde auf das bereits existierende Emotionsprogramm aufgesetzt. Viele Gehirnbereiche und Hormone, die für die Big 3 und ihre Module zuständig sind, arbeiten auch maßgeblich an der Sexualität mit. Das Dominanz-System beispielsweise hilft

Konkurrenten zu verdrängen, die sich für den gleichen Fortpflanzungspartner interessieren. Das Dominanz-System sorgt dafür, dass Männer Karriere machen, was ihre Attraktivität bei Frauen offensichtlich erhöht. Das Stimulanz-System trägt dazu bei, dass der Fortpflanzungspartner uns seine Aufmerksamkeit schenkt und Sex Spaß macht. Das Balance-System, insbesondere das Fürsorge-Modul und das Bindungs-Modul, stabilisieren die Paarbindung und sichern das Überleben des Nachwuchses.

Ein wichtiger Punkt ist dabei zu beachten: Es gibt erhebliche Unterschiede zwischen männlichem und weiblichem Sexualverhalten. Diese Unterschiede findet man in den Gehirnstrukturen, insbesondere aber bei den Nervenbotenstoffen und Hormonen.[1.5; 6.5, 6.10, 6.12, 6.13] Während bei Männern das männliche Sexual- und Dominanzhormon Testosteron die Regie im Gehirn führt, sind es bei Frauen Östrogen (Östradiol), Oxytocin und Prolactin. Zwar sind alle diese Hormone im Gehirn beider Geschlechter enthalten, allerdings in unterschiedlicher Konzentration. Aus diesem Grund ist es wissenschaftlich eigentlich unkorrekt von männlichen oder weiblichen Hormonen zu sprechen. In Kapitel 6 werden wir uns intensiv mit dem Unterschied zwischen Männern und Frauen im Konsum- und Kaufverhalten beschäftigen. Wo und wie macht sich Sexualität im Markt und als Kaufmotiv bemerkbar? Genau wie sich die Sexualität in vielen Emotionssystemen wieder findet, hinterlässt sie auch im Konsum eine deutliche Spur. Betrachten wir nun, in welchen Formen und Produkten sich die Sexualität als Kaufmotiv bemerkbar macht:

Kosmetik; Mode; Autos; Blumen (für den ersten Abend); Geschenke/Schmuck; Produkte, die Status und Wohlstand signalisieren; Sex-Artikel usw.

Das Appetit- und Ekel-Modul

Es bleibt noch ein Modul im Kopf des Kunden übrig: Das Appetit- und Ekel-Modul. Es ist für das menschliche Überleben sehr wichtig. Appetit ist übrigens etwas anderes als Hunger. Appetit richtet das Interesse und die Vorlieben auf bestimmte Speisen oder Geschmacksrichtungen aus, während Hunger sich unspezifisch meldet und irgendetwas zum Essen fordert. Das Appetit-Modul sagt: „Diese Banane würde ich jetzt am liebsten essen." Genau anders herum funktioniert der Ekel. Die ängstliche Vermeidung des Ekel auslösenden Stoffs erfolgt im Balance-System. Der Ekel selbst wird z. B. durch visuelle (Augen), gustatorische (Gaumen/Zunge) und olfaktorische (Nase) negative Reize ausgelöst. Beteiligt am Appetit/Ekel sind neben dem Stimulanz-/Balance-System besondere Teile im Hypothalamus, der cinguläre Kortex, der orbitofrontale Kortex und eine Gehirnregion mit Namen Insula, die direkt unter dem vorderen Großhirn liegt. Insbesondere das Appetit-Modul ist als Konsum-Motiv wichtig. Es sorgt dafür, dass wir Produkte mit positiven Geschmacks- und Geruchsstoffen bevorzugen. Das Appetit-Modul ist eng mit dem Stimulanz-System verknüpft und nutzt dieses Belohnungssystem um seine Ziele zu erreichen.

Machtkämpfe in unserem Kopf

Wenn Sie in den obigen Abschnitten dieses Kapitels die Auswirkungen der Kaufmotive etwas genauer angeschaut haben, konnten Sie vielleicht einige Widersprüche entdecken. Das Balance-System beispielsweise führt dazu, dass ein Kunde ein Traditionsprodukt kauft, also eines, das es so schon immer gab. Das Stimulanz-System dagegen hält ihn an, immer nach neuen innovativen Produkten zu schauen und den neuesten Trends zu folgen. Man spürt: Irgendwie passt das nicht zusammen. Offensichtlich steht das Balance-System im Widerspruch zum Stimulanz-System. Ähnliche Widersprüche gibt es aber auch zwischen dem Fürsorge-Modul und dem Dominanz-System. Das Fürsorge-Modul hält den Kunden an, Produkte für andere zu kaufen, um sie zu erfreuen und ihnen Gutes zu tun, vielleicht auch um großzügig zu sein oder für eine gute Sache zu spenden. Das Dominanz-System dagegen ist seine egoistische Kraft. Als innere Stimme sagt es ihm: „Keine Spende! Verwende das Geld lieber für dich selbst!" Hier scheint das Dominanz-System im Widerspruch zum Fürsorge-Modul und zum Balance-System zu stehen.

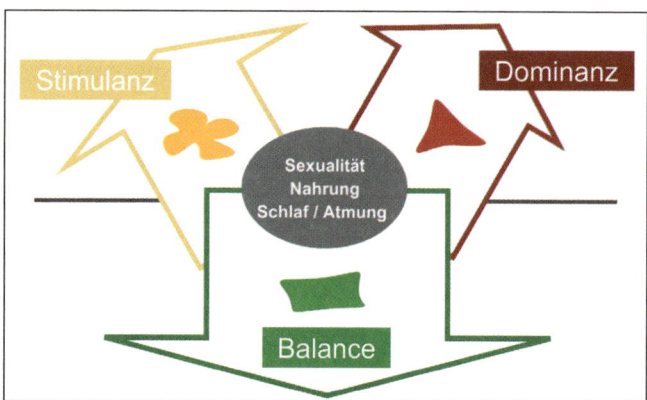

**Abbildung 2.2:
Machtkämpfe im Kopf**

Das Gehirn arbeitet nach einer genialen Logik. Dem (kauf)risikofreudigen Dominanz- und Stimulanz-System steht das Risiko vermeidende und sparsame Balance-System gegenüber

Und genau das ist die verborgene, aber wichtige Logik, die hinter den Motiv- und Emotionssystemen im Kopf Regie führt. Obwohl die Kräfte in unterschiedlichen Gehirnbereichen verarbeitet und durch unterschiedliche Nervenbotenstoffe unterstützt werden, stehen sie in einem hochintelligenten System-Gesamtzusammenhang, der in Abbildung 2.2 dargestellt wird.[2.1; 2.4; 4.6; 4.8] Das Dominanz- und das Stimulanz-System sind die optimistischen, aktivierenden Motivsysteme im Kopf des Kunden, während das Balance-System eine eher hemmende und pessimistische Rolle hat. Das Dominanz- und das Stimulanz-System ermutigen ihn (Kauf-)Risiken einzugehen und viel Geld auszugeben. Das Balance-System wehrt sich dagegen und mahnt zur Sparsamkeit. Noch ein wichtiger Aspekt: Das zyklische Hin- und Herpendeln zwischen Optimismus und Pessimismus, also zwischen Dominanz/Stimulanz und Balance, ist der psychologische und neurobiologische Treiber von Konjunkturzyklen. Leser, die an wissenschaftlichen Hintergründen zu dieser Motivdynamik und den Machtkämpfen im Kopf interessiert sind, können sich in Infobox 4 im Anhang näher informieren.

Der Spielraum der Emotionen und Motive

Schön und gut, sagen Sie jetzt, das klingt ja ganz plausibel mit den Big 3 und ihren „Töchtern" und „Söhnen" sowie der darin enthaltenen Dynamik. Aber kann man damit den Kunden und alle seine Kaufmotive, Bedürfnisse, seine Wünsche und Werte wirklich erklären? Die Antwort: Noch nicht ganz. Was wir nämlich noch nicht beachtet haben, sind die „Mischungen", die es zwischen den Big 3 gibt. Dazu betrachten wir die Grundform der Limbic® Map in Abbildung 2.3. Diese Landkarte ist sehr wichtig zum besseren Verständnis des Kunden. Sie wird uns durch das Buch begleiten. Warum der Name Limbic®? Ganz einfach – weil der Sitz aller Emotionen und Motive in unserem Kopf das limbische System ist. Zunächst einmal sehen wir in Abbildung 2.3 die Big 3 als Grundgerüst unseres Motivationssystems. Zur Vervollständigung tragen wir nun zunächst die Module dort ein, wo sie aufgrund der Ergebnisse der Hirnforschung ihren Platz haben. Nun zu den Mischungen. Da unsere Motivsysteme unabhängig voneinander sind, sind sie meist auch zugleich aktiv. Deshalb gibt es Mischungen.

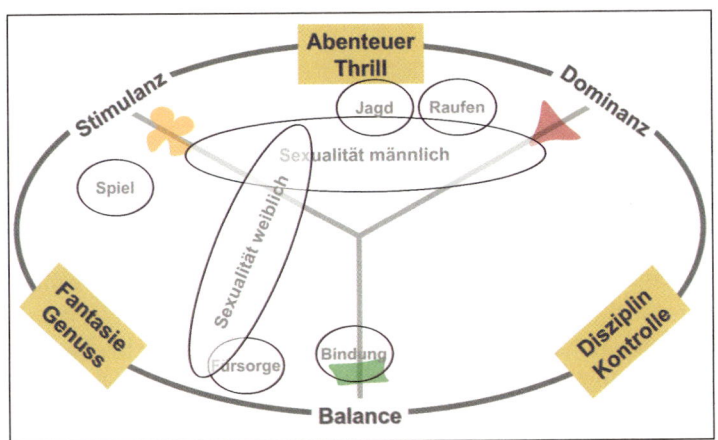

Abbildung 2.3: Die Limbic Map®

Die Limbic Map® zeigt den ganzen menschlichen Motiv- und Emotionsraum

Abenteuer/Thrill

Beginnen wir mit der Mischung von Dominanz und Stimulanz. Diese Mischung nennen wir Abenteuer/Thrill. Warum? Die psychologische Erklärung des Abenteuers ist relativ einfach. Auf der einen Seite will man über sich selbst hinauswachsen und sich beweisen (= Dominanz). Auf der anderen Seite möchte man Neues entdecken (= Stimulanz).

Fantasie/Genuss

Weiter geht's zur nächsten Mischung, nämlich der zwischen Balance und Stimulanz. Diese nennen wir Fantasie/(sanfter) Genuss. Das Stimulanz-System motiviert dazu, aktiv nach Neuem und nach unbekannten Genüssen zu suchen, das Balance-System bremst dabei. Aus der aktiven Suche nach Neuem wird eher ein passives und offenes „Auf-sich-zukommen-lassen", ein Träumen und Fantasieren.

Disziplin/Kontrolle

Bleibt noch die letzte Mischung, nämlich die zwischen Balance und Dominanz. Diese nennen wir Disziplin und Kontrolle. Warum? Das Balance-System fordert, dass alles seine Ordnung hat und stabil bleibt, sich möglichst nichts verändert. Das Dominanz-System dagegen möchte das Geschehen regeln. Genau das aber ist die Psychologie der Kontrolle: Alles muss konstant und berechenbar sein (Balance), gleichzeitig möchte man aber selbst die Spielregeln bestimmen und das Ruder fest in der Hand halten (Dominanz).

Limbic® Map: Die gesamte Emotions- und Wertewelt des Kunden

Viele Marketingverantwortliche versuchen mit Hilfe der verschiedensten Motiv- und Werte-Modelle den Kunden und Konsumenten besser zu verstehen. Während ein Teil der Modelle stärker auf Werte fokussiert, stellt der andere Teil eher seine Motive dar. Die Emotionssysteme des Kunden kennen wir bereits. Aber was sind Werte? Werte, erklären uns die Sozialpsychologen[1.11], sind Standards, an denen eigenes oder fremdes Verhalten gemessen wird. Beispiele für Werte sind Zuverlässigkeit, Vertrauen, Mut, Ehrlichkeit, Perfektion usw.

Leider sind nun die in der Praxis verwendeten Motiv-Modelle und Werte-Modelle nicht kompatibel. Die Folge: Will ein Manager in seiner Marketing- und Verkaufsarbeit festlegen, welche Motive und Werte beim Kunden angesprochen werden sollen, muss er mit mehreren Modellen zugleich arbeiten, was häufig zu erheblicher Verwirrung und Inkonsistenzen führt. Deshalb war es das Ziel bei der Entwicklung der Limbic® Map, ein Modell zu schaffen, das verständlich und nachvollziehbar darstellt, was im Kopf des Kunden wirklich vorgeht, und vor allem Emotionssysteme und Werte zusammenbringt.

Doch zurück zu den Werten. Was haben Werte mit Emotionen zu tun? Um dieser Frage nachzugehen, möchte ich Sie zu zwei kleinen Gedankenexperimenten einladen. Ein kleiner Tipp: Denken Sie nicht lange nach, verlassen Sie sich einfach auf Ihr Bauchgefühl.

Experiment Nr.1:
Ich nenne Ihnen nun vier Werte: Kreativität, Zuverlässigkeit, Neugier, Qualität. Je zwei dieser Begriffe passen besonders gut zusammen. Welche sind das? Zweifellos fühlt man sofort, was zusammenpasst und was nicht. Kreativität gehört zu Neugier und Zuverlässigkeit zu Qualität.

Experiment Nr. 2:
Nun folgen vier weitere Werte. Lassen Sie diese Begriffe kurz auf sich (besser Ihr Gefühl) einwirken: Sinnlichkeit, Zuverlässigkeit, Präzision, Mut. Ordnen Sie diese Begriffe nun ungefähr dort in die Limbic® Map in Abbildung 2.3 ein, wo Sie Ihrer Ansicht nach richtig liegen. In Abbildung 2.4 sehen Sie dann, wo alle Werte ihren Platz haben.

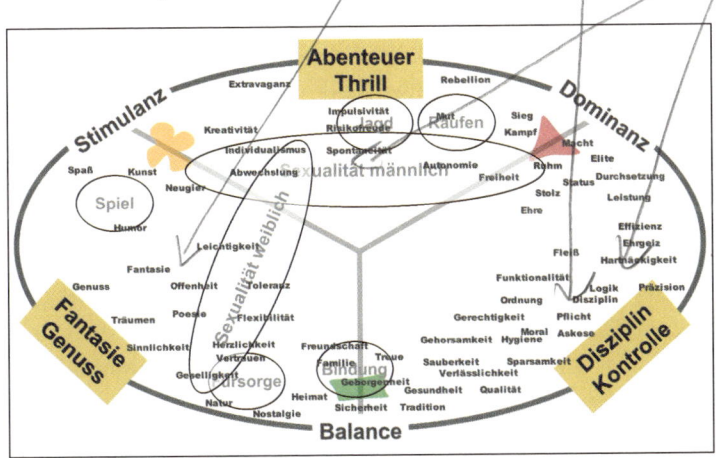

Abbildung 2.4: Die Limbic Map® und die Werte des Menschen

Die Limbic Map® verknüpft Motiv- und Emotionssysteme mit den Werten. Sie ist damit ein ideales Instrument um die Kaufentscheidungen des Kunden und Konsumenten transparent zu machen

Warum sind die beiden Gedankenexperimente relativ einfach zu lösen? Was man meist verkennt: In Werten steckt immer eine emotionale Komponente. Und diese Gefühle sind es, die Sie sicher zur richtigen Lösung geführt haben. Im Experiment 1 spürt man die gemeinsame Kraft zwischen Neugier und Kreativität: Das ist das Stimulanz-System. Dasselbe gilt für Zuverlässigkeit und Qualität. Hier ist das Balance-System der Treiber. Bei der Einordnung der vier Begriffe auf der Limbic® Map braucht man sicher etwas mehr

Zeit. Aber auch hier ist die Lösung mit kleineren Abweichungen „spürbar".
Man spürt instinktiv: „Sinnlichkeit" hat auf keinen Fall etwas mit Diszip-
lin/Kontrolle zu tun und passt viel besser in Richtung Fantasie/Genuss. Genau gegenteilig wirkt „Präzision". Vor dem inneren Auge taucht möglicherweise ein Uhrwerk oder eine Maschine auf. Alles ist berechnet, nichts ist
dem Zufall überlassen. Ähnliche Gegensätze fühlt man auch bei „Verlässlichkeit" und „Mut". Man spürt, wie „Verlässlichkeit" zum Balance-Pol und
„Mut" hin zu Abenteuer/Thrill gezogen wird. Offensichtlich haben auch
Werte einen relativ klaren Platz im Gehirn!

Die gleiche Aufgabe (aber mit sehr viel mehr Begriffen und Werten) haben
wir in der Gruppe Nymphenburg vielen Konsumenten und parallel dazu
Psychologen vorgelegt. Weil das Gehirn eines Psychologen (außer kleineren
zusätzlichen Störungen) sich in nichts von dem von Otto Normalverbrau-
cher unterscheidet, war das Ergebnis nahezu identisch. Wie die gesamte
Wertewelt im Kopf des Kunden und Konsumenten aussieht, sehen Sie in
Abbildung 2.4. Alles, was für ihn wichtig und wertvoll ist, findet im Emoti-
ons- und Werteraum der Limbic® Map statt.

Spannungen im Kopf

Einige Abschnitte weiter vorne in diesem Kapitel haben wir ja schon gesehen, dass unserer Emotionssysteme in einem intelligenten Systemzusam-
menhang stehen: Auf die expansiven Dominanz- und Stimulanzkräfte wirkt
die Risiko vermeidende Balance-Kraft als Gegenspieler. Nachdem wir nun
mit der Limbic® Map den ganzen Emotionsraum kennen, wollen wir uns
mit der Dynamik in unserem Kopf noch etwas näher beschäftigen. In unserem emotionalen Gehirn gibt es nämlich eine Reihe von Spannungsverhältnissen und scheinbaren Widersprüchen, die wir kennen müssen, um Kon-
sumentscheidungen und in die unbewusste Logik von Produkten und Märkten besser zu verstehen. Beginnen wir mit der hedonistisch-asketischen
Spannung.

Die hedonistisch-asketische Spannung

Sie kennen das sicher aus eigener Erfahrung: Das Essen am Vorabend war
fantastisch, der Wein floss reichlich und auch die sonstigen Genüsse kamen
nicht zu kurz. Das Stimulanz-System jubelte. Doch schon auf dem Heimweg
macht sich das schlechte Gewissen bemerkbar: „Die nächste Woche wird ge-
fastet – die Völlerei hat ein Ende, Askese und Disziplin sind angesagt". Oder
ein anderes Beispiel: Wir gehen fröhlich durch die Einkaufsstraßen und
kaufen da und dort eine Kleinigkeit – am Abend schließlich kommen wir
vollgepackt nach Hause. Wir freuen uns über die vielen kleinen Lustkäufe,
die unser Leben scheinbar bereichern. Abends gehen wir ins Bett und lesen

dann Werner Tiki Küstenmachers Buch „Simplify your life", das uns auffordert, uns von allem Lebensballast zu befreien und in der Einfachheit unser Glück zu suchen. Wir nicken zustimmend und plötzlich sehen wir unsere Lustkäufe mit völlig anderen Augen, nämlich als Belastung und Komplexitätsverstärker. Wir sehnen uns nach der überschaubaren Kargheit und der kontemplativen Ruhe eines Klosters.

Wie kann es also sein, dass wir hemmungslos genießen wollen, Spaß am Lustkauf haben und wenige Augenblicke später die Askese lobpreisen und uns nach der überschaubaren Kargheit und der kontemplativen Ruhe eines Klosters sehnen?

Sind wir und der Konsument schizophren? Mitnichten. Ein Blick auf die Limbic® Map in Abbildung 2.5 macht uns klar, was da passiert. Der Gegenpol zum Stimulanz-System in unserem Gehirn ist nämlich „Disziplin/Kontrolle" und dort finden wir auch Begriffe wie zum Beispiel „Askese" oder „Pflicht" . Wir ahnen: Es gibt immer beide Kräfte im Gehirn, die versuchen, sich gegenseitig die Waage zu halten. Auch die Philosophie hat sich übrigens schon ausgiebig mit dieser Spannung beschäftigt. In seinem Werk „Entweder-Oder" beschreibt Sören Kierkegaard das Dilemma zwischen lustvollem und pflichterfülltem Leben.

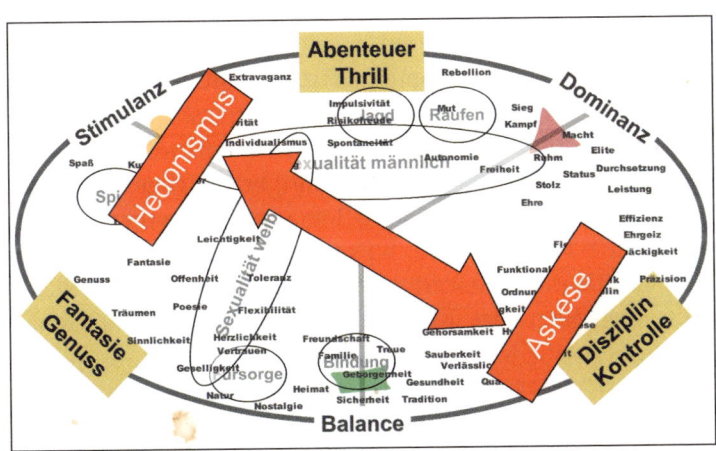

Abbildung 2.5:
Die hedonistisch-asketische Spannung

Die revolutionäre-konservierende Spannung

Schauen wir uns nun das nächste große Spannungsfeld an. Es ist die Spannung zwischen Revolution und Bewahrung des Bestehenden. Wir geben viel Geld für völlig neue und marktrevolutionierende Produkte aus und gleichzeitig kaufen wir mit gleicher Freude Produkte, die eine lange Tradition und Heimatverwurzelung haben. Wir gehen in die schrillste und hippste Disco und schon einen Abend später finden wir uns in der urgemütlichen Traditionskneipe wieder. Offensichtlich brauchen wir beides – das revolutionär

Neue und das Bewährte und Sichere. In Abbildung 2.6 wird auch dieses
Spannungsverhältnis deutlich. Auch diese Emotionsdynamik findet sich in
der Philosophie wieder. Friedrich Nietzsches Ideal, der „Übermensch", ist
der Mensch, dem es gelingt, sich von den bewahrenden Kräften zu befreien
und sich stets neue und unbekannte Lebensmöglichkeiten zu erschließen.

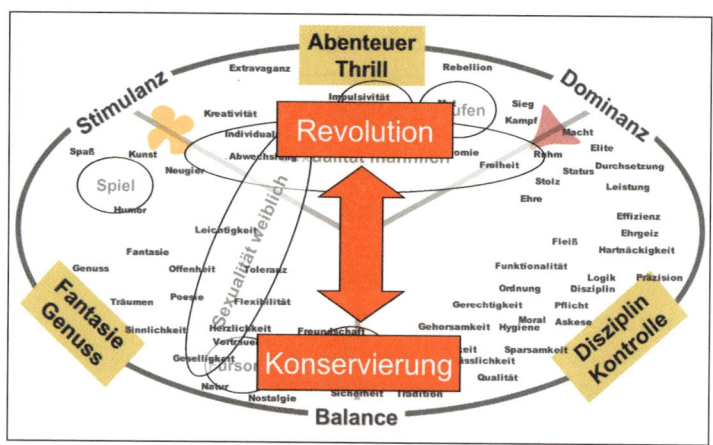

Abbildung 2.6:
Die revolutionä-
re-konservieren-
de Spannung

Die egoistisch-altruistische Spannung

Der Mensch, so heißt es, sei egoistisch und nur auf seinen Vorteil bedacht.
Und in der Tat finden sich im Alltag viele Bestätigungen dafür. Denken wir
nur an korrupte Politiker oder Manager, die sich hemmungslos Millionenbe-
träge unter den Nagel reißen. Und ein Blick in die Konsumwelt mit ihren
Statusprodukten zeigt, dass diese egoistischen Kräfte durchaus vorhanden
sind. Aber den gleichen Manager, der tagsüber knallhart seine eigenen Interessen durchzieht, finden wir am Abend wieder, wie er in der Kirchenge-
meinde Spenden für karitative Einrichtungen sammelt oder liebevoll für
seine Familie sorgt. Auch hier zeigt uns Abbildung 2.7 das Warum: Genau
entgegengesetzt zur Dominanz-Kraft liegen nämlich die großen Sozial-Module „Bindung & Fürsorge". Auch im Konsum macht sich dieses Spannungsverhältnis oft in hybriden Konzepten bemerkbar. Die Mineralwassermarke
Volvic suggeriert in ihrer Werbung, dass man mit dem Genuss des Wassers
auch die Kraft des Vulkans zu sich nähme (Kraft = Egoismus/Durchset-
zung). Auf der Rückseite der Wasserflasche findet sich aber gleichzeitig der
Hinweis, dass ein Teil des eingenommenen Geldes für Brunnenbohrungen
und die Wasserversorgung in der Dritten Welt gespendet würde.
Auch dieses emotionale Konfliktverhältnis fand übrigens Eingang in die
Philosophie. Thomas Hobbes zeigte in seinem Werk auf, dass der Mensch
zwar des Menschen Wolf ist – aber nicht nur. Denn gleichzeitig, so Hobbes,
ist der Mensch auch ein Gott für den Menschen.

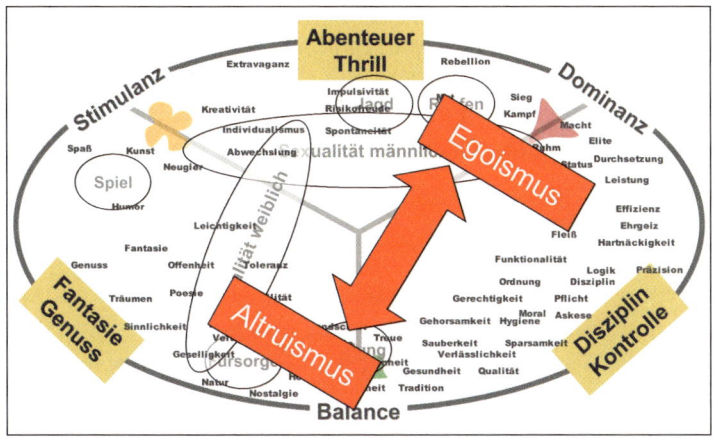

Abbildung 2.7:
Die egoistisch-
altruistische
Spannung

Starke Trends haben immer Gegentrends

Wenn man diese Spannungsverhältnisse in unserm Gehirn kennt, kann man auch bewusster und kompetenter mit den Ergebnissen der Trendforschung umgehen. Denn die großen Trends haben immer einen emotionalen Kern. Und: Fast zu jedem Trend gibt es immer einen Gegentrend.

Schauen wir uns einige Entwicklungen aus dieser Perspektive an: In den letzten Jahren beherrscht die Globalisierung als Megatrend die Welt. Globalisierung bedeutet Expansion und wird von unserer Dominanz- aber auch Stimulanz-Kraft getragen. Doch dieser Trend hat eine starke Gegenkraft, einen Gegentrend: Der Wunsch nach Regionalität, nach regionalen Produkten usw. Viele solche Trend-/Gegentrend Zusammenhänge lassen sich heute im Markt beobachten. Einige weitere Beispiele sollen dies kurz illustrieren:

- Die Diskussion um gentechnisch hergestellte Lebensmittel hat das Wachstum des Bio-Lebensmittelmarktes beschleunigt

- Das Avantgarde-Design findet immer seine Gegenkraft im Retro-Design

- Nachdem über viele Jahrzehnte Individualismus, Selbstverwirklichung und Hedonismus die Leitwerte der westlichen Kultur waren, gewinnen jetzt Gegenwerte wie Pflicht, Familie und Heimat verstärkt an Bedeutung

Die Limbic® Map gilt kulturübergreifend

Nachdem wir uns jetzt mit den Spannungsverhältnissen beschäftigt haben, bleibt angesichts der Globalisierung und Internationalisierung noch eine weitere wichtige Frage offen. Ist die Limbic® Map auch international gültig? Im Prinzip ja. Zwar gibt es große interkulturelle Unterschiede bei der Wichtigkeit und Bedeutung der einzelnen Werte. Für US-Amerikaner beispielsweise haben Werte wie Individualismus und Risikobereitschaft eine große Bedeutung, während Schweizer eher Balance-Werte wie Tradition und Heimat vorziehen. Japaner und Chinesen dagegen haben eine stärkere Ausprägung in den sozialen Werten wie Gruppenbindung und Familie.[2.19] Der Platz im Gehirn und damit der Platz auf der Limbic® Map bleibt aber kulturübergreifend derselbe.

Allerdings kann man viele Werte oft nicht wörtlich übersetzen, weil es keine gleichbedeutenden Entsprechungen gibt. Oft fehlen auch Werte in anderen Kulturen vollständig, wie z. B. „Individualismus" in Japan oder in China. Insbesondere in asiatischen Märkten müssen kulturspezifische Besonderheiten stark berücksichtigt werden.

Die Universalien: Zeit und Geld

Am Anfang dieses Kapitels, bei unserer naiven Motivforschung, hatten wir überlegt, ob es ein eigenes Zeit- und Geld-Motiv gibt. Aus Sicht der Psychologie und Hirnforschung sind es keine eigenen Motive, sondern „Universalien". Beginnen wir mit Geld. Geld ist ein übergeordnetes universelles und generalisiertes „Wertsymbol", das es dem Konsumenten erlaubt, alle seine Wünsche und Motive zu erfüllen. Er kann sich ein großes Auto kaufen (Dominanz), seine Alters- und Gesundheitsvorsorge verbessern (Balance) oder einfach eine Weltreise unternehmen (Stimulanz). Genau darin liegt auch die Faszination und Emotionalität des Geldes. Es ist ein „Universal-Schlüssel" zur Befriedigung aller Wünsche. Die Wünsche, die man befriedigen will, sind aber genau die, die in unseren Emotions- und Motivsystemen angelegt sind und die wir oben kennengelernt haben. Deshalb gibt es auch kein eigenes und separates Geld-Motiv im Gehirn. Man muss bei Geld immer fragen, welches Motiv- und Emotionssystem der Treiber des Wunsches ist, für den Geld ausgegeben werden soll. Noch ein Aspekt ist erwähnenswert: Geld hat eine Joker-Funktion – man kann Geld in jeder Situation und zu jeder Zeit einsetzen. Auch diese Joker-Funktion ist höchst emotional. Die gewonnene Freiheit und Autonomie wird aus dem Dominanz- und Stimulanz-System, die gewonnene Bequemlichkeit aus dem Balance-System gespeist.

Nun zur Zeit. Bis zum Mittelalter spielte Zeit im Alltag keine Rolle. Man hatte sie oder man nahm sie sich. Zeit war so selbstverständlich wie die

Schwerkraft. Das Leben des Menschen war von den natürlichen Zeitgebern bestimmt: Tag und Nacht, Jahr, Monat, Ebbe und Flut sowie den Jahreszeiten. Erst als der Mensch Gott die Zeit durch den Bau von Uhren aus der Hand nahm, änderte sich ihr Charakter. Zeit wurde zum Herrschafts- und Kontrollinstrument von Königen und Kaisern. Noch Ende des 19. Jahrhunderts musste man die Uhr umstellen, wenn man von Bayern nach Württemberg fuhr. Mit Hilfe der Zeit wurde das gesellschaftliche Leben synchronisiert und geordnet. Vor allem aber wurde Zeit wertvoll, als sie an Geld gekoppelt wurde. Florentinische Wollweber begannen Ende des 14. Jahrhunderts erstmals, sich ihre Überstunden in Geld bezahlen zu lassen – bis dahin gab es nur Geld für das fertige Werk. Aber auch Zinserträge hingen seit jeher ursächlich mit der Zeit zusammen. Zeit wurde auf diese Weise zu Geld. Aus dieser Perspektive folgt Zeit deshalb auch der gleichen emotionalen Logik wie Geld.

Zeit hat aber noch eine weitere emotionale Dimension: Wenn der Kunde seine Wünsche befriedigen und seinen Motiven nachgehen will, braucht er dazu Zeit. Der Kunde versucht bei den Tätigkeiten Zeit zu sparen, die mit Unlust verbunden sind (für mich ist eine solche Tätigkeit das Aufräumen meines Schreibtisches). Die gesparte Zeit setzt er dagegen für lustvolle Aktivitäten ein. Er geht ins Kino, fährt zum Baden (Stimulanz) oder er parkt seinen offenen Sportwagen demonstrativ vor der Disco (Dominanz). Während er aber Geld wirklich sparen kann, ist das mit der Zeit schwieriger, weil sich Zeit zwar gewinnen, nicht aber auf Vorrat speichern lässt.

Geld und Zeit haben noch eines gemeinsam: Der Konsument und Kunde hat davon viel zu wenig angesichts der unzähligen Wünsche und Bedürfnisse, die in seinem Kopf herumgeistern. Zudem haben alle Motive und Wünsche eine wichtige Eigenschaft: Kaum ist ein Wunsch erfüllt, macht sich schon ein neuer bemerkbar. Oder mit den Worten von Wilhelm Busch:

Wonach du sehnlich ausgeschaut,
es wurde dir beschieden.
Du triumphierst und jubelst laut:
Jetzt hab ich endlich Frieden.
Ach Freundchen, rede nicht so wild,
bezähme deine Zunge!
Ein jeder Wunsch,
wenn er erfüllt,
kriegt augenblicklich Junge

Kapitel 3:
Die unbewusste Logik von Produkten und Märkten

Was Sie in diesem Kapitel erwartet:

Der Wert eines Produkts und einer Dienstleistung hängt davon ab, ob diese im Kunden positive Motiv- und Emotionsfelder aktivieren. Märkte haben eine innere Logik, die aus unterschiedlichen Motiv- und Emotionsfeldern besteht, und wer seine Kunden und Konsumenten erreichen will, muss diese Logik verstehen. Es geht nun um die Psychologie von Geld, Preis und Zeit und warum Emotion nicht das Gegenteil von Ratio ist.

Kunden geben viel Geld für Produkte aller Art aus. Aber warum tun sie das? Warum kaufen sie überhaupt Produkte? Weil die Produkte einen funktionalen Nutzen erbringen? Das ist richtig. Der funktionale Nutzen einer Bohrmaschine liegt im Bohren von Löchern. Der funktionale Nutzen eines Autos liegt darin, dass es uns von A nach B transportiert. Diese Betrachtung ist zwar richtig und wichtig. Der wahre Wert, den ein Produkt oder eine Dienstleistung für den Konsumenten hat, wird aber erst deutlich, wenn wir dieses Produkt mit den „Augen" seiner Emotions- und Motivsysteme betrachten. Produkte aktivieren fast immer, ohne dass dies dem Konsumenten bewusst ist, spezifische Motiv- und Emotionssysteme in seinem Gehirn. Und nur, wenn Produkte und Dienstleistungen seine Motiv- und Emotionssysteme ansprechen, haben sie für ihn einen Wert!

Bleiben wir bei der Bohrmaschine: Mit ihr bohrt man Löcher, das ist der funktionale Nutzen. Die Bohrmaschine hat aber noch andere Funktionen – zum einen spart sie Kraft und Energie (eher Balance-Sparsamkeit), zum anderen erhöht sie die Macht, die Selbstwirksamkeit des Benutzers (Dominanz). Das Überlegenheitsgefühl des Heimwerkers ist der eigentliche Wert der Maschine (der harte Beton lässt sich bezwingen). Je leistungsfähiger und stärker die Maschine ist, desto wertvoller ist sie deshalb für den Benutzer. Welches Motiv- und Emotionssystem ist deshalb mit dem Kauf einer Bohrmaschine verbunden? Richtig, das Dominanz-System. Auf der Limbic® Map in Abbildung 3.1 sehen Sie, wo die Bohrmaschine eingeordnet ist.

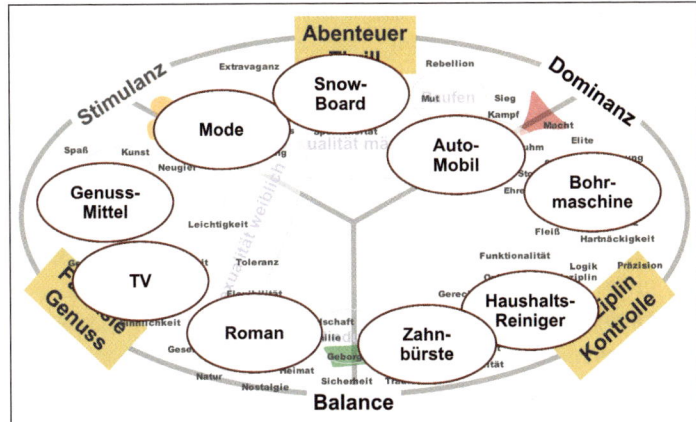

Abbildung 3.1:
Das generische
Motivfeld von Produkten auf der
Limbic® Map:

Produkte haben für
den Menschen und
Kunden nur dann einen Sinn und Wert,
wenn sie seine
Motiv- und Emotionssysteme im Gehirn aktivieren. Je
mehr und je stärker
diese Systeme
angesprochen werden, desto wertvoller ist das Produkt

Was eine elektrische Zahnbürste von einem TV-Gerät unterscheidet

Betrachten wir nun eine elektrische Zahnbürste. Spricht sie, obwohl auch sie eine Maschine ist, das gleiche Emotionsfeld an? Nein, sie gibt dem Benutzer das Gefühl, etwas für seine Gesundheit zu tun. Das Motiv- und Emotionsfeld, das von der elektrischen Zahnbürste angesprochen wird und ihr den eigentlichen Wert verleiht, ist deshalb das Balance-System.

Bleiben wir noch etwas bei Geräten, zum Beispiel beim Fernseher. Warum steht in jedem Haushalt mindestens ein TV-Gerät? Weil es unsere Neugier befriedigt, unsere Langeweile vertreibt und uns unterhält. Ein TV-Gerät spricht also in erster Linie das Stimulanz-System des Konsumenten an. Je mehr Programme, je besser der Sound und je größer das Bild ist, desto mehr Geld gibt der Konsument dafür aus.

Schauen wir uns aus diesem Blickwinkel einmal ein Automobil an. Das Auto erweitert unser Territorium und unsere Möglichkeiten, es vergrößert unsere Autonomie und unsere Macht (Dominanz). Zudem verlangt es von uns keinerlei Anstrengung (Balance), wir sitzen bequem im Fahrersitz dank Servolenkung, Automatik und Bremskraftverstärker. Weil das Erlebnis dieser Macht wesentlich intensiver ist als bei der Bohrmaschine, hat das Auto für uns einen höheren Stellenwert. Warum das Auto eigentlich so wichtig für uns ist, weiß kaum ein Konsument. Er staunt am Ende nur, wie viel Geld er für sein geliebtes Auto ausgegeben hat. Deutlich wird: Je mehr Motiv- und Emotionssysteme von einem Produkt oder einer Dienstleistung positiv angesprochen werden und je stärker dies geschieht, desto wertvoller wird das Produkt oder die Dienstleistung für den Kunden und Konsumenten. Sehen wir uns das an weiteren Beispielen an.

Wie das Sexualitäts-Modul den Geldbeutel erleichtert

Kommen wir zur Kosmetik. Konsumenten sind bereit, für ein Parfüm, das in der Herstellung etwa 5 Euro kostet, 40 oder 50 Euro zu bezahlen. Warum machen sie das? Weil es so gut duftet? Auch. Aber der wahre Grund liegt tiefer. Die unbewusst treibende Kraft im Gehirn, die das Parfüm für den Konsumenten wertvoll macht, ist das Sexualitäts-Modul. Wir sollten dabei nicht vergessen, dass die Nase eines der wichtigsten „Sexualorgane" bei Säugetieren ist. Unsere männlichen tierischen Kollegen werden durch Geruchsstoffe, die sogenannten Pheromone, aktiviert und darüber informiert, ob das Weibchen empfängnisbereit ist. Sie erfahren gleichzeitig, ob die weiblichen Immunsystem-Gene zu ihren eigenen Immun-Genen passen und dem Nachwuchs dadurch eine bessere Überlebenschance sichern. Zwar hat bei Menschen die Nase zugunsten der Augen an Bedeutung verloren, sie ist aber immer noch stärker an der Partnererkennung und Partnerwahl beteiligt, als wir ahnen. Neuere Versuche zeigen, dass Frauen am Geruch eines getragenen männlichen Unterhemds erkennen können, ob der Träger ein eher fürsorglicher Softi oder ein harter Rambo ist. Die eigentliche Aufgabe von Parfüms ist, die eigene sexuelle Attraktivität zu steigern und damit die Wünsche des Sexualitäts-Moduls zu erfüllen. Weil das Sexualitäts-Modul eine starke Machtposition im Gehirn hat, ist der Konsument bzw. die Konsumentin bereit, enorm viel Geld für Parfüms und Kosmetik auszugeben. Dass Sex ganz schön teuer werden kann, zeigt auch das nächste Beispiel.

Warum ein Lidstift teurer als ein Bleistift ist

Vergleichen wir einmal einen Lidstift mit einem normalen Bleistift. Beide kommen meist von den gleichen Herstellern, beide sehen fast gleich aus und beide sind funktional sehr ähnlich. Der eine bringt Farbe auf die Haut, der andere aufs Papier. Auch in den Herstellungskosten sind die Unterschiede nicht gewaltig: der Lidstift kostet etwa doppelt soviel wie der Bleistift. Aber: Für einen Bleistift bezahlt eine Konsumentin maximal einen Euro, für einen Lidstift gibt sie gerne 15 Euro und mehr aus.

Warum hat der Lidstift so eine große Bedeutung? Was nur wenige wissen: Bei Frauen verändert sich kurz vor dem Eisprung die Hautfarbe um das Auge herum – die Haut wird etwas dunkler.[6.1] Die Augenumgebung ist deshalb ein wichtiges, auf Männer unbewusst wirkendes natürliches Signal für die Empfängnisbereitschaft der Frau. Dadurch steigt ihre Attraktivität. Legt man männlichen Versuchspersonen eine am Computer bearbeitete Fotoserie mit dem Gesicht von ein und derselben Frau zur Auswahl vor, dann finden sie die Augenumgebungs-Farbvariante am attraktivsten, die die größte Übereinstimmung mit der „Empfängnisbereitschaftsfarbe" hat. Warum sie diese Wahl getroffen haben, bleibt den Kandidaten genauso verschlossen, wie den vielen Konsumentinnen verschlossen bleibt, warum sie so viel Geld für einen Lidstift ausgeben. Der Lidstift hat einen viel größeren Nutzen und damit Wert als der Bleistift. Er aktiviert das Sexualitäts-Modul, der Bleistift allenfalls die Finger. Wir wollen uns noch etwas mehr mit den emotionalen Eigenschaften von Produkten und ihrem wahren Wert beschäftigen.

Von Gehirnlangweilern, Gehirnaktivierern, Gehirnverführern und Gehirnfesslern

Wir haben gesehen, dass jedes Produkt einen typischen, man sagt auch generischen, Motiv- und Emotionsraum besetzt. Zusätzlich gibt es einige weitere Unterschiede aus der Sicht des Gehirns

Gehirnlangweiler

Die emotionale Bedeutung von Bleistiften, Putzmitteln, Schrauben oder Toilettenpapier ist für die meisten Kunden gering. Der Wert dieser Produkte ist deshalb so gering, weil sie seine Emotions- und Motivationssysteme im Gehirn nur schwach aktivieren. Das Ergebnis: Der Kunde findet diese Produkte nicht sonderlich interessant. Er ist auch nicht bereit, viel Geld dafür zu bezahlen. Diese Produkte sind deshalb auch besonders preisanfällig und können relativ problemlos von Handelsmarken oder Billigimporten ersetzt werden. Durch eine bewusste Markenpolitik (siehe Kapitel 8) und durch eine Verstärkung der emotionalen Produktsignale (siehe Kapitel 9) kann das Werterleben beim Konsumenten zwar erheblich gesteigert werden, aber eine wahre Kaufbegeisterung oder eine tiefe Sehnsucht nach ihnen werden diese Maßnahmen nicht auslösen.

Gehirnaktivierer

Kommen wir nun zur nächsten Produktkategorie, den Gehirnaktivierern. Sie unterscheiden sich von den Langweilern darin, dass sie die Motiv- und Emotionssysteme im Gehirn stärker ansprechen. Dadurch haben sie für den Konsumenten eine höhere Bedeutung. Typische Beispiele sind: Genussmittel wie Süßigkeiten, modische Bekleidung, Vitaminpräparate, Bücher, Do-it-yourself-Maschinen für den Heimwerker, Haushaltsmaschinen, Körperpflege für den Alltag. Diese Produkte sind für den Konsumenten wichtig, er gibt auch gerne Geld dafür aus, er kann aber auch darauf verzichten.

Gehirnverführer

Weit weniger einfach fällt dem Konsumenten dagegen der Verzicht auf die Gehirnverführer. Die Gehirnverführer unterscheiden sich von den Gehirnaktivierern dadurch, dass sie gleichzeitig mehrere Motiv- und Emotionssysteme im Gehirn ansprechen. Darüber hinaus wirken sie durch besondere chemische Stoffe direkt auf die Motiv- und Emotionssysteme im Gehirn des Konsumenten ein und sorgen so zusätzlich für angenehme Gefühle. Beispiele für Gehirnverführer sind: Kaffee, Wein, Bier, Schokolade und Zigaretten.

Gehirnfessler
Gibt es noch eine Steigerung? Ja, die gibt es – das ist die Produktkategorie der Gehirnfessler. Ich nenne sie so, weil es ihnen gelingt, die Emotions- und Motivsysteme im Gehirn des Konsumenten so stark zu aktivieren, dass er eine große Sehnsucht nach diesen Produkten hat und/oder glaubt, ohne diese Produkte nicht leben zu können. Kurz: Sie fesseln ihn. Die Gehirnfessler erreichen ihre enorme Attraktivität aus der Faszination des Produktes. Diese entsteht in der Regel durch ein Statusversprechen oder ein Individualitätsversprechen. Sie bedürfen meist auch einer starken Marke, die diese Emotionen wie ein Turbolader auflädt. (Was Marken für das Gehirn bedeuten, erfahren wir in Kapitel 8). Typische Produkte sind: Sportwagen, Marken-Kosmetika, Designermode, Hightech-Sportgeräte, Trend-Handys, Produkte mit spirituellem Heilsversprechen, Produkte, die eine Geschichte erzählen, Produkte mit hoher Multisensualität (Mehr dazu in Kapitel 9)

Für alle gerade dargestellten Produktkategorien gilt übrigens, dass neben den allgemeinen Regeln, die ihren Wert bestimmen, natürlich die individuellen Interessen und Dispositionen des Konsumenten eine enorm wichtige Rolle spielen. Ein Bleistift kann für einen Künstler sehr wertvoll sein. Ein Monteur wird eine Bohrmaschine mit ganz anderen Augen betrachten als ein Heimwerker, der alle Schaltjahre ein Loch in die Wand bohrt. Mit diesen zielgruppenspezifischen Fragen beschäftigen wir uns in den Kapiteln 5, 6 und 7 näher.

Die „Multimotivationalität" von Produkten
Vielleicht trinken Sie beim Lesen dieses Buches ja gerade eine Tasse Kaffee. Kaffee ist mit Abstand das beliebteste Getränk und Genussmittel auf der Welt und gehört in die Klasse der Gehirnverführer. Haben Sie einmal darüber nachgedacht, warum Kaffee der Getränke-Top-Favorit beim Konsumenten ist? Weil er durch seinen leicht bitteren Geschmack dem Appetit-Modul eine Freude bereitet? Sicher auch. Der Hauptgrund aber liegt in seiner Multimotivationalität. Multimotivanonalität bedeutet, dass hinter dem Konsum dieses Getränks ein ganzes Bündel von Motiven steckt. Wir haben ja im vorherigen Kapitel gesehen, dass Emotionen und Motive zwar sehr ähnlich – aber doch nicht gleich sind. Unsere Emotionssysteme geben die grundsätzliche Richtung und Ziele vor, die Motive sind die konkrete Befriedigung, die

mit einem Produkt oder einer Situation verbunden ist. Wenn wir Produkte und Märkte verstehen wollen, müssen wir die konkreten Motive kennen, die zum Kauf und Konsum eines Produktes führen – dazu führen wir mit Hilfe der Limbic® Map eine Motivanalyse durch. Die Frage, die wir mit unserem Limbic-Wissen im Hinterkopf stellen, lautet: Warum trinken wir Kaffee?

Überrascht stellen wir fest: Kaffee und die von ihm angesprochenen Motive decken fast den ganzen Raum der Limbic® Map ab. Schauen wir uns das einmal genauer in Abbildung 3.2 an. Kaffee ist zunächst einmal ein Genuss, der durch die vielen Sorten und Zubereitungsformen ein weites Genuss-Spektrum erschließt (= Genuss-Motivfeld). Aber das ist noch lange nicht alles: Kaffee aktiviert und belebt die Lebensgeister (= Aktivierungs-Motivfeld). Für manche ist Kaffee aber auch ein richtiges Dopingmittel, um mehr zu leisten als die Konkurrenz (= Durchsetzungs-Motivfeld). Für andere bedeutet eine Tasse Kaffee Entspannung (= Balance-Motivfeld). Neben diesen Kernmotiven, die Kaffee bedient, gibt es eine Reihe zusätzlicher Motive, die mit und durch Kaffee erfüllt werden: Selbstverwöhnung, Ausdruck eines individuellen Lebensstils (z. B. das Trinken von Latte Macchiato oder Kaffeespezialitäten), Ausdruck eines anspruchsvollen Lebensstils (durch den Konsum besonders teurer und exklusiver Sorten), Kaffeegenuss als Ritual, das den Tag oder die Woche strukturiert (Nachmittagskaffee, Festtagskaffee für den besonderen Anlass) und schließlich Kaffee als sozialer „Kitt" (man genießt ihn zusammen mit anderen und plaudert dabei).

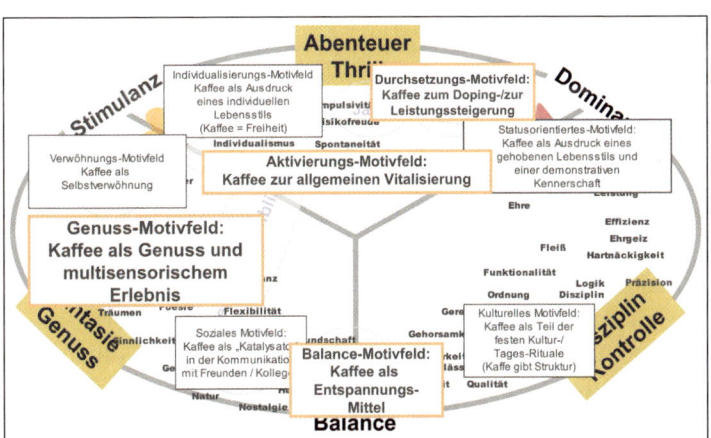

Abbildung 3.2: Die Multimotivationalität von Kaffee.

Kaffee ist nach normalem Wasser das zweitbeliebteste Getränk auf der Welt. Warum? Weil Kaffee fast alle Motiv- und Emotionssysteme anspricht und aktiviert

Hinter den Kernmotiven von Kaffee „Aktivierung" und „Beruhigung" stecken übrigens nicht nur Einbildungen, sondern konkrete physiologische Veränderungen, die durch direkte neurochemische Einwirkung auf unsere Emotionssysteme entstehen. Ein Merkmal, das für alle Gehirnverführer

(Bier, Wein, Schokolade etc.) typisch ist. Schauen wir uns diesen Mechanismus beim Kaffee einmal genauer an: Der Wirkstoff Koffein verhindert, dass der Nervenbotenstoff Adenosin zur Wirkung kommt. Denn Adenosin blockiert die Ausschüttung von allen belebenden und aktivierenden Nervenbotenstoffen, wie z. B. Dopamin, Acetylcholin oder Noradrenalin (siehe Infobox 5). Koffein öffnet also diesen neurochemischen Lebensgeistern den Weg ins Bewusstsein des Konsumenten, indem es ihren Gegner, das Adenosin, ausschaltet. Die Vielzahl der neurochemischen Wirkungen von Koffein im Gehirn kommt auf der Limbic® Map auch durch die vielen Bedeutungsfelder, die Kaffee abdeckt, zum Ausdruck. Man erkennt: Im Vergleich zum Kaffee sind die neurochemischen Veränderungen, die der Gebrauch eines WC-Reinigers im Gehirn auslöst, minimal (außer man trinkt ihn). Auch andere Gehirnverführer wie Wein, Bier, Zigaretten, Schokolade usw. haben deshalb so eine hohe Verbreitung, weil sie viele Emotions- und Motivsysteme zugleich ansprechen. Gleichzeitig aktivieren ihre neurochemischen Wirkstoffe, wie z. B. Alkohol oder Nikotin, direkt und umfassend die Motivations- und Emotionssysteme im Gehirn.

Auto ist nicht gleich Auto

Mit dem typischen oder generischen Emotionsfeld von Automobilen haben wir uns ja schon zu Beginn dieses Kapitels beschäftigt. Das Auto liegt im Dominanz-Feld, weil es den Handlungsraum, die Autonomie und damit die Macht vergrößert. Diese Dominanz-Aktivierung ist relativ stark. Nun wollen wir einen Schritt weitergehen und uns mit der unbewussten Neuro-Logik von Produktgruppen und ganzen Marktsegmenten beschäftigen. Wir bleiben dazu im Automobilbereich. Auto ist nämlich nicht gleich Auto. Es gibt Pkws und Lkws. Wir beschränken uns auf die Pkws. Doch auch hier haben wir die Wahl zwischen unterschiedlichsten Gattungen. Es gibt den Kleinwagen, den Van oder den Kombi für die Familie, das Cabrio, die Geländewägen, die Limousinen und schließlich die kraftstrotzenden Sportwagen, wie z. B. ein Ferrari oder ein Porsche 911. Alle sind Autos – doch jedes Auto aktiviert neben dem generischen Bedeutungsfeld unterschiedliche Emotionsfelder und damit auch Motive im Gehirn. Abbildung 3.3 verdeutlicht den Unterschied. Zur Demonstration betrachten wir einen Familien-Van, ein Cabrio und einen Sportwagen. Der Familien-Van aktiviert neben dem Dominanzfeld ein zusätzliches Emotionsfeld im Bereich des Balance/Fürsorge-Moduls. Das Cabrio besetzt zusätzlich ein starkes Emotionsfeld im Stimulanz-System. Der Sportwagen aber bringt das Stimulanz-System in Fahrt (er aktiviert ein Emotionsfeld im Bereich Abenteuer) und verstärkt gleichzeitig das generische Dominanz-Feld. Ohne Zweifel hat er für das (männliche) Gehirn den allerhöchsten Wert. Der Sportwagen hat neben einer starken Stimulanz-Komponente eine Dominanz-Komponente, er verspricht also Abenteuer. Während der Kleinwagen nur ein kleines zusätzliches Bedeutungsfeld hat, ist die Stimulanz-Abenteuer-Macht-Komponente beim Sportwagen extrem stark ausgeprägt.

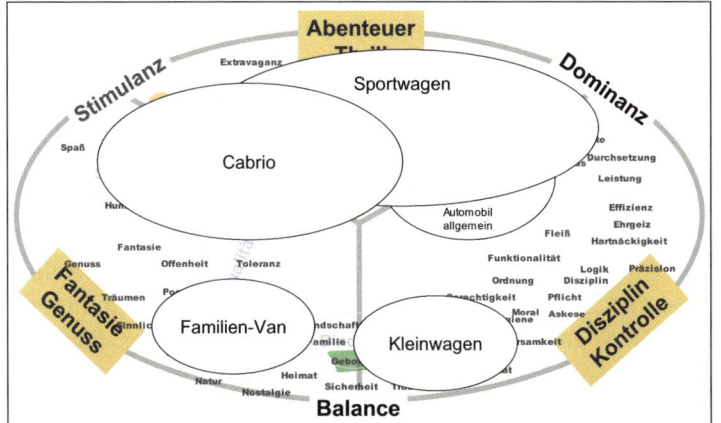

Abbildung 3.3: Auto ist nicht gleich Auto

Ein teurer Sportwagen aktiviert zusätzlich ganz andere Motiv- und Emotionssysteme im Gehirn, als ein Familien-Van

Dass unterschiedliche Autos das Gehirn auch unterschiedlich aktivieren, wurde kürzlich in einer Untersuchung nachgewiesen, die an der Universität Ulm für DaimlerChrysler durchgeführt wurde.[(12.2)] Versuchspersonen wurden Zeichnungen von Kleinwagen, Kombilimousinen und Sportwagen vorgelegt. Mit Hilfe des Gehirn-Tomographen wurde dabei die Aktivierung des Gehirns beobachtet. Die geringste Aktivierung erzeugte wie erwartet der Kleinwagen. Offensichtlich machte der Sportwagen dem Gehirn die größte Freude. Bei seinem Anblick leuchtete der Nucleus Accumbens, ein wichtiger Stimulanz-„Lustkern" im limbischen System hell auf. Abbildung 3.4 zeigt, wie Sportwagen und Kleinwagen die Emotions- und Motivsysteme im Gehirn unterschiedlich aktivieren.

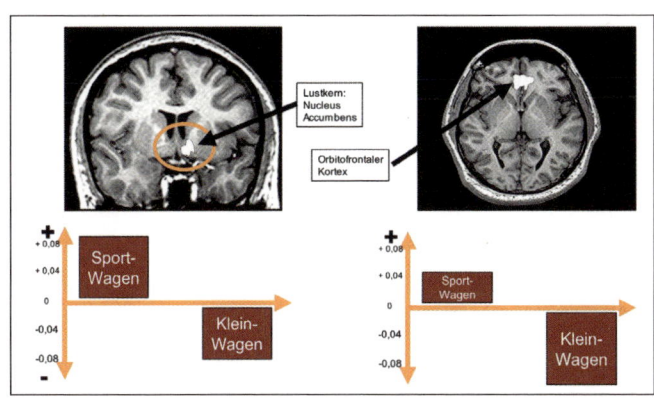

Abbildung 3.4: Autos im Gehirn

Während der Anblick eines Sportwagens den Lustkern und andere wichtige emotionale Zentren im Gehirn aktiviert, führt der Kleinwagen eher zur Deaktivierung dieser Gehirnbereiche (11.2)

Die Neuro-Logik von Tennis & Snowboard

Wir wollen dieses wichtige Thema mit einem weiteren Praxisbeispiel unterstreichen. Es stammt aus einer Untersuchung, die die Gruppe Nymphenburg für einen weltbekannten Sportartikelhersteller durchgeführt hat. Eine der Aufgaben war, die generischen Motiv- und Emotionsfelder verschiedener Sportarten zu durchleuchten. In Einzelinterviews und Gruppendiskussionen wurden die Ausübenden verschiedenster Sportarten zu ihrem Sport befragt, inklusive der spontanen Assoziationen, die mit dem Sport verbunden waren. Das Ergebnis von zwei Sportarten, nämlich Tennis und Snowboard, sehen Sie in Abbildung 3.5. Tennis wird nach alten Regeln, strengem Verhaltenskodex und auf einem eingegrenzten Platz (Disziplin/Kontrolle) gespielt. Diese Sportart hat einen spielerischen Aspekt (Stimulanz/Raufen/Spiel), aber auch einen stark kämpferischen (Dominanz). Ganz anders ist es bei der Motiv- und Emotionswelt des Snowboards. Sie liegt im Bereich Abenteuer mit einer kleinen Verschiebung in Richtung Stimulanz. Begriffe, die Konsumenten zum Thema Snowboard einfallen, sind: Spaß, Freiheit, Regelbruch, Excitement, Speed & Power, aber auch Gemeinschaft in der Gruppe der Gleichgesinnten. Man spürt zwar instinktiv, dass Tennis etwas anderes als Snowboard ist – aber erst auf der Limbic® Map wird deutlich, wie groß der emotional-motivationale Unterschied dieser beiden Sportarten ist und worin er besteht.

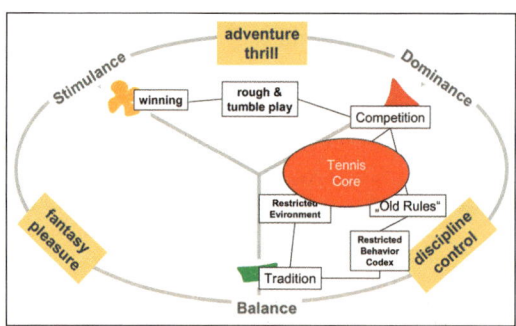

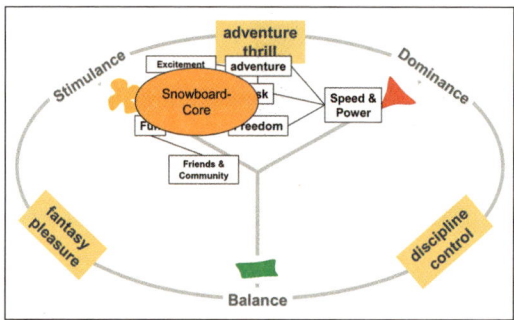

Abbildung 3.5:
Tennis und Snowboard im Gehirn

Obwohl Tennis- und Snowboard-Sport beides Sportarten sind, aktivieren sie doch unterschiedlichste Motiv- und Emotionssysteme im Gehirn

Warum Fitness, Gesundheit und Wellness völlig verschieden sind

Nur wenn Marketingverantwortliche genau wissen, welche Motiv- und Emotionswelten ein Produkt im Kopf des Kunden schafft, können sie sich vor teuren Fehlentscheidungen schützen und Marketingkonzepte besser absichern. In der Bevölkerung, aber auch von vielen Managern in der Pharma- und Gesundheitsbranche werden Begriffe wie Gesundheit, Fitness und Wellness oft schon fast synonym verwendet. Doch das ist ein gewaltiger Irrtum und auch ein Fehler. Denn hinter diesen Begriffen verbergen sich unterschiedliche Motiv- und Emotionssysteme.

Abbildung 3.6 zeigt die Logik des Gesundheitsmarkts aus der Sicht der Emotionen und Motive. Beginnen wir mit Wellness. Das ist die Welt der sanften Genüsse, der wohltuenden Massagen, der Entspannung, der sinnlichen Selbstverwöhnung. Im sogenannten Spa lässt man sich mit ruhiger Musik, sanften Ölen und wohltuenden Massagen verwöhnen. Wellness liegt deshalb zwischen Stimulanz und Balance. Neben dem beruhigenden Serotonin ist auch das optimistische und zukunftsgerichtete Dopamin als Nervenbotenstoff mit im Spiel. Wellness ist deshalb ein optimistisches Konzept.

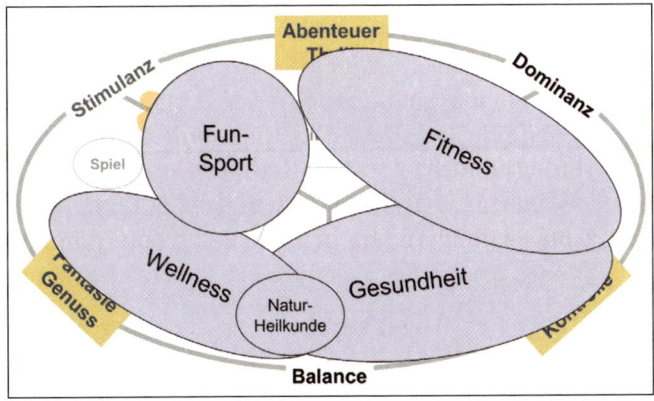

Abbildung 3.6: Die Welt der Gesundheit

Fitness, Gesundheit und Wellness sprechen unterschiedliche Motiv- und Emotionssysteme im Kopf an

Völlig anders sieht es mit der klassischen Gesundheit aus. Dieser Bereich wird von naturwissenschaftlich ausgerichteten Ärzten und Apothekern sowie von chemischen Arzneimitteln beherrscht. Wirksamkeit und Effizienz stehen hier im Vordergrund. Meist geht es um die Reparatur eines körperlichen Leidens oder um die Beseitigung von Schmerzen. Zwar ist auch hier Hoffnung auf Besserung im Spiel, diese wird jedoch von Sorge und Angst durchsetzt, die die stärkeren Treiber sind. Gesundheit hat aber auch eine optimistische Komponente, nämlich die Hoffnung auf Besserung. Doch die pessimistische Komponente, nämlich die Angst vor Krankheiten aller Art, überwiegt.

Zwischen der Wellness- und der Gesundheitswelt liegt die Naturheilkunde. Natur erscheint uns organisch, offen und ganzheitlich, während wir mit Gesundheit ein sehr restriktives, kausales Ursachen- und Wirkungsdenken (Disziplin/Kontrolle) verbinden. Die Naturmedizin soll zwar auch Krankheiten heilen, ihr Zweck wird aber meist in der Vorbeugung gesehen.

Bleibt noch die Fitness. Mit Fitness verbinden wir Stärke, Überlegenheit und die Kraft, die Widrigkeiten des Lebens zu bekämpfen. In Fitness-Studios wird auf „Foltergeräten" gegen den inneren Schweinehund gekämpft. Damit ist auch klar, welche Motiv- und Emotionssysteme besonders angesprochen werden: das Dominanz-System und das damit verbundene Sexualitäts-Modul. Da wir wissen, dass sich männliche und weibliche Sexualitäts-Module im Gehirn unterscheiden, unterscheiden sich auch die Fitnesskonzepte. Für Männer bedeutet Fitness, in Kraft und Ausdauer überlegen zu sein, Frauen dagegen wünschen sich einen attraktiveren (fettfreien) Körper.

Abschied vom Rationalitätsmythos

Inzwischen haben wir im Umgang mit den Motiv- und Emotionsprogrammen im Kopf des Kunden und Konsumenten und somit auch mit der Limbic® Map schon einige Erfahrung gesammelt. Lassen Sie uns diese Programme noch etwas näher erkunden, um einen wichtigen Zusammenhang zu entdecken. Ausgehend vom Balance-Pol wandern wir in Richtung Dominanz. Hier treffen wir auf Begriffe wie Logik, Präzision, Funktionalität, Effizienz und Leistung (siehe Abbildung 3.7). Alle diese Begriffe stehen zumindest im westlichen Kulturkreis als Synonym für „Rationalität". Offensichtlich hat „Rationalität" einen festen Platz in unserem Motiv- und Emotionsraum. Der Wunsch, der hinter dieser Art der Rationalität steckt, nämlich unsere Welt, unsere Umgebung, aber auch Produkte beherrschbar und berechenbar zu machen, ist demnach zutiefst emotional!

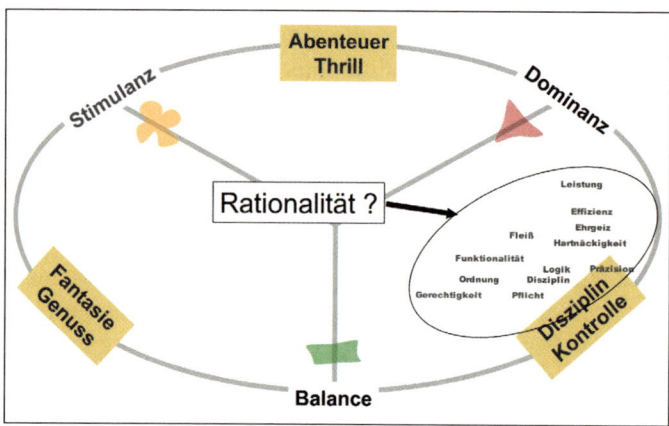

Abbildung 3.7: Was ist Rationalität?

Die meisten Menschen verbinden mit Rationalität „Präzision", „Logik" usw. Doch ein Blick auf die Limbic Map zeigt, dass diese Begriffe einen festen Platz im Motiv- und Emotionsraum haben. Die Konsequenz: Rationalität ist nicht das Gegenteil der Emotion

Das bedeutet zum einen: „Rationalität" ist ein durch und durch emotionales Konzept. Zum anderen folgt daraus der Schluss: „Rationalität" kann nicht das Gegenteil von Emotionalität sein. Aus dieser Betrachtung folgt aber noch eine weitere wichtige Erkenntnis: Wenn unser westliches Rationalitätskonzept nur ein kleiner Ausschnitt des menschlichen Motiv-, Denk- und Emotionsraums ist – dann kann diese Form des scheinbar „rationalen" Denkens keinen Allmachtsanspruch stellen. Ein kreativ-unberechenbares Denken (Stimulanz) und ein nachdenklich-besinnliches Denken (Balance) haben die gleiche Berechtigung und Wichtigkeit. Große Philosophen wie Heidegger, Adorno oder Weber haben dieses Problem zwar erkannt, aber unterschiedlich gelöst. Heidegger hat dem „rechnenden Denken" (= „Rationalität") als Gegenkraft das „besinnliche Nachdenken" (Balance, Fürsorge) an die Seite gestellt. Auch Adornos „instrumentelle Vernunft" kann man mit dem oben skizzierten Rationalitätsbegriff gleichsetzen. Er hat als Gegenkraft zur „instrumentellen Vernunft" die Kunst (= Stimulanz) und die darin verborgene Wahrheit gesehen. Modernere Philosophen wie Richard Rorty, Jean-Francois Lyotard, Jacques Derrida oder Nelson Goodmann, wehren sich heftig gegen die mit dem westlichen Rationalitätsmuster verbundene Berechenbarkeit und Vereinheitlichung der Welt. Sie propagieren die Vielfalt (Stimulanz) der Möglichkeiten und Denkentwürfe. Man sieht einmal mehr, wie sich auch die Gedanken großer Philosophen im menschlichen Motiv- und Werteraum lokalisieren lassen.

Das Erfolgsgeheimnis von Aldi

Befragt man Handelsmanager von Lebensmittelketten danach, warum Aldi so erfolgreich ist, hört man immer wieder, dass der Verbraucher zunehmend rationaler entscheide und Aldi mit seinem rationalen Konzept genau auf den rationalen Konsumenten ausgerichtet sei. Ist Aldi rational, während ein Feinkostgeschäft mit verlockenden Genüssen aus aller Welt emotional ist? Auch hier ein klares Nein. Beide Geschäfte sind hochemotional. Sie bewegen sich nur in sehr unterschiedlichen Emotions- und Motivwelten. Während das Feinkostgeschäft mit seinem vielfältigen Angebot das Stimulanz-System im menschlichen Gehirn aktiviert, hat sich Aldi im Gehirn und auf der Limbic® Map fest zwischen Balance und Disziplin/Kontrolle eingenistet. Einige große Markenartikelhersteller beauftragten ein Marktforschungsinstitut, das Geheimnis von Aldi zu lüften. Die Marktforscher kamen mit dem Ergebnis zurück, der Verbraucher würde Aldi mit folgenden Begriffen assoziieren: „Heimat, Verlässlichkeit, Effizienz, Einfachheit, Rationalität, Sparsamkeit, De-Individualisierung." Leider konnten die meisten mit diesem Ergebnis nicht viel anfangen. Warum? Weil diese Begriffe wenig sagen, wenn man nicht die gesamte Motiv- und Emotionslandkarte des Konsumenten kennt und nicht weiß, wo diese Begriffe angesiedelt sind. Wir wollen den entscheidenden und wichtigen Schritt zu des Rätsels Lösung nun gehen: Abbildung 3.8 zeigt, wo die Begriffe liegen und wo Aldi im Kopf der Konsumenten zu Hause ist. Klar wird dabei: Aldi ist ein hochemotionales Konzept!

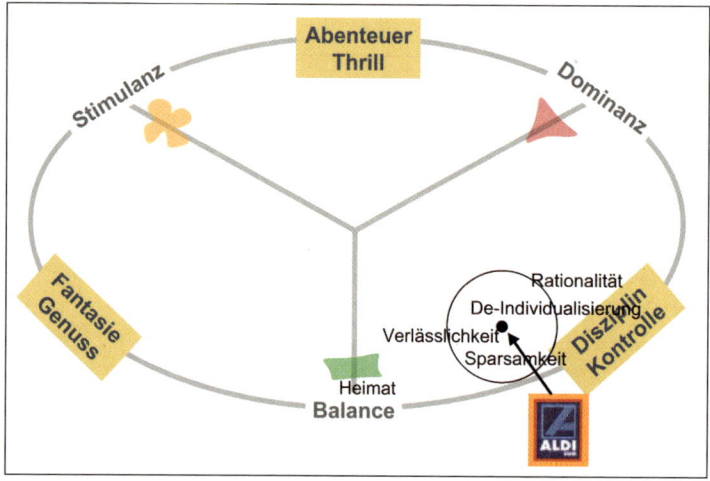

Abbildung 3.8: Wo Aldi im Kopf des Kunden wohnt

Auch ALDI ist kein rationales Handels-System, sondern hoch emotional, weil es das Balance-System incl. Disziplin/Kontrolle in hohem Maße aktiviert

Alles dreht sich um den Preis! Alles?

Im letzten Kapitel haben wir gesehen, warum Geld durch und durch emotional ist. Mit Geld können wir alle Wünsche erfüllen, die uns unsere Motiv- und Emotionsprogramme in unserem Bewusstsein vorgeben. Wir wollen uns nun mit einer enorm wichtigen Facette des Geldes beschäftigen, dem Preis. Aldi & Co. sind Discounter. Sie und andere Preiskämpfer, wie z. B. Saturn, haben in den letzten Jahren mit Schlachtrufen wie „Geiz ist geil", „Ich bin doch nicht blöd" und „Grenzenlos billig" den Markt aufgerollt. Keine Frage: Im Markt ist die Preisschlacht in vollem Gange und sie wird nach dem Fall des Rabatt- und Zugabegesetzes und der Veränderung des Gesetzes gegen unlauteren Wettbewerb (UWG) weiter toben.

Warum ist der Preis so mächtig? Hier hört man oft Argumente wie „Der Verbraucher von heute ist rationaler und informierter" usw. Aber diese Antwort ist unbefriedigend, weil sie an der Oberfläche bleibt und nicht zeigt, was in puncto Preis bei Konsumenten und Kunden wirklich abläuft. Zweifellos gibt es eine ganze Reihe von Gründen, die den Konsumenten zum Preiskauf zwingen und die weniger mit Psychologie und Hirnforschung zu tun haben. Menschen, die arbeitslos sind, Menschen, die von Sozialhilfe leben, Rentner mit Mini-Renten, Familien mit vielen Kindern und geringem Einkommen usw. müssen nach Tiefpreisen Ausschau halten. Summiert man diese Gruppen auf, lebt etwa ein Viertel der Bevölkerung in bescheidenen Verhältnissen. Aber es sind nicht nur diese Menschen, die preisorientiert einkaufen – offensichtlich ist ja das ganze Land auf Schnäppchen-Jagd. Das Bild von Frau Doktor, die mit einem luxuriösen Mercedes beim Discounter vorfährt und mit vollbepackten Kisten herauskommt, dürfte hinlänglich bekannt sein.

Was Rationalität wirklich ist: viel „Lust" für möglichst wenig Geld

Da dem Kunden seine Wünsche nie ausgehen und seine Motiv- und Emotionsprogramme mit dem Erreichten nie zufrieden sind, sondern unisono „Mehr!" rufen, hat er auch nie genug Geld. Aus diesem Grund stellt ihm das Leben, wie jedem anderen Organismus auf der Welt, täglich die Aufgabe, mit einem Minimum an Ressourcen (Geld) und Energie ein Maximum an Bedürfnissen zu befriedigen. Wenn der Kunde einen zu teuren Urlaub bucht, fehlt ihm möglicherweise das Geld für das neue Fernsehgerät. Wenn er laufend zu teure Autos kauft, kann es sein, dass später seine Altersversorgung etwas zu mager ausfällt. Kurz und gut: Wir müssen permanent abwägen, rechnen und versuchen, mit möglichst wenig Geld viele Bedürfnisse befriedigt zu bekommen. Diese Optimierung, nämlich geringer Einsatz und maximale „Lust" (zeitgleiche Befriedigung möglichst vieler Motive) ist das, was man biologisch, aber auch philosophisch unter „Rationalität" versteht. Man sieht aber, dass diese Form der Rationalität hochemotional ist, weil sie nämlich zum Ziel hat, uns möglichst viele positive und belohnende Emotionen zu bescheren und gleichzeitig negative, bestrafende Emotionen zu vermeiden. Wo dieses Rationalitäts-Optimum liegt, ist individuell höchst verschieden. Für Konsumenten, bei denen das Stimulanz-System besonders stark ausgeprägt ist sowie Abwechslung und neue Reize im Vordergrund stehen, liegt das Optimum der Lust-Rechnung im Stimulanz-Bereich. Sie sind zufrieden, wenn sie für ein Minimum an Geld möglichst viele spannende Erlebnisse bekommen. Hingegen ist der Asket glücklich, wenn er nichts ausgibt und das Ergebnis seiner Askese ein dickes Sparbuch ist. Jeder optimiert sich in seiner Form.

Wie die Emotions- und Motivsysteme mit dem Preis umgehen

Aus diesem Grund hat der Preiskauf in unserem Emotionsraum höchst unterschiedliche Facetten. Abbildung 3.9 zeigt dies im Überblick. Beginnen wir beim Stimulanz-System. Seine Preisrechnung kennen wir bereits: „Möglichst viele Erlebnisse für möglichst wenig Geld." Ein wenig anders verhält es sich beim Spiel-Modul im Kopf des Kunden – hier geht es nicht um das,

---

was man kaufen kann, sondern um den Kaufakt an sich. Das Stimulanz-System findet seine Befriedigung in der spielerischen Preisverhandlung. Denken wir an den orientalischen Bazar, wo der erzielte Preis Nebensache ist – Hauptsache, das Handeln hat Spaß gemacht. Besonders wichtig für die Psychologie des Preises ist das Jagd- und Beute-Modul im Konsumenten-Gehirn: Es ist das Zentrum der Schnäppchen-Jäger. Der Konsument pirscht durch die Einkaufsstraßen, um dann bei verlockender Beute, – z. B. einem stark herabgesetzten Artikel – zuzuschlagen. Der Konsument ist übrigens dann besonders glücklich, wenn dieser herabgesetzte Artikel nur in begrenzter Stückzahl vorhanden ist und man schneller war als die Konkurrenz.

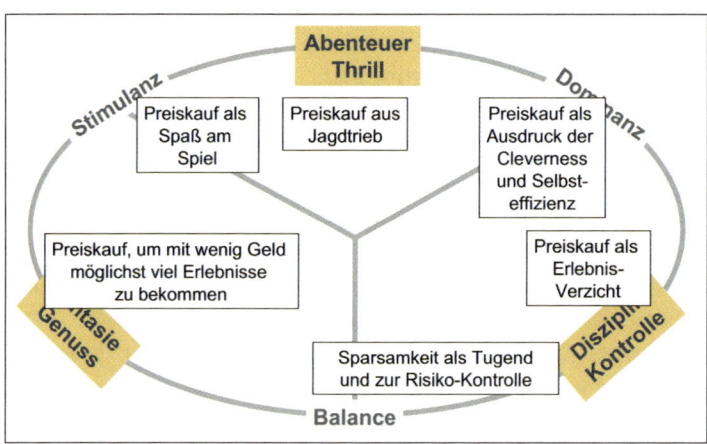

Abbildung 3.9: Der Wunsch nach guten Preisen

Der Wunsch nach guten und besten Preisen wird aus unterschiedlichsten Motiv- und Emotionssystemen gespeist

Kommen wir nun zum Dominanz-System. Es motiviert den Kunden, sich durchzusetzen und besser zu sein als andere. Die Preisverhandlung hat hier Kampfcharakter, denn die erreichte Preisreduzierung wird als Maßstab der eigenen Cleverness und Durchsetzungsstärke erlebt. Gleiches gilt auch für den erzielten günstigeren Einkauf durch intensiven Vergleich der Angebote. Etwas weiter unten kommen wir noch auf das Disziplin- und Kontroll-Motivfeld zu sprechen. Hier hat der Preis eine andere Funktion. Viele teure Produkte des täglichen Lebens begründen ihren höheren Preis mit dem Genuss- und Erlebnisaspekt (Fantasie-Genuss-Motivfeld). Das Disziplin- und Kontroll-Motivfeld fordert aber den Verzicht auf alles Überflüssige. Bezahlt wird nur die reduzierte nackte Funktion und dafür möglichst wenig. Genau diese Funktion erfüllen übrigens Handelsmarken und treffen deshalb genau dieses Motivfeld.

Bleibt noch das Balance-System – die Urmutter aller Sparsamkeit. Es motiviert den Kunden zum Geldsparen, um Vorsorge treffen zu können. Gleichzeitig ist das Balance-System Gegenspieler des Stimulanz- und des Dominanz-Systems. Es ist deshalb nicht bereit, für Erlebnisse und Status mehr Geld auszugeben und Risiken dafür einzugehen. Eng verknüpft mit dem Balance-System ist der Preis als Komplexitäts-Reduzierer. Wenn der Konsument eine große Auswahl an gleichen Produkten hat, die sich in nichts außer dem Preis unterscheiden, sorgt diese Komplexität für Unsicherheit, die er auflösen will. Dankbar nimmt er deshalb den Preisunterschied als Orientierungshilfe an. Man sieht, wie differenziert die Sache mit dem Preis zu sehen ist und warum der Preis im Grunde hochemotional ist.

No Emotions – no Money: Die Preis-Wert-Kalkulation in unserem Gehirn

Wenn wir diese Erkenntnisse mit den oben gemachten Überlegungen über den „wahren Wert eines Produktes" zusammenführen, wird aber noch etwas anderes deutlich. Offensichtlich führen die Emotionssysteme im Gehirn die Preiskalkulation und Wertkalkulation zeitgleich durch. Wir haben gesehen, dass Geld für unser Gehirn einen hohen positiven emotionalen Wert hat. Das wird auch im Hirn-Tomographen in Abbildung 3.10 sichtbar: Wenn Versuchspersonen bei einem Spiel Geld gewinnen, leuchtet der Lust- und Belohnungskern im limbischen System, der Nucleus accumbens, hell auf. Wenn die Versuchspersonen dagegen Geld verlieren, wird ein anderer Hirnbereich aktiviert – die sogenannte Insula, ein Bereich der direkt unter dem vorderen Großhirn sitzt. Die Insula ist ein wichtiges Schmerzzentrum im Gehirn – sie wird auch bei Zahnschmerzen oder bei der schmerzhaften Trennung von einem Partner aktiv. Für unser Gehirn ist deshalb die Preis-Wert-Kalkulation eine Lust vs. Unlust bzw. Lust vs. Schmerz-Kalkulation.

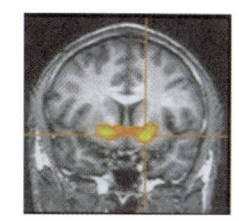 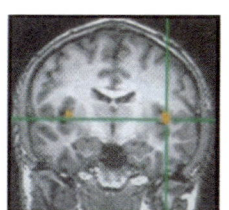

Geldgewinn   **Geldverlust**

Nucleus accumbens

Anteriore Insula

Abbildung 3.10: Lust und Frust im Gehirn

Die Geld-Gewinn-Erwartung aktiviert den „Lustkern" im limbischen System, bei Geldverlust werden gleiche Hirnbereiche aktiviert, die auch für Schmerzempfindung zuständig sind

Wer von seinem Kunden mehr Geld haben will, muss den Trennungsschmerz vom Geld durch positive Emotionen kompensieren.

Einen höheren Preis kann man dann erzielen, wenn das Produkt selbst einen hohen emotionalen Wert vermittelt. Ein Produkt mit enorm hohem Erlebnischarakter (Stimulanz) erfüllt nämlich die Forderung „möglichst viel Erlebnis für wenig Geld". Der Wert und der Kaufpreis fallen, wenn das Produkt die Motiv- und Emotionssysteme im Kopf langweilt. Das Dominanz-System, das ja die erzielte Preiseinsparung als Durchsetzungs-Maßstab betrachtet, verzichtet auf diesen Kampf, wenn das Produkt selbst einen hohen Status- und Exklusivitätsnutzen verspricht. Genau deshalb achten viele Luxusmarken auch darauf, ihre Preise oben zu halten, weil der Preis an sich schon Exklusivität ausdrückt. Aber auch das Balance-System lässt sich aus seiner Sparhaltung locken – durch Produkte und Dienstleistungen, die hohe Sicherheit, Qualität und Zuverlässigkeit versprechen und bieten. Wie die Entscheidungen aber genau im Gehirn ablaufen, erfahren wir im nächsten Kapitel.

Kapitel 4:
Wie Kaufentscheidungen im Kopf
des Kunden wirklich fallen

Was Sie in diesem Kapitel erwartet:

Wir erkennen, dass der rational und bewusst handelnde Kunde eine Illusion ist. Kaufentscheidungen sind fast immer emotional. Auf die eigene Kaufentscheidung hat das „Ich" des Kunden und des Konsumenten nur geringen Einfluss. Das limbische System ist das Machtzentrum im Kopf des Kunden. Die Macht des Unbewussten ist weit größer, als wir und der Kunde ahnen.

Fragt man Konsumenten und Kunden, ob sie ihre Kaufentscheidung bewusst, rational oder emotional getroffen haben, erhält man meist folgende Antwort: „Ich habe meine Entscheidung zu 100 % bewusst getroffen. Meine Entscheidung war weitgehend rational; ein paar Gefühle waren sicher beteiligt, die hatten auf meine Entscheidung aber keinen Einfluss."

Die Wahrnehmung eines freien Willens und einer selbstbestimmten Entscheidung ist das, was ein Kunde und jeder von uns täglich selbst erlebt. Wir stehen morgens auf, gehen zur Arbeit, treffen dort Entscheidungen, kommen nach Hause, um dann irgendwann müde ins Bett zu gehen. In jedem Moment hatten wir das Gefühl, den Steuerknüppel, der unser eigenes Schicksal lenkt, fest in der Hand zu halten und selbst zu bestimmen, wohin unser Weg führt.

Aus diesem Selbsterleben heraus haben wir unser eigenes Menschenbild gezimmert. Es ist das Bild des vernünftig und bewusst handelnden Menschen. Auf unser Thema übertragen: der bewusste und rationale Konsument. Doch leider ist das ein gewaltiger Trugschluss. Die Erkenntnisse der Hirnforschung zeigen: Das, was mein „Ich" handelnd und denkend als freie und bewusste Entscheidung erlebt, ist nichts weiter als eine „Benutzer-Illusion".[4.18] Der Bremer Gehirnforscher Gerhard Roth bezeichnet das bewusste „Ich" als einen Regierungssprecher, der Entscheidungen interpretieren und legitimieren muss, deren Gründe und Hintergründe er gar nicht kennt und an deren Zustandekommen er nicht beteiligt war.[1.3]

Aber es kommt noch schlimmer. Der Neurophilosoph Thomas Metzinger geht in seinem Buch „Being No One" noch einen Schritt weiter.[4.17] Er stellt selbst das „Ich" in Frage. Das „Ich" sei eine Illusion und nichts anderes als eine Konstruktion unseres Gehirns. Wir wollen uns aber, so spannend und komplex diese Frage auch ist, der Praxis zuwenden und uns damit auseinandersetzen, welche Konsequenzen die Erkenntnisse der Hirnforschung für unser besseres Verständnis vom Kunden und Konsumenten und seinen Entscheidungen haben. Fassen wir kurz zusammen:

- 70-80 % aller Entscheidungen fallen unbewusst, aber auch die restlichen 20-30 % sind lange nicht so frei, wie wir glauben.[B4]

- Nur 0,00004 % aller Informationen aus der Außenwelt erreichen unser Bewusstsein. Viele Reize und Signale werden vom Gehirn des Kunden direkt in Verhalten umgesetzt, ohne dass er es merkt.[4.20]

- Alle wesentlichen Entscheidungen, die ein Kunde trifft, sind emotional. Entscheidungen ohne emotionale Komponente sind für sein Gehirn bedeutungslos.[B1; B3; B4; B6; 1.3, 5.5]

Wie unser Oberstübchen organisiert ist

Wie fallen Entscheidungen tatsächlich im Kopf – offensichtlich nicht so, wie wir und der Kunde den Entscheidungsablauf erleben. Um die genauen Abläufe zu verstehen, müssen wir uns näher mit dem menschlichen Gehirn beschäftigen. Zunächst einmal kann man, wie Abbildung 4.1 zeigt, das Gehirn ganz grob in drei Zonen einteilen.

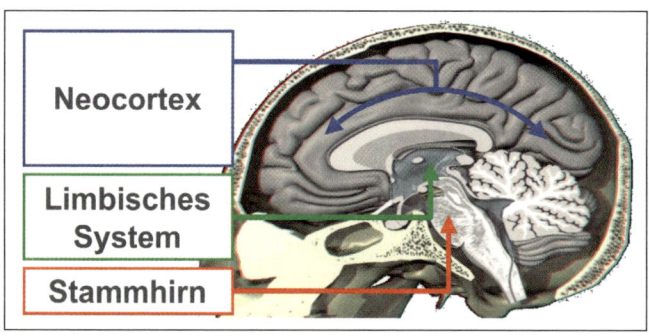

Abbildung 4.1:
Der Grundaufbau des
menschlichen Gehirns

Ganz unten und entwicklungsgeschichtlich sehr alt ist das Stammhirn oder auch der Hirnstamm. Darüber liegt das Zwischenhirn und schließlich das Groß- oder Endhirn, dessen wichtigster Bestandteil der Neokortex ist. Dieser Gehirnbereich ist entwicklungsgeschichtlich der jüngste und, was seine Größe betrifft, auch der größte Teil des Gehirns. Eine ganz wichtige Gehirnstruktur, die teilweise zum Zwischenhirn, teilweise zum Großhirn gezählt wird, ist das sogenannte limbische System. An der hinteren Seite des Großhirns schließlich sitzt das Kleinhirn.

Bis 1995: Der Mensch – das vernünftige Wesen

Bis Mitte der 90-iger Jahre herrschte in der Hirnforschung weitgehend Übereinstimmung darüber, welche Funktion diese größeren Gehirnbereiche haben. Das Großhirn, der Neokortex, sei Sitz des Verstandes und der Vernunft, das darunter liegende limbische System sei das emotionale Zentrum im Kopf und das Stammhirn schließlich sei zuständig für die Instinkte. Diese Gehirnbereiche würden, so die Annahme, wie Zwiebelschalen aufeinander sitzen und, weil sie kaum verbunden seien, relativ unabhängig voneinander arbeiten. Prominentester Vertreter war der amerikanische Gehirnforscher MacLean, von dem auch der Begriff des limbischen Systems geprägt wurde. Besonders wichtig an diesem Modell waren der Neokortex und seine Rolle. Man ging davon aus, dass er das eigentliche Machtzentrum im menschlichen Kopf sei, der vernünftig, computergleich und rational Entscheidungen treffe. Nach diesem Modell kommt es aber zu gelegentlichen Unstimmigkeiten, wenn die unteren Gehirnbereiche durch Emotionen und Instinkte das vernünftige Denken stören. Auch war man sich weitgehend einig darüber, wie die meisten Entscheidungen im Kopf entschieden würden: nämlich bewusst und selbstbestimmt. Dieses Modell, das besagt, dass oben der klare und reine Verstand und unten die niederen Instinkte liegen, geht übrigens auf Platon zurück. Er verschob die Schichten etwas weiter in den Körper; das Grundprinzip aber war das gleiche. Im Kopf sah er den Bereich des „Logikons", zuständig für Vernunft und Logik, in der Brust dann „Thumoeides", den Bereich der Gefühle, und ganz unten im Bauch das „Epithumetikum", das Zentrum der Instinkte, des Hungers und der puren Lust. Auch Maslows Pyramide basiert auf diesem Schichten-Modell und ist deshalb zutiefst platonisch.

Dieser Vormarsch der Ratio wurde vom Siegeszug der Computer noch verstärkt. Der Mensch wurde mit einem rationalen Computer verglichen. Sowohl die Hirnforschung als auch die Psychologie hatten nur ein Ziel: die rationalen Programme im Kopf zu ergründen und in neuronalen Netzen nachzubilden. Es schien nur noch eine Frage der Zeit, bis das gesamte Denken und Handeln des Menschen durch logische Künstliche-Intelligenz-(KI)-Programme abgebildet und verbessert werden könnte. Leider erfüllten sich die großen Erwartungen an die KI-Programme nicht. Zwischen dem Output der Programme und dem tatsächlichen Entscheidungsverhalten der Menschen lagen nämlich Welten. Weil die Programm-Konstrukteure vom vernünftigen Menschen ausgingen, kamen sie nicht darauf, dass es vielleicht Emotionen sein könnten, die die menschlichen Entscheidungen steuern. Und weil sie nicht daran dachten, sind sie auch mit ihren hohen Zielen, nämlich die menschliche Entscheidung vollständig durch Maschinen zu ersetzen, gescheitert.

1995: Die Revolution im Kopf beginnt

Dann, so um 1995, begann eine Gegenbewegung in der Hirnforschung. Prominenteste Vertreter waren die amerikanischen Neurobiologen Antonio Damasio(B1) und Joseph LeDoux.(B5) Damasio hatte aufgrund von Untersuchungen bei hirnverletzten Patienten erkannt, dass Emotionen keinesfalls Störungen in Entscheidungsprozessen waren. Das Gegenteil war der Fall: Ohne Emotionen kamen keine Entscheidungsprozesse zustande. Patienten, deren Emotionszentren im Kopf gestört waren, zeigten sich z. B. unfähig, bei Kartenspielen, die Gewinn oder Verlust von Geld zur Folge hatten, rationale Entscheidungen zu treffen. Rational verstehen wir hier im Sinne der Spieltheorie, nämlich möglichst hohe Gewinne (Lust) bei minimalem Risiko (Unlust) zu erzielen. Diese Patienten verspielten im Versuch stets Haus und Hof. Wurden im Versuch die Gewinnwahrscheinlichkeiten geändert, ohne dies den Spielern zu sagen, stellten sich normale Versuchspersonen nach einigen Spielen in ihrem Spielverhalten unbewusst darauf ein. Die Patienten mit Störungen der Emotionszentren im Gehirn behielten die alte Strategie bis zum (spielerischen) bitteren Ende bei. Die von Damasio damals untersuchten Gehirnbereiche lagen im vorderen Großhirn, im sogenannten präfrontalen Kortex. Seine Untersuchungen hatten zwei wichtige Ergebnisse. Erstens zeigten sie die enorme Bedeutung von Emotionen auf, zweitens wurde deutlich, dass auch das vernünftige Großhirn mit der Verarbeitung von Emotionen beschäftigt ist.

Einen etwas anderen Forschungsschwerpunkt hatte Joseph LeDoux. Er beschäftigte sich mit einem der wichtigsten Kerne im limbischen System, dem emotionalen Bewertungszentrum im Kopf, der Amygdala, auch Mandelkern genannt (Abbildung 4.2). Er zeigte: Signale und Reize, die mit Furcht und Schrecken verbunden sind, werden direkt von der Amygdala verarbeitet und führen sofort zu Schreckreaktionen des Körpers. Bewusstsein und Neokortex bekommen davon zunächst nichts mit. Erst mit einiger Zeit Verspätung werden der Neokortex und das Bewusstsein informiert, um sich dann mit einer genaueren Bewertung des Objekts, welches den Schreck auslöste, zu beschäftigen. Wurde bei Versuchstieren die Amygdala entfernt, ergriffen diese bedenkenlos Objekte oder nahmen Objekte in den Mund, die lebensgefährlich waren, wie z. B. eine Giftschlange. LeDoux zeigte zudem, dass die Amygdala und das limbische System einen weit größeren (unbewussten) Einfluss auf den Neokortex haben als der Neokortex auf das limbische System.

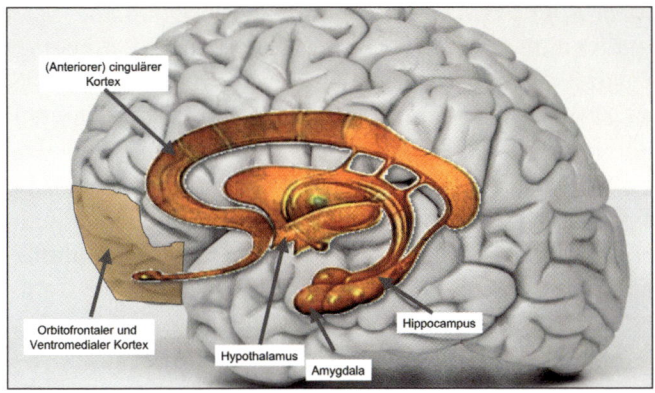

Abbildung 4.2:
Das limbische
System – Die Super-
macht im Kopf

Das limbische System ist eine Sammelbezeichnung für die Hirnstrukturen, die wesentlich an der Emotionsverarbeitung beteiligt sind. Einige wichtige Akteure des limbischen Systems wie z. B. der Nucleus Accumbens oder Teile des Hirnstamms sind auf dem Bild nicht zu sehen

Auch ich begann, mich zur gleichen Zeit mit der Vormacht der Emotionen und des limbischen Systems zu beschäftigen. In meinen Untersuchungen zum Geld- und Konsumverhalten stellte ich fest, dass sich alle Entscheidungen im Wesentlichen aus dem Zusammenspiel der drei Emotions- und Motivsysteme Dominanz, Balance und Stimulanz erklären ließen und „Vernunft" nicht zu entdecken war. Das war für mich der Grund, mich mit der Hirnforschung, insbesondere mit dem Einfluss des limbischen Systems auf das menschliche Denken und Verhalten zu beschäftigen.[B3; B4]

Heute: Die wahren Entscheider sind Emotionen

Wie immer bei wissenschaftlichen Revolutionen und sogenannten Paradigmenwechseln, dauert es längere Zeit, bis sich die neuen Ideen in der Wissenschaft durchgesetzt haben und von der breiten Masse der Forscher akzeptiert werden. Wo stehen wir heute in der Hirnforschung? Man kann sagen: Die Revolution ist zu Ende. Nur noch eine kleine Gruppe von Widerstandskämpfern leugnet die Vormacht der Emotionen im Gehirn. Die aktuelle Diskussion dreht sich heute darum, wie der Einfluss der Emotionen im Kopf verarbeitet wird. Die einen gehen davon aus, dass die Emotionen den Kognitionen, also dem Begreifen von Zusammenhängen, vorausgehen. Erst durch Emotionen, so ihre Meinung, würden die erkannten Zusammenhänge Bedeutung erlangen. Andere meinen, dass zuerst Zusammenhänge erkannt werden und dies dann Emotionen auslöst.[2.14; 2.16, 2.17]

Wie so oft bei wissenschaftlichen Kontroversen bahnt sich auch hier ein Kompromiss an, der durch aktuelle Forschungen gestützt wird. Der Einfluss der Emotionen auf unsere Entscheidungen verläuft überwiegend unbewusst (70–80 %). Trotzdem gibt es auch eine bewusste Bewertung von Situationen, die für eine bessere Anpassung der Emotionen und unserer Pläne an die Situation sorgen. Ihr Anteil und Einfluss beträgt etwa 20 bis 30 %.

Aber auch diese 20 bis 30 % sind längst nicht so frei, wie wir glauben – auch sie werden von unseren Emotionsprogrammen vorgegeben, die dabei auf die in unserem Leben gemachten emotionalen Erfahrungen in unserem emotionalen Erfahrungsgedächtnis zurückgreifen. Wie viel dieser verbleibenden 20 bis 30 % durch freien Willen beeinflussbar sind und ob es einen freien Willen tatsächlich gibt, bleibt jedoch offen. Übereinstimmung herrscht allerdings darüber: Wenn es einen freien Willen gibt, so kann dieser nur einen ganz kleinen Teil dessen beeinflussen, was wir im Bewusstsein als freie Entscheidung erleben.[4.15; 4.16; 4.17; 4.21]

Nochmals: Die Frage nach der Ratio und der Vernunft

Wir wollen hier nochmals kurz die Erkenntnisse vom letzten Kapitel aufnehmen. Wir haben erkannt: Was oft als „rational" bezeichnet wird, nämlich Präzision, Logik usw. ist nicht das Gegenteil von Emotion. Nun kommt ein weiterer Aspekt hinzu: Emotionen sind die verbindlichen Leitstrahlen, die uns bzw. den Kunden durchs Leben führen und deshalb keine störende, sondern eine lebenswichtige und damit vernünftige Funktion haben. Was aber könnte man dann als unvernünftig oder irrational bezeichnen? Die Antwort: Wenn wir aufgrund unserer Emotionen Entscheidungen treffen, die der Situation unangemessen sind und/oder langfristig schädlich sind. Ein Mann, der sich ein schönes Auto kauft und das Leben genießt, handelt genauso emotional und vernünftig wie ein Forscher, der mit akribischer Leidenschaft die Bahn von Elektronen berechnet. Unvernünftig und irrational (= unangemessen) wird das Verhalten des Mannes erst, wenn er sich für sein Auto so verschuldet, dass er aufgrund von Überschuldung den Offenbarungseid leisten muss. Irrational ist das Verhalten des Forschers, wenn er sein ganzes Leben nur noch im Labor verbringt, alle sozialen Kontakte vernachlässigt und schließlich einsam und verbittert stirbt. Eine etwas genauere Vernunft-Definition stammt vom englischen Philosophen Thomas Hobbes, der sagt: „Vernunft ist die Fähigkeit mit Konsequenzen zu rechnen". Bleiben wir bei den obigen Beispielen, um diese Definition etwas genauer zu untersuchen. Der Autokäufer, der die Konsequenz der Überschuldung erkennt und den Autokauf unterlässt oder der Wissenschaftler, der anstatt im Keller weiter zu forschen, Freunde einlädt – beide erkennen die Konsequenzen und „rechnen" mit ihnen. Nur: Dieses Rechnen mit den Konsequenzen ist ein höchst emotionaler Vorgang. Wir sehen also: Auch Vernunft ist höchst emotional! In diesem Zusammenhang ist noch ein weiterer philosophischer Aspekt eine kurze Betrachtung wert – der schon von Kant propagierte Unterschied zwischen Vernunft und Verstand. Was „Vernunft" ist, haben wir gerade gesehen – aber was ist Verstand? Unter „Verstand" versteht man die Fähigkeit, Sachverhalte zu erkennen, zum Beispiel: Tausend

Euro sind mehr als Hundert Euro. Verstand ist also unsere (kognitive) Intelligenz. Mit ihr versuchen wir, kausale Zusammenhänge zu entdecken und Strukturen in die Komplexität des Lebens und der Natur zu bringen. Kurz: Die Welt zu ordnen. Aber warum ordnen wir die Welt? Es geschieht, um sie vorherzusagen und die Kontrolle darüber zu bekommen und um sie zu beherrschen. Beide Gründe sind höchst emotional – sie liegen auf unserer Limbic® Map im Emotionsfeld „Disziplin/Kontrolle". Man sieht auch unser Verstand hängt am Tropf der Emotion. Noch ein weiterer Aspekt ist wichtig: Unser Verstand ist ein Werkzeug zur Bewältigung der Lebensanforderungen. Wie ich dieses Werkzeug aber dann einsetze, wird ebenfalls von unseren Emotionssystemen bestimmt. Ich kann mit meiner technischen Intelligenz ein Maschinengewehr bauen (Dominanz-System), ich kann aber auch angesichts des Hungers in der Welt eine Bewässerungsanlage für die Entwicklungsländer konstruieren (Fürsorge-Modul).

Auch das scheinbar rationale Großhirn ist zutiefst emotional

Weiter oben haben wir uns schon mit der Dreiteilung des Gehirns beschäftigt und gesehen, warum diese Teilung offensichtlich falsch ist. Tatsache ist: Unser ganzes Gehirn funktioniert letztlich emotional. Neuere Untersuchungen zeigen, dass selbst das Kleinhirn, das man bisher eigentlich nur als Bewegungs-Feinjustierungszentrum gesehen hat, sehr stark an emotionalen Prozessen beteiligt ist.[4.22] Diese Einsicht wird auch durch einen Seitenblick auf die Nervenbotenstoffe und Hormone bestätigt, die unsere Emotionssysteme maßgeblich mitgestalten. Ihre Bahnen beginnen im Stammhirn, laufen dann durch das Zwischenhirn und limbische System, enden aber dort nicht, sondern ziehen sich durch das gesamte Großhirn hindurch, wo sie die Art und Weise unseres Denkens beeinflussen. Die stärkste Konzentration allerdings finden wir in den unteren Gehirnbereichen im Stamm- und Zwischenhirn insbesondere im limbischen System.

Um zu verstehen, warum letztlich fast alles emotional ist, ist es wichtig, sich nochmals den funktionalen Aufbau und die Entwicklungsgeschichte unseres Gehirns vor Augen zu halten. In den unteren und älteren Gehirnbereichen im Stamm- und Mittelhirn ist im Prinzip schon unser ganzes Emotions- und Motivationssystem in seiner einfachen Form enthalten. Dies wird heute als das „Reptilienhirn" bezeichnet, weil fast identische Strukturen bei unseren biologischen Vorfahren zu finden sind. Im Laufe der Evolution ergaben sich aus dieser Grundstruktur heraus weitere Spezialisierungen. Der bisher letzte Schritt dieses Auswachsens und der Spezialisierung schließlich war der Neokortex bei den Säugetieren. Er erreicht beim Men-

schen seine höchste Komplexität. In Infobox 7 erfahren Sie mehr über den
Neokortex.

Von Quick & Dirty zu Sophisticated

Nach welchem Muster arbeitet unser Gehirn – wie ist es prinzipiell aufgebaut? Vereinfacht kann man sagen, dass unser Emotions- und Motivations-
system von unten nach oben immer differenzierter und komplexer wird. Im
Hirnstamm laufen schnelle emotionale Quick & Dirty-Reaktionen ab, während im Großhirn dieselben Emotionen aktiv sind, allerdings in wesentlich
komplexerer Form. Dies schauen wir uns am besten einmal am Beispiel des
Balance-Systems an. Unten im Hirnstamm sitzen die ganz einfachen Balan-
ce-Reaktionen, nämlich Schreckreaktionen und das Panik-System, das bei
großer Bedrohung Kampf, Flucht oder Erstarrungsverhalten auslöst.[2.4] Etwas weiter oben im Zentrum des limbischen Systems treffen wir auf die
Amygdala und den Hippocampus.[4.6] Diese Gehirnbereiche sind schon für
komplexere Balance-Bewertungen zuständig. Die Amygdala[4.1] bewertet, ob
ein Objekt, beispielsweise ein Mensch, gefährlich oder ungefährlich ist,
während das Septo-hippocampale System berechnet, ob eine konkrete Situation sicher oder unsicher ist. Ganz oben im Neokortex, insbesondere im
sogenannten orbitofrontalen Kortex, werden noch komplexere Balance-In-
halte verrechnet: der Wunsch nach Frieden, Balance-Werte wie Heimat, Tradition oder Qualität. Sie alle sind Sache des Neokortex.[4.2; 4.3] Durch die Entwicklung des Neokortex ist der Mensch flexibler und lernfähiger als seine
tierischen Kollegen. Allerdings: Trotz der enormen Zunahme an Nervenzellen insbesondere im Großhirn sind der Grundaufbau des Gehirns und die
Funktionsabläufe fast identisch mit dem der Säugetiere, vor allem des
Schimpansen.[1.3]

Mit der Gehirnentwicklung im Laufe der Evolution ist auch eine Bewusst-
seinsentwicklung verbunden, je differenzierter das Gehirn, desto differenzierter das Bewusstsein – desto flexibler das Denken und Verhalten. Heute
weiß man, das Bewusstsein überwiegend im Neokortex stattfindet. Damit
aber überhaupt etwas bewusst wird, müssen die unteren Hirnstrukturen
vorher aktiv werden. Was im Bewusstsein des Großhirns abläuft, wird also
sehr stark von den unbewussten Strukturen insbesondere vom limbischen
System bestimmt.[5.5]

Wie das Großhirn mit Emotionen rechnet

Das Großhirn arbeitet also auch innerhalb der Spielregeln, die durch das
limbische System vorgegeben sind. Neuere Untersuchungen bestätigen
dies. Reize, die mit belohnenden oder bestrafenden Konsequenzen verbunden sind, erhalten beispielsweise im Neokortex größere Speicherflächen zu-

geteilt als Reize, die keine oder nur eine geringe Bedeutung haben.[10.1] Bewegungen, die doppelt so stark belohnt werden wie vergleichbare andere Bewegungen, bekommen auch wesentlich mehr Platz im Neokortex. Besonders aufschlussreich sind die vielfältigen Forschungen des amerikanischen Neurobiologen Paul W. Glimcher[4.23] Er zeigt, dass in unserem Gehirn, insbesondere im Neokortex hochintelligente Wahrscheinlichkeitsrechnungen mit dem Ziel ablaufen, ein Maximum an Belohnung bzw. Lust zu bekommen. Selbst der hintere Kortex, der sogenannte parietale Kortex, in dem Raum-Zeit-Körperstellungs-Informationen verarbeitet werden, ist ganz auf Lust-Maximierung eingestellt. Diesem Gehirnbereich wurde lange Zeit jede Emotionalität abgesprochen. Neuere Versuche haben aber nun gezeigt, dass viele seiner Nervenzellen umso mehr feuern, je höher die Belohnungserwartung der geplanten Bewegung ist.

Die Wahrscheinlichkeiten und Nutzenrechnungen des Neokortex laufen aber nach anderen Gesetzen ab, als nach denen der Logik und der Mathematik. Ein Beispiel soll das verdeutlichen: Wenn ein Patient zum Arzt kommt und sich über eine Operation informiert, wird ihn der Arzt über die Risiken aufklären. Er hat zwei Möglichkeiten. Er kann sagen: Von 1.000 Patienten überleben 995 diese Operation. Er kann aber auch darauf hinweisen, dass 5 Patienten von 1.000 bei der Operation sterben werden. Obwohl rein mathematisch die Wahrscheinlichkeit des Todes in beiden Fällen identisch ist, wählen in Entscheidungsversuchen über 70 % der Befragten Möglichkeit eins. Eine 50:50-Wahl wäre hingegen das, was laut Gesetzen der Logik zu erwarten wäre.

Ein weiteres, ähnliches Beispiel zeigt die Störanfälligkeit unseres Neokortex: Einer Gruppe von Versuchspersonen wurde mitgeteilt, eine Portion Hackfleisch sei zu „75 % mager". Einer anderen Gruppe wurde gesagt, dasselbe Fleisch enthielte „25 % Fett". Jetzt wurden die Teilnehmer um eine Qualitätseinschätzung des Fleisches gebeten. Die Gruppe, der von „Fett" erzählt worden war, schätzte die Qualität des Fleisches um 31 % und dessen Geschmack um 22 % schlechter ein als die andere Gruppe[4.30].

Insbesondere die Untersuchungen des Psychologen und Nobelpreisträgers Daniel Kahneman und seines verstorbenen Kollegen Amos Tversky haben viele Mechanismen eingeschränkter Rationalität unseres Neokortex aufgedeckt („Bounded Rationality").[4.22; 4.24] Der Neokortex ist emotional und berechnet den Weg zur maximalen Lust nach eigenen Gesetzen. Dies kann man auch sehr schön an der Funktion der beiden Hirnhälften, den Hemisphären beobachten.

Rechte und linke Gehirnhälfte

Nach wie vor weit verbreitet ist die Meinung, die linke Gehirnhälfte sei rational, während die rechte emotional sei. Auch hier finden wir den Ansatz „Emotio/Ratio-Verwirrung" in seiner ganzen Pracht wieder. Wie man heute weiß, sind beide Gehirnhälften emotional.[4.12; 4.13; 4.14] Die linke Gehirnhälfte ist nämlich optimistisch und die rechte eher pessimistisch. Dies schauen wir uns vor dem Hintergrund des bekannten Motiv- und Emotionssystems etwas genauer an. Tatsächlich kann man in der linken Gehirnhälfte eine stärkere Dopamin- und auch stärkere Testosteronkonzentration messen. Diese beiden Nervenbotenstoffe kennen wir bereits: Dopamin ist der Treibstoff des Stimulanz-Systems und treibt optimistisch nach vorne. Testosteron ist Teil des Dominanz-Systems und sorgt ebenfalls für eine optimistische Stimmung im Bewusstsein. Die linke Gehirnhälfte treibt nach vorne, während die rechte Gehirnhälfte zur Vorsicht mahnt. Eng verbunden damit sind zwei Denkstile: Die rechte Gehirnhälfte wird dann besonders aktiv, wenn wir vor Problemen stehen, für die wir noch keine Lösung haben. Sie sucht nach raumzeitlichen Mustern und Regeln. Deswegen ist die rechte Hälfte auch stärker mit der emotionalen Verarbeitung von Gesichtern beschäftigt, weil diese ja auch komplexe Bilder sind. Sind solche Regeln gefunden, werden sie in die linke Gehirnhälfte exportiert.[2.13; 4.3] Das ist auch der Grund, warum Sprache überwiegend links verarbeitet wird. Wortinhalt (Semantik) und Grammatik sind nämlich nichts anderes als Regeln zur Beschreibung unserer Welt. In der rechten Gehirnhälfte dagegen werden der Sprachrhythmus und die Sprachmelodie erzeugt.

Stehen wir nun vor einer Aufgabe, so versucht die linke Gehirnhälfte zunächst die gelernten Regeln und Muster anzuwenden. Gelingt das, erleben wir das in unserem Bewusstsein mit Zufriedenheit, wir sind dann übrigens auch bereit, kleine Experimente zu machen. Gelingt dies nicht, sind wir verunsichert und suchen nach neuen Lösungen, indem wir die Sache genauer anschauen.[4.25] Wenn man so will, kann man sagen, dass die linke Hirnhälfte etwas mehr vom Verstand (Anwendung von Regeln), die rechte etwas mehr von der Vernunft (Optimierung der Emotionen) gesteuert wird – beide Hälften sind aber emotional.

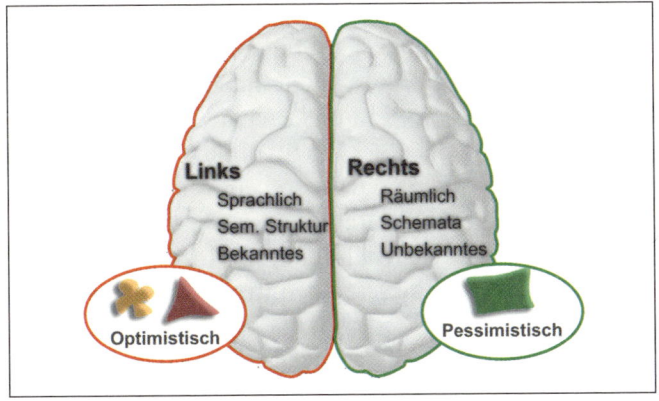

Abbildung 4.3:
Rechte und linke Hirn-
hälfte

Beide Gehirnhälften sind
emotional – sie haben
aber unterschiedliche
kognitive und emotionale
Aufgaben

Wie Cognac im Gehirn gespeichert wird

Diese Erkenntnisse verdeutlichen, dass mit unterschiedlichen Emotionen auch unterschiedliche Denkstile verbunden sind. Das Balance-System, insbesondere die damit verbundene Angst und Verunsicherung, führt zu einem genauen Hinsehen und der Beachtung des Details. Das Dominanz-System sucht stärker Regeln anzuwenden und alles in Regeln zu fassen. Das Stimulanz-System versucht, gelernte Regeln neu und kreativ zu verknüpfen und damit den Handlungsspielraum zu erweitern.

Auch in der Speicherung von Produkteigenschaften zeigt sich die unterschiedliche Verarbeitungsweise der beiden Gehirnhälften. Nehmen wir als Beispiel die Spirituose Cognac. In der rechten Gehirnhälfte werden die ursprünglicheren Sinneseindrücke (Schemata) wie Geruch, Farbe usw. verarbeitet, die sich einer sprachlichen Beschreibung stärker entziehen. Die linke Gehirnhälfte verarbeitet abstrakte Regeln und Assoziationen, sogenannte semantische Netzwerke. In unserem Beispiel mit dem Cognac wären dies z. B. Frankreich, 42 % Alkohol, Eichenfässer usw. Wenn man Konsumenten befragt, was ihnen zu Cognac spontan einfällt, werden Schemata und semantische Netzwerke zusammen aktiviert und auch zusammen genannt.

Das limbische System – der Ursprung aller Kaufwünsche

Offenbar ist der Neokortex ein emotionales Rechenzentrum, in dem wichtige Informationen gespeichert sind und verrechnet werden. Insbesondere in seinem vorderen Teil, dem sogenannten dorsolateralen präfrontalen Kortex, berechnet er dann nach eigenen Gesetzen Wege und Wahrscheinlichkeiten, wie der Kunde und Konsument ein Maximum an Belohnung mit einem Minimum an Einsatz erhält. Aber trifft der Neokortex auch die Entscheidung? Die Antwort lautet „Nein". Die endgültige Entscheidung selbst bleibt einem anderen Gehirnbereich vorbehalten: dem limbischen System.[B1; B3; B4; B5; B6; 1.3; 4.8;]

4.9; 4.11; 5.5) Das „Nein" muss allerdings etwas relativiert werden – der Grund liegt darin, dass Teile des vorderen Neokortex ebenfalls zum limbischen System gehören: der sogenannte orbitofrontale Kortex und der ventromediale Kortex (siehe Abbildung 4.2). Diese limbischen Neokortex-Bereiche entscheiden kräftig mit.

Das limbische System ist das eigentliche Machtzentrum im Kopf. Mit ihm haben wir ja schon in den vorgehenden Kapiteln erste Bekanntschaft gemacht. Im limbischen System haben alle Emotionen und damit auch die Kaufwünsche ihren Ursprung. Und im limbischen System fallen auch zu guter Letzt die Kaufentscheidungen.

In Infobox 6 im Anhang werden für interessierte Leser die wesentlichen Akteure des limbischen Systems und ihre wichtigsten Funktionen vorgestellt. Das limbische System ist eine Sammelbezeichnung und umfasst unterschiedlichste Gehirnbereiche. Heute hat man eine grobe Vorstellung von den hochkomplexen Prozessen, die unser Verhalten aus dem limbischen System heraus steuern.

Das genaue Zusammenspiel der Gehirnbereiche ist bei weitem noch nicht erforscht. Schon ein daumennagelgroßer Kern wie beispielsweise die Amygdala, besteht selbst wieder aus vielen weitgehend unabhängigen Subkernen. Genauso komplex ist die innere Struktur des Hypothalamus, des Hippocampus oder des Hirnstamms.

Gefühle oder wie sich die Emotionssysteme im Bewusstsein des Kunden bemerkbar machen

Wie funktioniert, wie arbeitet das limbische System? Hier kommen die Gefühle ins Spiel. Mit Gefühlen machen sich die Emotionssysteme in unserem Bewusstsein bemerkbar.

Schauen wir uns diesen Vorgang etwas genauer an: Das limbische System bewertet Situationen und Objekte im Sinne unserer Emotionssysteme. Das Prinzip ist relativ einfach – jedes Emotionssystem hat eine positive und eine negative Seite. Oder anders ausgedrückt: eine lustvolle und eine unlustvolle. Die lustvolle versucht der Kunde zu erreichen, die unlustvolle vermeidet er. Auf diese Weise werden Kunden und Konsumenten unbewusst auf Autopilot-Modus durchs Leben gesteuert. Schauen wir uns dazu die Steuerung der Big 3 an:

● *Balance-System:*
    Angst und Furcht versucht der Kunde zu vermeiden bzw. zu beseitigen (Unlust), Geborgenheit und Gemütlichkeit dagegen liebt er (Lust).

- *Dominanz-System*
  Niederlagen, Ärger, Wut und Unzufriedenheit, z. B. mit seinem Status, versucht der Kunde zu vermeiden bzw. zu beseitigen (Unlust), das Siegesgefühl, das Lob etc. (Lust) dagegen schätzt er sehr.

- *Stimulanz-System*
  Langeweile, Eintönigkeit (Unlust) versucht der Kunde zu vermeiden, spannende und prickelnde Erlebnisse und Abwechslung liebt er (Lust).

Meist bemerken weder wir noch der Kunde diese sanften Steuerseile, die uns und ihn unbewusst auf Kurs halten. Nur sehr starke Gefühle nehmen wir bewusst wahr. Es sind aber nicht nur Gefühle, die uns und den Konsumenten lenken. Auch das, was der Kunde denkt, wird vom limbischen System gesteuert. Dazu ein Beispiel: Wenn eine Konsumentin an einem Modegeschäft mit einem tollen Rock in der Auslage vorbeigeht, Kauflust verspürt und ihre innere Stimme sagt: „Diesen Rock sollte ich anprobieren", dann hat sich das Stimulanz-System zu Wort gemeldet. Dieses Beispiel macht übrigens deutlich, dass aus dem limbischen System nicht nur Gefühle dringen, sondern auch die innere Stimme, die Ideen und die Denkstrukturen, die das Handeln des Kunden leiten. Was ein Kunde denkt und wie er denkt, ist nämlich untrennbar mit seinen meist unbewusst arbeitenden Emotionsprogrammen im limbischen System verbunden.

Nachdem wir jetzt wissen, wie das limbische System arbeitet, schauen wir uns einmal an, wie Kaufentscheidungen wirklich fallen. Um besser zu verstehen, warum wir bzw. Kunden in unserem Bewusstsein einer Benutzer-Illusion aufsitzen, betrachten wir dieselbe Kaufentscheidung aus zwei Perspektiven: Wir fragen zunächst, wie der Konsument bzw. Kunde sich bewusst erlebt. Danach werfen wir einen Blick in seinen Kopf, um zu erkennen, was dort abläuft.

Wie der Kunde eine Kaufentscheidung erlebt

Nehmen wir mal an, ein Konsument geht durch eine Einkaufsstraße und sieht in der Auslage eines Kaufhauses eine teure, edle Uhr. In seinem Bewusstsein hört er seine innere Stimme, die ihm sagt: „Diese Uhr musst Du kaufen." Er geht hinein und schaut sich die Uhr genauer an. Das Armband besteht aus edlem Krokoleder, die Uhr selbst ist handgefertigt und in Gold gefasst. Wieder meldet sich seine innere Stimme: „Kauf die Uhr! Deine Kollegen und Freunde werden vor Neid platzen, außerdem werden alle sehen, dass du es zu etwas gebracht hast!" Die Uhr liegt schwer in seiner Hand, er spürt, dass dieses Stück etwas ganz Besonderes ist. Das Lederarmband verströmt einen feinen Geruch. Diese Uhr muss er haben. Er fragt nach dem

Preis. „3.550 Euro", sagt der Verkäufer. Seine Euphorie und sein Kauf-
wunsch erhalten einen Dämpfer. Auch seine innere Stimme meldet sich:
„Bist du völlig verrückt – du hast nur 3.000 Euro auf dem Konto und die
Leasingrate fürs Auto wird noch abgebucht." Der Kampf der inneren Stimmen geht noch ein paar Mal hin und her. Wieder nimmt er die Uhr in die
Hand. Er ist von der handwerklichen Kunst fasziniert, gleichzeitig denkt er
an die bewundernden Blicke im Golfclub, die er mit dieser Uhr ernten wird.
Er kauft die Uhr. Auf dem Heimweg und in den nächsten Tagen erlebt er ein
Wechselbad der Gefühle. Zwar schaut er die neue Uhr glücklich an, aber immer wieder kommen ihm Zweifel, ob der Kauf richtig war. Er sucht im Internet nach weiteren Informationen, die den Kauf rechtfertigen. Diese Zweifel
sind erst vorüber, als ihm ein Freund erzählt, dass er die gleiche Uhr um
tausend Euro teurer in einem anderen Geschäft gesehen hat. Es war also
richtig, die Uhr zu kaufen.

Was sich bei Kaufentscheidungen wirklich im Kopf des Kunden abspielt

Nun wechseln wir die Perspektive und schauen uns an, was im Kopf des
Kunden tatsächlich passiert ist. In dem Moment, da seine Blicke auf die Uhr
fielen, wurde die Botschaft „Kauf die Uhr!" (nachdem sie im hinteren und
seitlichen Neokortex zu einem Bild zusammengesetzt war) dem limbischen
System zur Bewertung übergeben. Das limbische System ermittelte dann
die Bedeutung der Uhr. Dazu greift es auf das emotionale Erfahrungsgedächtnis zurück. Durch Werbung oder konkretes eignes Erleben sind im Erfahrungsgedächtnis Szenen gespeichert, in denen eine wertvolle Uhr mit
Statusaspekten verknüpft wurden. Beim Abruf dieser Erfahrung wird deshalb das Dominanz-System aktiviert, das ja nie genug Macht und Status haben kann. Das Gold, der feine Ledergeruch, all dies aktiviert das Dominanz-
System, aber auch ein wenig das Stimulanz-System, weil jeder Kauf auch
immer etwas Belohnendes hat. Beide machen sich im Bewusstsein des Kunden mit dem Wunsch „Kaufen!" bemerkbar. Nun wissen wir, dass das Balance-System die Aufgabe hat, den Kunden vor Risiken zu bewahren. Ein solches Risiko ist die drohende Überschuldung. Entsprechende negative Bilder
dringen vom emotionalen Gedächtnis, ausgelöst von den limbischen Bewertungszentren ins Bewusstsein. Gleichzeitig erlebt der Kunde diese Balance-
Intervention als seine innere Stimme: „Du bist verrückt – lass die Finger
von der Uhr!"

Der folgende Wechsel zwischen „Kaufen"- und „Nichtkaufen"-Impulsen in
seinem Bewusstsein ist deshalb letztlich nichts anderes als das Hin- und
Herschwingen zwischen den beteiligten Emotionssystemen Dominanz/Sti-

mulanz und Balance, die um die Vormacht im Kopf kämpfen. Während dieser Entscheidungsphase ist auch der Neokortex sehr aktiv, in seinen limbischen Bereichen sind nämlich viele dieser emotionalen Erfahrungen gespeichert – gleichzeitig errechnet er weiter oben mögliche Konsequenzen aus diesem Kauf. Am Ende aber bekommt das limbische System das alles als Entscheidungsvorlage und entscheidet. Die Uhr wird gekauft. Allerdings herrscht im Bewusstsein des Käufers noch lange keine Ruhe. Denn durch das lange Hin und Her zwischen den widerstreitenden Emotionssystemen wurden die entsprechenden neuronalen Netzwerke im Kopf aktiviert, die an der Entscheidung beteiligt waren. Nun wissen wir: Werden Nervenzellen und Netzwerke längere Zeit und wiederholt aktiv, kommt es zu einer sogenannten Langzeit-Potenzierung, d. h. sie bleiben angeschaltet und sind auch leichter erregbar. Da sowohl die Dominanz-Netzwerke als auch die Balance-Netzwerke auf diese Weise aktiviert wurden, hielt dieser innere Kampf im Bewusstsein nach der eigentlichen Kaufentscheidung noch einige Tage an. Und immer wenn das Balance-Netzwerk Zweifel versprühte, suchte der Kunde z. B. im Internet nach Informationen, die den Kauf rechtfertigen.

Welchen Einfluss hat das „Ich" des Kunden auf die Kaufentscheidung?

Nun aber die alles entscheidende Frage: Wo und an welcher Stelle hat das „Ich" des Kunden diese Kaufentscheidung wirklich aktiv gesteuert? Hatte das „Ich" des Konsumenten einen Einfluss auf diese unbewusste Motiv-Dynamik und ihren Ausgang? Nein. Er hatte keinen Einfluss darauf, als im Bewusstsein das Gefühl der Verlockung erschien. Er hatte ebenfalls keinen Einfluss darauf, als das limbische System das Gold und das edle Leder positiv bewertete und im Neokortex entsprechende Status-Assoziationsbilder und Schemas aktiviert wurden. Aber auch das Veto des Balance-Systems lag außerhalb seiner Macht. Alle diese Bewertungen und die dahinter liegenden Prozesse blieben seinem Bewusstsein verborgen und entzogen sich seinem Willen. Das sind die 70 – 80 % „unbewusste" Entscheidungen, die ich zu Beginn des Kapitels in den Raum stellte. Nun zu den verbleibenden 20 – 30 % „bewussten". Der Kunde erlebte in seinem Bewusstsein das Entstehen des Kaufwunsches und den inneren Titanenkampf seiner Motiv- und Emotionssysteme. Doch welchen Einfluss hatte sein „Ich" auf diesen Ausgang? War das „Ich" ein Mitspieler, der aktiv ins Geschehen eingriff und die Regie verändern konnte? Oder war das „Ich" nur Zuschauer, der das innere Theater mit Spannung verfolgte? Eine Frage, die von Philosophen, Gehirnforschern und Psychologen heftig diskutiert wird. Immer klarer wird nämlich, dass es das „Ich" im Gehirn gar nicht gibt. Vielleicht werden Sie jetzt empört rufen „Natürlich gibt es ein ‚Ich' – ich erlebe das doch jeden Tag".

Dazu nur soviel – das was wir als „Ich" erleben ist eine kulturelle, westliche Konstruktion. In vielen asiatischen Kulturen gibt es diese „Ich"-Wahrneh-mung, die für uns so selbstverständlich ist, nämlich gar nicht. Während wir „Westler", geprägt von der griechischen Philosophie, uns als Subjekt von der Welt als Objekt abtrennen, betrachtet sich ein Asiate als unlösbar ver-wobener Teil der Welt. Aus diesem Grund ist es nicht verwunderlich, dass auch die Hirnforscher kein „Ich-Zentrum" im Gehirn finden können und konnten[4.16; 4.17; 4.19; 4.20; 4.21]. Damit wird klar: Das bewusste „Ich" ist also eher ein vom Unbewussten gelenkter Zuschauer, als ein aktiver Entscheider.

Welchen Einfluss hatte das Großhirn, der Neokortex, der scheinbare Sitz der Vernunft?

Der Neokortex war wichtiger Berater, der Informationen zur Verfügung stellte, Erfolgswahrscheinlichkeiten berechnete und Handlungsempfehlun-gen aussprach. Die komplexeren neuronalen Strukturen im Neokortex wa-ren bei der Entscheidung hoch aktiv und rechneten wie wild. Was sie aber berechneten, berechneten sie streng im Rahmen der bekannten Motiv- und Emotionssysteme. Damit wird auch die Rolle des „höchsten" Gehirnzentrums deutlich. Hier sind viele Erfahrungen nebst negativen und positiven Konse-quenzen gespeichert.[4.5; 4.7; 4.8] Ist dieser Gehirnteil geschädigt, stehen die Le-benserfahrungen nicht mehr zur Verfügung. Es kommt zu Handlungen, die unüberlegt und der Situation unangemessen sind. Im Neokortex sitzt also keine höhere Vernunft. Hier werden Erfahrungen und Konsequenzen in Ab-stimmung und unter Aufsicht des limbischen Systems verrechnet und zu-sammengeführt. Hier werden die Wünsche des limbischen Systems in Plä-ne umgesetzt und die Wahrscheinlichkeiten der Zielerreichung optimiert.

Von Impulskäufen und anderen Kaufentscheidungen

Wie man vermuten kann, gibt es weitere Spielarten von Entscheidungsab-läufen im Gehirn. Je höher der Preis eines Produktes oder der Dienstleis-tung ist, desto höher ist in der Regel auch das Risiko des Fehlkaufs. Wenn ein Kunde ein Haus oder ein Auto kauft, laufen in seinem Gehirn die oben geschilderten Prozesse länger, intensiver und öfter ab als bei einem Pro-dukt, das nur wenige Euro kostet. Auch wenn er bei solchen Käufen in sei-nem Bewusstsein die Entscheidungskonflikte intensiv spürt und seine in-neren Stimmen mit der Pro- und Contra-Diskussion über Tage beschäftigt sind – die Regie führt trotzdem das limbische System.

Im Gegensatz dazu stehen Impulskäufe, bei denen die innere Stimme nur den kurzen Befehl „Kaufen!" sendet. Hier ist meist das Stimulanz-System in Aktion, das vom Balance-System nicht gestört wird, weil selbst bei einem Fehlkauf kein wirkliches Risiko besteht. Mitunter gibt es auch Entscheidungskonflikte, die innerhalb von Motiv- und Emotionssystemen ablaufen. Denken wir nur an eine Konsumentin, die sich zwischen zwei Blusen entscheiden muss, die sich lediglich in der Farbe unterscheiden. Beide Blusen aktivieren das Stimulanz-System. Sieger aber ist die Bluse, die das Stimulanz-System stärker aktiviert.

Ein Sonderfall emotionaler Kaufentscheidungen liegt dann vor, wenn es um den oralen Geschmack geht. Geschmack wird ebenfalls im limbischen System verarbeitet und hat den gleichen unbewussten Einfluss wie die Motiv- und Emotionsprogramme. Geschmack folgt aber völlig eigenständigen Bewertungsdimensionen (süß, sauer, salzig, bitter und umami). Das Problem besteht darin, dass diese sich sprachlich nicht oder kaum beschreiben lassen. Das gleiche Problem haben wir übrigens auch bei Gefühlen, die wir nur ganz grob benennen können. Dies liegt daran, dass unsere Sprache entwicklungsgeschichtlich sehr jung ist (ca. 200.000 Jahre), das limbische System dagegen in seiner Grundform mehr als 200.000 Millionen Jahre alt ist.

Funktionale Kaufentscheidungen?

Nun werden manche einwenden: „Es gibt ja nicht nur emotionale Kaufentscheidungen, sondern auch funktionale." Damit haben sie (scheinbar) recht. Lassen Sie uns das an einem Beispiel verdeutlichen. Vor einigen Jahren führte Procter & Gamble in den USA eine neue Packungsgröße für Waschmittel ein. Die Packung war wesentlich größer als ihr Vorgänger. Die Rechnung der P&G-Manager war einfach. Durch einen etwas günstigeren Preis pro Kilogramm Waschpulver der Großpackung sollte der Konsument zum Wechsel überzeugt werden. Aber auch für P&G hatte der Wechsel Vorteile. Solange der Konsument durch die Großpackung mit Waschpulver eingedeckt war, kaufte er kein Wettbewerbsprodukt. In Kundenbefragungen hatte sich eine hohe Wechselbereitschaft gezeigt. Doch die neue Packung erwies sich als Flop. Keiner konnte dies zunächst erklären. Der Preisvorteil (= emotional) wurde vom Konsumenten gesehen und war überzeugend. Was die P&G-Manager nicht bedacht hatten: In den Schränken vieler amerikanischer Haushalte sind die Plätze für Waschmittel festgelegt. Das Problem der P&G-Packung war, dass sie nicht hineinpasste. Der große Waschmittelkarton neben dem Schrank störte aber viele Hausfrauen, sie kauften das Produkt nicht mehr.

Ein anderes Beispiel für funktionale Kaufentscheidungen kommt aus dem B2B-Bereich. Bei einem großen Farbenhersteller brach der Absatz einer umsatzstarken Fassadenfarbe ein. Der Wettbewerb hatte ein Produkt herausgebracht, das auch bei Minusgraden noch gut und sicher zu verarbeiten war und gleichzeitig etwas weniger Farbauftrag pro Quadratmeter erforderte. Angesichts dieser funktionalen Vorteile wechselten viele Malerbetriebe das Produkt.

Schauen wir uns diese Kaufentscheidungen etwas genauer an – sind sie wirklich nur funktional? In unserem ersten Beispiel stand die Packung neben dem Schrank, weil sie nicht hineinpasste. Aber war das der Grund für die Ablehnung? Nein – der eigentliche Grund war, dass jetzt eine Waschmittelpackung herumstand, die den Ordnungssinn der Hausfrau störte (Balance/Disziplin) und im Wege stand (Dominanz/Autonomie). Nun zu unserem Farbhersteller: Die Farbe des Wettbewerbers steigerte die Effizienz der Malerbetriebe, weil man das Produkt länger verarbeiten konnte und weniger davon brauchte. Nun wissen wir aber ziemlich genau, wo „Effizienz" im Motiv- und Emotionsprogramm auf der Limbic® Map sitzt – zwischen Dominanz und Disziplin/Kontrolle. Wir müssen immer bedenken, dass die Funktionen von Produkten dem Kunden helfen, seine Ziele zu erreichen. Die Ziele des Kunden und Konsumenten werden aber durch seine Motiv- und Emotionsprogramme vorgegeben! Es gibt jedoch auch funktionale Unterschiede, die nicht emotional sind . Wenn Sie im Baumarkt eine Fassaden- und eine Innenfarbe kaufen, unterscheiden sich beide teilweise in ihrer Funktion. Auch ein Hammer hat eine andere Funktion als eine Säge.

Am liebsten schaltet das Gehirn auf Automatik

Die emotionale Bewertung von Produkten und Dienstleistungen läuft also weitgehend unbewusst ab. Wir und der Kunde bekommen das Ergebnis dieser unbewussten Bewertung als Fakt ins Bewusstsein diktiert. Nun werden viele Leser sagen: „Wenn mich mein Unbewusstes brav informiert und ich selbst trotz Benutzer-Illusion das Gefühl habe, selbst zu entscheiden, ist es mir eigentlich egal, was abläuft." Doch das Gehirn und Unbewusste arbeiten gern alleine und zudem im Geheimen: Oft informieren sie ihren Besitzer nicht einmal von ihren Plänen und handeln trotzdem! „Was wird da behauptet?", fragen Sie jetzt, „mein Gehirn und mein Körper handeln an meinem ‚Ich' vorbei, ohne dass ich das mitbekomme?" Genauso ist es. Um den Kunden und das, was in seinem Kopf vorgeht, wirklich zu verstehen, müssen wir uns offenbar noch intensiver mit den unbewussten Vorgängen im Gehirn beschäftigen.

Ein kleines Beispiel soll verdeutlichen, wie das Gehirn das Bewusstsein seines Besitzers umgeht. Angenommen Sie haben sich mit einem Freund und Geschäftskollegen zum Essen verabredet und gehen zu Luigi, dem Italiener. Weil Sie früh dran sind, ist das Lokal noch ziemlich leer. Luigi kommt auf Sie zu und bedeutet Ihnen mit einer generösen Geste, dass alle Plätze noch frei sind und Sie wählen können. Ohne lange zu überlegen machen Sie sich auf den Weg und setzen sich – richtig: in eine Ecke! Im Laufe der Evolution speicherte unser Gehirn insbesondere die Erfahrungen, die sich bewährt haben. Da in unserer früheren Umwelt viele Gefahren lauerten, beispielsweise wilde Tiere oder Bösewichte, die uns nach dem Leben trachteten, ist der sicherste Platz dort, wo wir weder von hinten noch von der Seite angegriffen werden können. Bei der Platzwahl bei Luigi wird diese Erfahrung unbewusst und automatisch aktiviert und wir besetzen sofort die Ecke.

Warum das Gehirn des Kunden gerne ohne sein Bewusstsein arbeitet

Warum macht sich das Gehirn nicht die Mühe, das Bewusstsein zu informieren? Dafür gibt es drei Gründe.

1. Wenn Informationen ohne Bewusstsein direkt über unsere Motiv- und Emotionsprogramme in Handlungen umgesetzt werden, laufen die Reaktionen wesentlich schneller ab.[1.3] Insbesondere in Gefahrensituationen kann das von großem Vorteil sein. Wer lange darüber nachdenken musste, was das Ding, das nach Raubtier riecht und auf gelbem Fell schwarze Streifen hat sein könnte, hatte schon in der Urzeit eine geringe Lebenserwartung

2. In unseren Motiv- und Emotionsprogrammen und den mit ihnen gespeicherten Erfahrungen ist das enthalten, was sich bewährt hat. Warum also den Besitzer noch lange nachdenken lassen, wenn eine bewährte Lösung schon längst existiert. Dies zeigt sich auch in vielen psychologischen Versuchen: Emotionale Präferenz-Urteile werden wesentlich schneller getroffen als Wiedererkennungs-Urteile.[2.17]

3. Bewusstsein ist ein extrem teurer Prozess. Bewusstsein kostet nämlich Energie. Zwar gehen nur 2 % unseres Körpergewichts auf das Konto des Gehirns, aber sein Energieverbrauch ist viel höher, besonders wenn wir intensiv und bewusst nachdenken. In diesem Fall verbrauchen wir 20 % der Energie, die unserem gesamten Körper zur Verfügung steht. Wenn das Gehirn aber das Bewusstsein auf Sparflamme schaltet und im Automatikmodus arbeitet, sind es nur noch 5 %. Dieses Energie fressende Nachdenken findet überwiegend im Neokortex statt, der bei uns Menschen der größte Gehirnteil und damit auch Energie-Großverbraucher ist. Übrigens: Ein arbeitendes Gehirn braucht auch weit mehr Energie als ein arbeitender Muskel. Genauer: Gehirnmasse braucht 22-mal so viel Energie wie eine entsprechende Muskelmasse! Warum ist ein geringer Energieverbrauch wichtig? Das ist ein Gesetz der Evolution. Organismen, die Energie nicht nutzlos verbrauchen, haben nämlich Vorteile. Unter anderem können sie Energie direkt oder indirekt ihrem Nachwuchs

zukommen lassen. Gleichzeitig erlaubt es ihnen in Sicherheit zu bleiben und die oft gefährliche Futtersuche länger hinauszuschieben.

Zu was braucht man dann ein Bewusstsein? Nun, das Bewusstsein wird aktiviert, wenn wir mit Neuem und Unbekanntem konfrontiert werden, wenn intellektuelle Probleme zu lösen sind, wenn Entscheidungskonflikte auftreten und das limbische System aus dem Neokortex Erfahrungen und Entscheidungsvorschläge abruft. Um Energie zu sparen versucht das Gehirn möglichst viel zu automatisieren. Alle Erfahrungen und Handlungen, die wiederholt positive Konsequenzen mit sich gebracht oder negative Konsequenzen vermieden haben, werden gespeichert. Kommt dann ein entsprechendes Auslösesignal, läuft das automatische Programm ab, natürlich ohne dass das Bewusstsein informiert wird.

Der Mythos der Bauchentscheidungen

Eng verknüpft mit diesen unbewussten Verarbeitungsmechanismen in unserem Gehirn sind die sogenannten Bauchentscheidungen, die es ja auch beim Kaufen gibt. Auch hier treffen wir wieder auf das „Emotio versus Ratio"-Missverständnis. Allerdings in etwas anderer Form. Die Emotion sitzt nach landläufiger Meinung im Bauch und die Ratio sitzt in unserem Kopf, Sinnbild für den Verstand allgemein. Aber auch hier kämpft die Vernunft im Kopf gegen die Emotionen aus dem Bauch. Und scheinbar gibt es ja wissenschaftlich gesicherte Beweise, dass Entscheidungen nicht nur gefühlt, sondern tatsächlich vom Bauch beeinflusst werden.

Hohe Beachtung fand aus diesem Grund eine neue neurobiologische Forschungsrichtung, die sogenannte Neuro-Gastro-Endokrinologie. Eine weitverbreitete, populärwissenschaftliche deutsche Zeitschrift, nämlich „Geo", hatte über die Arbeit des amerikanischen Forschers Michael Gershon berichtet. Dieser hatte ein Buch mit dem Titel „Das zweite Gehirn" veröffentlicht, in dem er aufzeigte, dass wir im Magen-Darm-Bereich hochkomplexe Nervenstrukturen haben, die denen in unserem Gehirn ähnlich sind. Gleichzeitig zeigte er weiter, dass der Neurotransmitter Serotonin, der auch in unserem Gehirn ein wichtige Rolle spielt, im zweiten Bauchgehirn ebenfalls eine Hauptrolle spielt. Diese Forschungserkenntnisse wurde aber von „Geo" in eine völlig falsche Richtung verdreht: In die „Emotio versus Ratio-Bauch versus Kopf"-Illusion. Tenor des Berichts war, dass Entscheidungen nicht nur im Gehirn fallen, sondern dass wesentliche Entscheidungen auch im Bauch getroffen würden. Und zwar oft gegen das Gehirn. Für die Vernunft sei der Kopf zuständig und für die Emotionen der Bauch – und beide seien Gegenspieler. Klar, dass diese Aussage begeistert zur Kenntnis genommen wurde. Sie entspricht nämlich unserer Selbstwahrnehmung. Bei vielen Entscheidungen spüren wir ein angenehmes oder unangenehmes Prickeln im Bauch. Wir übersehen dabei, dass dieses Prickeln, das wir im Bauch empfinden, in unserem Gehirn in unserem Bewusstsein stattfindet – der Bauch selbst fühlt nämlich nichts. Auch wenn wir auf einer heißen Ofenplatte die Finger verbrennen, fühlt der Finger selbst keinen Schmerz – der Schmerz findet in unserem Gehirn ab. Man muss Michael Gershon in Schutz nehmen – denn das, was „Geo" behauptet hatte, hat er mit keinem Wort gesagt. In seinem Buch ist überhaupt nicht die Rede davon, dass der Bauch in Gehirnentscheidungen eingreift. Gershon zeigte lediglich auf, warum die hochkomplexen neuronalen Strukturen in unserem Bauch sinnvoll sind: Zur Steuerung unseres Verdauungstrakts und zur Entlastung unseres Gehirns.

Was ist Intuition?

Was aber sind Bauchentscheidungen nun wirklich? Man kann es in etwa so ausdrücken: In Entscheidungssituationen greift unser Gehirn auf alle die emotionalen und kognitiven Erfahrungsstrukturen zurück, die dort im Laufe unserer Lebens abgespeichert wurden.[4.28] Was dort als Erfahrungsschatz liegt, ist uns und dem Konsumenten selbst nicht bewusst. Oder anders ausgedrückt: Das „Ich" weiß nicht, was sein Gehirn weiß. In solchen Entscheidungssituationen erkennt das Gehirn Muster, die es als unbewusste Regeln in vielen oft ähnlichen Situationen abgespeichert hat, falls diese damals zum gewünschten Erfolg führten bzw. Gefahren vermieden werden konnten. In diesen Situationen, werden diese unbewussten Regeln und Muster aktiviert und wir entscheiden intuitiv, ohne genau sagen zu können warum. Der amerikanische Entscheidungsforscher Gary Klein[4.27] war einer ersten, der die Macht der Intuition bei komplexen Entscheidungen entdeckt hatte. Er begleitete erfolgreiche Feuerwehrkommandanten zu Großbränden, um ihre Entscheidung in diesen hochkomplexen Situationen zu analysieren. Als der Brand gelöscht war, fragte er diese Kommandanten, warum sie so entschieden hätten. Das Problem: Sie konnten darauf keine Auskunft geben. Aus hunderten erfolgreich bekämpften Großbränden, hatten sich im Gehirn dieser Kommandanten diese unbewussten und generalisierten Erfolgsmuster gebildet und diese Kommandanten dann in der Entscheidungsphase unbewusst an die Hand genommen.

Genau auf diese intuitiven Entscheidungen treffen wir, wenn der Konsument im Handel vor einem Regal steht und zwischen gleichen Produkten aber verschiedenen Herstellern entscheiden muss. In unseren – von ihm unbemerkten – Videobeobachtungen sehen wir, wie er vergleichend vor dem Regal steht und dann plötzlich zugreift. Danach befragt, warum er dieses Produkt gekauft habe, kann er oft ebenfalls keine Antwort geben. Trotzdem war seine Entscheidung kein Zufall: In seinem Gehirn sind eigene Erfahrungen mit der Marke und dem Produkt für ihn genauso unbewusst gespeichert, wie die Werbebotschaften, die er vor dem TV-Gerät sitzend aufgenommen hat, ohne dass sein bewusstes „Ich" mitbekommen hat, wie diese Botschaften von seinem Gehirn abgespeichert wurden.

Bekanntheitsgrad – der Startknopf der Kaufautomatik

Marketing- und Werbespezialisten wissen, wie wichtig der Bekanntheitsgrad einer Firma, eines Produktes oder einer Marke für den Verkaufserfolg ist. Bekanntheit sorgt für Vertrauen und spricht damit das Balance-System an. Fast noch wichtiger ist allerdings ein anderer Prozess. Produkte und Marken, die im Kopf des Konsumenten einen hohen Bekanntheitsgrad haben, kommen in den „Kauf-Automatik-Speicher", vorausgesetzt dass keine negativen Erfahrungen vorliegen. Läuft der Konsument am Regal vorbei, ist die Wahrscheinlichkeit sehr hoch, dass er ohne Nachdenken zugreift und das Produkt „gedankenlos" in seinen Einkaufswagen legt. Der Automatikmodus des Gehirns inklusive Energiesparmodus wurde erstmals 1994 vom amerikanischen Neurobiologen Raichle nachgewiesen.[4.26] Zunächst wurden Versuchspersonen in einen Gehirn-Tomographen geschoben, um ihnen beim Denken „ins Gehirn" zu schauen. Danach präsentierte man Listen mit bekannten, aber auch unbekannten Wörtern. Die Gehirnbilder zeigten: Bekannte Wörter führten zu einer Absenkung der Aktivität im vorderen Neokortex, unbekannte dagegen zu einer Aktivitätserhöhung. Obwohl der Neokortex auf Sparmodus geschaltet war, wurden trotzdem die bekannten Wörter wesentlich besser erinnert. Den gleichen Effekt des vorderen Neokortex wies auch das Münsteraner Forscherteam um Peter Kenning mit dem Gehirn-Tomographen nach.[12.4] Anstatt Wörter wurden den Versuchspersonen Kaffeemarken präsentiert, die ihnen bekannt bzw. unbekannt waren. Das Ergebnis: Bei bekannten Marken wurde der vordere Neokortex in den Sparmodus geschaltet. In den Kapiteln 8 und 12 werden wir uns mit der Untersuchung von Kenning et al. nochmals etwas näher beschäftigen.

Das Gehirn des Kunden hasst Werbebotschaften, reagiert aber trotzdem darauf

Die bewusste Verarbeitung von Informationen kostet Energie und das Gehirn des Konsumenten versucht deshalb, so sparsam wie möglich zu arbeiten. Von allen Informationen, die auf den Konsumenten einströmen, lässt das Gehirn nur einen winzig kleinen Teil ins Bewusstsein. Die bekannte Rechnung des verstorbenen Saarbrücker Marketingprofessors Kroeber-Riel, dass von 100 % Information nur 1 % ins Bewusstsein gelangt, stellt sich inzwischen als stark übertrieben heraus. Neuroinformatiker haben folgende

Rechnung aufgestellt: Pro Sekunde sendet das Auge 10 Millionen Bit an das Gehirn, 1 Million Bit sendet das Ohr, 100.000 Bit der Geruchssinn und weitere 100.000 Bit alle anderen Sinne. In Summe macht das circa 11 Millionen Bit/Sekunde. Schätzungen gehen nun davon aus, dass der Kunde in seinem Bewusstsein nur 40 Bit pro Sekunde erlebt, also nur 0,00004 % der Information in sein Bewusstsein gelangen.[(4.19)] Bewusstsein ist demnach das Ergebnis des Aussortierens von Information. Die eigentliche Genialität des Gehirns besteht nicht in der Bewusstmachung von Information, sondern in der unbewussten Verarbeitung und Speicherung von Information sowie der Umsetzung in Handlungen (oft unter Ausschaltung des Bewusstseins). Tagtäglich ist ein Konsument vielen Werbebotschaften ausgesetzt, die meisten davon nimmt er nicht bewusst wahr, weil sein Gehirn diese Botschaften unbewusst verarbeitet. Vor dem Regal des Supermarktes stehend – siehe oben – greift der Konsument zu und kauft.

Das Bewusstsein des Kunden erfindet nachträglich eine Geschichte, die sein unbewusstes Verhalten erklärt

Weil unser Bewusstsein nach dem Sinn für einen Kauf sucht, erfindet es eine Begründung, die nichts mit dem zu tun hat, was im Gehirn und Unbewussten tatsächlich abgelaufen ist. Der Harvard-Psychologe Daniel Wegener und der Leiter des Max-Planck-Instituts für psychologische Forschung Wolfgang Prinz kommen zu einem ähnlichen Ergebnis. Das Bewusstsein gibt der Aktion und Handlung nachträglich einen Sinn, obwohl es selbst an der Handlung nicht beteiligt war.[(4.17; 4.21)] Wolfgang Prinz bringt dieses Phänomen auf den Punkt: „Wir tun nicht, was wir wollen, sondern wir wollen, was wir tun." Dem Konsumenten ist nicht bewusst, dass viele Informationen aus seiner Außenwelt, beispielsweise durch Werbung, extrem auf sein Verhalten Einfluss nehmen. Das Problem ist, dass sein Bewusstsein nichts, aber auch gar nichts davon mitbekommt. Wird der Konsument von Marktforschern interviewt, erzählt er im Brustton der Überzeugung, wie überlegt und bewusst er dieses oder jenes Produkt eingekauft hat. Dass sein Bewusstsein im Nachhinein diese Geschichte erfunden hat und das unbewusste Programm einer völlig anderen Logik gehorchte, bleibt ihm verborgen.

Das Gehirn des Kunden achtet unbewusst auf kleinste Signale

Wenn man Versuchspersonen auffordert, aus einer Reihe unbekannter chinesischer Schriftzeichen spontan die auszuwählen, die ihnen am besten gefallen, erhält man bei mehreren Versuchspersonen eine Zufallsauswahl. Jedes Zeichen ist mehr oder weniger gleich beliebt. Wenn man aber nun vor der Präsentation dieser Zeichen eines dieser Zeichen immer wieder kurz unterhalb der Wahrnehmungsschwelle (subliminal) einblendet, so dass die Versuchspersonen und ihr Bewusstsein nichts davon bemerken, verändert sich die Präferenz: Dieses subliminal eingeblendete Zeichen wird weit überdurchschnittlich als beliebtestes Zeichen gewählt. Fragt man die Versuchspersonen über die Gründe ihrer Wahl, können sie nichts darüber sagen.[2.13] Ein ähnlicher Versuch wurde mit Hilfe eines Hirnscanners gemacht. Versuchspersonen wurde in einer Bildschirmpräsentation eine Reihe von Wörtern gezeigt, in die immer wieder das Bild eines bösen Gesichts so kurz eingeblendet wurde, dass sie nichts davon bemerkten. Im Tomographen sah die Sache völlig anders aus: Die Amygdala im limbischen System, die sehr stark an der emotionalen Bewertung von Gesichtern beteiligt ist, leuchtete hell auf.[4.10] Die Amygdala versetzte gleichzeitig den Körper in Verteidigungsbereitschaft. Der elektrische Hautwiderstand, ein Maß für die innere Anspannung, veränderte sich deutlich. Der Körper war schon längst auf Verteidigung eingestellt – das Bewusstsein hatte davon noch keine Ahnung.

Ein besonders spannender Versuch wurde von den Psychologen Kent Berridge und Piotr Winkielmann an der Universität in San Diego durchgeführt[4.29]. Dreißig durstige Versuchspersonen wurden vor die Entscheidung gestellt, wie viel sie für ein Getränk bezahlen wollten. Die eine Gruppe bot im Durchschnitt 10 Cent, während die andere Gruppe bereit war, 38 Cent zu bezahlen. Der einzige Unterschied zwischen den zwei Gruppen: Den Geizhälsen war für weniger als eine Fünzigstelsekunde ein Foto eines wütenden Gesichts gezeigt worden, während die Spendierfreudigen für die gleich kurze Zeit ein lachendes Gesicht gesehen hatten. Die Darbietungszeit der Gesichter war so kurz, dass keine der beiden Gruppen das Gesicht bewusst wahrgenommen hatten. Für etwa eine Minute danach, wurde ihr Kauf-Verhalten von den unbewusst wahrgenommenen Emotionen dramatisch beeinflusst. Durch das negative Bild wurde Stress, durch das positive Bild Freude ausgelöst – mit gewaltigen Folgen für die Spendierlust.
Diese Versuch machen deutlich, wie das Gehirn des Kunden und Konsumenten viele scheinbar auch nebensächliche Eindrücke im Geschäftskontakt unbewusst verarbeitet, die der Kunde selbst nicht bewusst mitbekommt. Er spürt oft auch nicht, wie sich durch diese unbewussten kleinen Botschaften unmerklich seine Stimmung verändert und damit die Kaufabsicht entscheidend beeinflusst wird. Wie beeinflussbar Menschen sind, zeigt auch der folgende Versuch der Psychologen Barg, Chen und Burrows:[4.21] Die Forscher teilten Studenten eines Semesters in zwei Gruppen ein, die auf zwei Hörsäle verteilt wurden. Die Studenten in der einen Gruppe mussten eine Arbeit über das Leben und die Bewegungseinschränkung älterer Menschen schreiben. Die Nachbargruppe hatte dagegen in ihrer Ar-

beit das Leben und die sportlichen Aktivitäten junger Menschen zu behandeln. Nach Abgabe der Arbeit verließen die Versuchspersonen den Hörsaal. Was sie nicht wussten: Der eigentliche Versuch begann erst jetzt. Die Studenten wurden in ihrem Bewegungsverhalten gefilmt. Das Erstaunliche: Die Teilnehmer, die über alte Menschen geschrieben hatten, bewegten sich „wie alte Menschen" auf dem Gang, während die Jugend-Gruppe ein Bewegungsverhalten voller Elan und Dynamik zeigte. Keinem einzigen Teilnehmer war die Veränderung seines Bewegungsverhaltens bewusst. Das Gehirn verarbeitet offensichtlich unbewusst viele Eindrücke und setzt diese in Handlung um. Auch dies bleibt dem Bewusstsein sehr oft verschlossen.

Das Gehirn des Kunden speichert emotionale Erfahrungen, ohne dass er selbst etwas davon mitbekommt

Nun könnte man hoffen, dass das Gehirn zumindest kleine unbewusste und unangenehme Erfahrungen im Geschäftskontakt schnell wieder vergisst. Doch das ist falsch. Besonders wenn es sich um die Speicherung emotionaler Erfahrungen handelt, kann das Gehirn eines Kunden äußerst nachtragend sein, ohne dass es ihm selbst bewusst ist. Insbesondere für den B2B-Bereich, wo viele Beziehungen zu Kunden bestehen, ist diese Erkenntnis von Bedeutung.

Wie das Gehirn arbeitet, zeigt folgender Tatsachenbericht. In neurologischen oder psychiatrischen Kliniken finden sich sehr oft Patienten mit sogenannten Amnesien. Diese Patienten, vor allem die schweren Fälle unter ihnen, können sich an nichts mehr erinnern. Sie wissen nicht, wie sie heißen und warum sie in der Klinik sind. Sie sind völlig unfähig, die Namen z. B. von Ärzten zu lernen und erkennen diese auch auf dem Gang nicht wieder. Einen solchen Patienten zwickte einer der Ärzte bei der Begrüßung mit einer Nadel in die Hand. Des öfteren befragt, ob er diesen Arzt kenne, sagte der Patient jedes Mal „Nein". Aber immer wenn er den Arzt auf dem Gang sah, machte er einen weiten Bogen um ihn. Dieser Versuch zeigt, dass die Speicherung emotionaler Erfahrungen keines Bewusstseins bedarf. Genauso wenig bedarf sie eines Bewusstseins, um, wie in diesem Fall, eine massive Ablehnungsreaktion hervorzurufen.

Man kann davon ausgehen, dass das Gehirn des Kunden ein emotionales Einnahmen- und Ausgabenbuch führt. Einnahmen sind die positiven Erfahrungen, Ausgaben die negativen Erlebnisse. Den wahren Kontostand erfährt das Bewusstsein des Kunden nur selten. Er entscheidet für oder gegen jemanden/etwas und weiß nicht, dass die eigentliche Entschcidung schon längst vorher im unbewussten Teil seines Gehirns gefallen ist.

Die Essentials aus Teil 1:

1. Neben den Vitalbedürfnissen wird das Kauf- und Konsumverhalten im Wesentlichen von den Big 3 Motiv- und Emotionssystemen Balance, Stimulanz, Dominanz und ihren Submodulen im Gehirn gesteuert.

2. Die Limbic® Map zeigt, wie Motiv- und Emotionssysteme und Werte des Kunden aus Sicht der Hirnforschung und Psychologie zusammenhängen. Sie ist ein wichtiges Instrument, um Kunden und Konsumenten besser zu verstehen.

3. Jedes Produkt, aber auch ganze Märkte erhalten ihre Bedeutung und ihren Wert aus den Motiv- und Emotionssystemen, die sie im Gehirn des Kunden aktivieren.

4. Jedes Motiv- und Emotionssystem hat eine positive Seite (Lust) und eine negative Seite (Unlust). Der Wert eines Produktes oder einer Dienstleistung ergibt sich daraus, wie viele Motiv- und Emotionssysteme und wie stark diese davon aktiviert werden.

5. Emotion ist nicht das Gegenteil von Ratio. Für das Gehirn haben nur solche Produkte und Dienstleistungen eine Bedeutung, die Emotionen ansprechen. Die Rationalität des Gehirns besteht darin, möglichst viel positive Emotionen mit möglichst geringem Aufwand zu erhalten.

6. Die meisten Kaufentscheidungen fallen im Gehirn unbewusst. Besonders wichtig im Gehirn ist das sogenannte limbische System, das für die emotionale Bewertung von Produkten zuständig ist.

7. Viele Botschaften und Kaufsignale werden vom Gehirn verarbeitet, ohne dass der Kunde und Konsument es in seinem Bewusstsein registriert.

Teil 2:
Worin sich Kunden beim Kaufen unterscheiden

Schon ein kurzer Blick auf die Straße zeigt, dass Menschen höchst unterschiedlich sind. Sie unterscheiden sich im Alter und im Geschlecht, sie unterscheiden sich aber auch darin, wie sie angezogen sind, was sie essen und wohin sie in Urlaub fahren. Sind diese Unterschiede zufällig? Oder gibt es möglicherweise Gesetzmäßigkeiten im Gehirn der Kunden, die erhebliche Auswirkungen auf ihre Art zu denken, zu fühlen und zu kaufen haben? Diese Unterschiede gibt es und sie sind erheblich. Hier spielen die Nervenbotenstoffe und Hormone im Gehirn eine entscheidende Rolle. Kennt man deren Wirkgesetze im Gehirn, entdeckt man plötzlich Zusammenhänge und Ansatzpunkte für den Verkauf, die man in dieser Klarheit vorher so noch nie gesehen hat. Kapitel 5, 6 und 7 zeigen, warum es höchste Zeit für ein neurobiologisch fundiertes Zielgruppenmarketing ist und was man tun kann und muss, um diesen unterschiedlichen Zielgruppen gerecht zu werden. Wir werden im nächsten Kapitel von folgenden Fragen geleitet:

- Warum gibt es verschiedene Käufertypen und welche Produkte und Angebote ziehen sie vor?

- Was geht im Kopf von Frauen und Männern wirklich vor und welche enormen Auswirkungen haben diese Unterschiede auf das Kaufverhalten?

- Warum verändert sich das Konsum- und Kaufverhalten mit dem Alter dramatisch und wie gewinnt man die unterschiedlichen Altersgruppen für Produkte und Dienstleistungen?

Kapitel 5:
Gehirn-Typen: Wie man mitten ins Herz seiner Kunden trifft

Was Sie in diesem Kapitel erwartet:

Kunden unterscheiden sich in ihren Wünschen und Präferenzen. Diese Unterschiede werden überwiegend durch den individuellen Mix der Motiv- und Emotionssysteme in ihrem Gehirn verursacht. Kunden lassen sich in Prototypen klassifizieren, die sich aus den Erkenntnissen der Hirnforschung ableiten lassen. Wer seine Produkte, seine Marken und seine Argumentation auf diese Typen ausrichtet, trifft deren Herz (limbisches System).

Wir wissen, welche Kaufmotive es gibt und wie Kaufentscheidungen im Kopf ablaufen. Aber laufen sie bei allen Kunden gleich ab? Gehen wir also der Frage nach, ob, wie und warum sich Konsumenten in ihren Präferenzen unterscheiden.

Zunächst zu der Frage, ob sie sich unterscheiden. Hier reicht ein kurzer Blick in die Praxis und wir können mit einem eindeutigen Ja antworten. Der zweite Teil der Frage, wie und warum sie sich unterscheiden, ist nicht ganz so einfach zu beantworten. Dahinter verbirgt sich nämlich die nächste Frage: Gibt es überhaupt so etwas wie Zielgruppen, also Konsumenten- und Kundengruppen, die dauerhaft stabilere Konsummuster zeigen? Oder hängt das, was der Kunde wünscht und vorzieht, letztlich nur von seiner momentanen Stimmung, Situation oder Verfassung ab? Eine Reihe von „Experten" zieht mit Aussagen übers Land, die in etwa lauten: „Zielgruppenmarketing ist angesichts des multioptionalen und hybriden Kunden out. Die Konsummuster sind bei Konsumenten weitgehend identisch. Sie unterscheiden sich letztlich nur noch in ihren momentanen Bedürfnissen und Stimmungen."

Hätten diese Experten Recht, gäbe es keinen Unterschied zwischen Klosterfrau-Melissengeist-Konsumenten und Red-Bull-Konsumenten. Tatsache aber ist: Man trifft relativ viele ältere Frauen, die Klosterfrau Melissengeist trinken oder auf ein Stück Zucker träufeln, aber relativ wenig junge Männer mit dieser Vorliebe. Gleichzeitig gibt es viele junge Männer, deren Lieblingsgetränk Red Bull ist, aber nur wenige alte Frauen, die sich mit Red Bull einen Koffein-Kick geben. Offensichtlich gibt es also stabile Konsummuster. Nun zur Stimmung – auch sie hat selbstverständlich einen starken Einfluss auf das Kaufverhalten. Hierzu ein Beispiel: Raucher ziehen sich quer durch alle Bevölkerungs- und Altersschichten. Viele von ihnen zünden sich nun besonders häufig in Gesellschaft oder nach einer Stresssituation eine Zigarette an. Der Wunsch nach einer Zigarette kommt hier mit einer bestimmten Situation oder einer empfundenen Stimmung auf, nämlich einem Stressgefühl. Konsum-Auslöser war also hier die Stimmung. Gleiches geschieht, wenn die Nachmittagsmüdigkeit kommt und Menschen dann gerne einen Kaffee zur Belebung trinken. Ganz anders dagegen ist die Kaffee-Stimmung am Sonntagnachmittag mit Kuchen. Hier geht es eher um Genuss und weniger um Belebung. Die Kaffee-Limbic® Map im dritten Kapitel, in der wir die verschiedenen Motive, die zum Kaffeegenuss führen, kennengelernt haben, lässt sich wunderbar nutzen, um die verschiedenen Stimmungen und Situationen, die zum Kaffeegenuss führen, besser zu verstehen.

In der wissenschaftlichen Psychologie hat die gerade diskutierte Unterscheidung längst eine Antwort gefunden: Man unterscheidet zwischen festen Persönlichkeitsmerkmalen, die zeitlich relativ stabil bleiben, (engl: trait) von momentanen und wechselnden Gefühlsstimmungen (engl: state). In diesem Kapitel interessieren uns aber weniger die Stimmungen – wir wollen wissen, ob es Zielgruppen gibt und was die Hirnforschung zu dieser Frage beitragen kann.

Konsumenten sind sehr verschieden

Wir alle wissen, dass es sehr verschiedene Typen von Menschen und unterschiedliche Temperamente gibt. Vielleicht haben Sie einen Kollegen, der sehr ehrgeizig und manchmal sogar egoistisch ist. Ein anderer mag ein eher lockerer Typ sein, der vor allem an einer guten Beziehung zu seinen Kollegen interessiert ist. Bei beiden Kollegen gibt es gelegentliche Stimmungsschwankungen, aber der Grundtyp der Persönlichkeit ist relativ stabil. Genau darum geht es. Offensichtlich gibt es Persönlichkeitseigenschaften, die über die Zeit relativ konstant sind. Wie kommt das? Dazu müssen wir uns klar machen, was die Grundsäulen des Temperaments und der Persönlichkeit des Menschen sind. Die Antwort ist relativ einfach: Die Grundsäulen unserer Persönlichkeit sind die Emotionssysteme, die wir bereits kennengelernt haben. Also Dominanz, Stimulanz und Balance mit ihren Submodulen. Bei allen Menschen sind alle diese Emotionssysteme vorhanden. Aber sie sind individuell unterschiedlich stark ausgeprägt. Das tragende Fundament unserer Persönlichkeit ist also nichts anderes als ein individueller Mix der bereits bekannten Emotionssysteme. Diese Meinung setzt sich auch in der wissenschaftlichen Psychologie verstärkt durch. Man erkennt, dass nur solche Persönlichkeitsdimensionen relevant sein können, die auch eine biologische und neurobiologische Fundierung haben.[5.1, 5.5]

Die sogenannte Verhaltensgenetik geht nun davon aus, dass ca. 50 % der Persönlichkeit angeboren sind, die verbleibenden 50 % durch Erziehung, Lebenserfahrungen und Kultur geprägt werden.[5.2; 5.3; 5.4, 5.5; 5.6] Die entscheidenden Jahre einer möglichen Veränderung sind dabei die ersten Lebensjahre und die Jugend. Im reifen Erwachsenenalter sind grundlegende Veränderungen der Persönlichkeit kaum noch möglich. Und noch etwas gilt es zu beachten: Die möglichen Veränderungen durch Erziehung, Lebenserfahrungen und Kultur vollziehen sich innerhalb des Motiv- und Emotionsprogramms. Das eine Motiv- und Emotionssystem wird verstärkt, das andere abgeschwächt. Etwas Neues oder Anderes entsteht nicht. Da die größten Persönlichkeitsveränderungen im Kindes- und Jugendalter stattfinden, können wir davon ausgehen, dass Erwachsene, wenn sich nicht größere Schicksalsschläge ereignen, eine relativ gefestigte und stabile Persönlichkeitsstruktur haben. Damit wird es auch möglich, Zielgruppen zu definieren, die sich in ihrer Persönlichkeit und ihrem Motiv- und Emotionsmix ähnlich sind.

Die meisten Kunden haben klare Motiv- und Emotionsschwerpunkte

Wenn, vereinfacht ausgedrückt, die Persönlichkeit des Konsumenten und Kunden aus einem Mix unterschiedlicher Stärken der Big 3 und ihrer Submodule besteht, kann man die emotionale Persönlichkeitsstruktur eines Menschen wie in Abbildung 5.1 beispielhaft gezeigt darstellen.

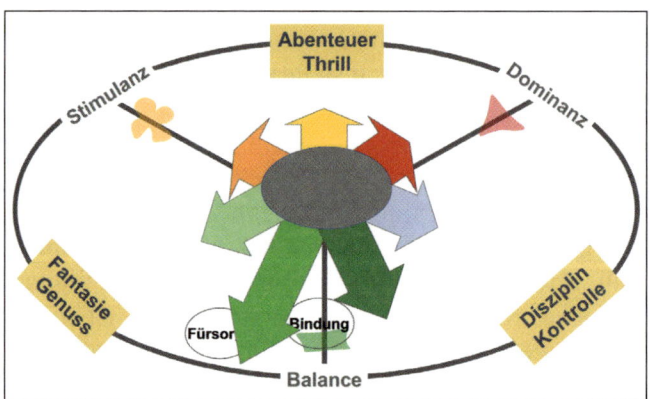

**Abbildung 5.1:
Die emotionale Struktur der Persönlichkeit**

Die Emotionssysteme und ihr Mix bestimmen die Struktur der menschlichen Persönlichkeit

Wir sehen, dass bei diesem Konsumenten das Balance-System und Bindung/Fürsorge sehr stark, die Dominanz- und Stimulanzkräfte eher schwach ausgeprägt sind – es handelt sich also um einen vorsichtigen und eher konservativen Konsumenten. Alleine durch die möglichen Variationen in der Ausprägung der Big 3 ergeben sich rein rechnerisch eine Vielzahl von unterschiedlichsten Kundentypen. Bei dem einen Konsumenten ist beispielsweise das Stimulanz-System sehr schwach, das Dominanz-System etwas stärker und das Balance-System sehr stark ausgeprägt. Ein anderer zeichnet sich durch ein extrem stark ausgeprägtes Stimulanz-System aus, während Dominanz und Balance im mittleren Bereich liegen. Man erkennt schnell, dass sehr viele Persönlichkeitstypen möglich sind. Würde man zusätzlich noch die Motiv-Submodule in die Betrachtung aufnehmen, wäre die mögliche Anzahl der Typen noch höher. Diese zusätzliche Komplexität würde einen Persönlichkeitsforscher an der Universität vermutlich begeistern, sie ist jedoch für einen Marketingpraktiker frustrierend und wenig hilfreich. Offenbar ist aber die Natur eher auf der Seite der Marketingpraktiker. Die meisten Konsumenten haben ganz deutliche Schwerpunkte in ihren Emotions- und Motivsystemen und lassen sich auf diese Weise praxisnah typisieren. In unserem obigen Beispiel, wird die Persönlichkeit dieses Konsumenten insbesondere von seinem starken Balance-System beherrscht.

Aber: Jede Art der Typisierung und Abstrahierung ist natürlich immer mit einem gewissen Informationsverlust verbunden. Dieses Manko muss man in Kauf nehmen. Eine Landkarte beispielsweise stellt auch eine Typisierung und Abstrahierung der realen Welt dar. Der Schmetterling auf der Wiesenblume wird von ihr genauso wenig gezeigt wie das Waldkäuzchen, das gerade seine Eier ausbrütet. Trotzdem hat eine Landkarte einen hohen Nutzen, weil sie dazu beiträgt, sich schnell zu orientieren und den richtigen Weg finden zu können. Genau dies ist die Aufgabe der Typisierung. Typen sollen helfen, Vertriebs- und Marketingentscheidungen zu vereinfachen und auf eine wissenschaftlich fundierte Grundlage zu stellen.

Der Limbic® Types-Scan

Auf Basis von Limbic® und der umfangreichen Forschung, die hinter diesem Ansatz steht, haben wir in der Gruppe Nymphenburg einen sehr effizienten und aussagefähigen Konsumenten-Persönlichkeitstest, den Limbic Types®-Scan, entwickelt. Mit diesem Verfahren, dass sehr schnell und gezielt die Emotionssysteme des Konsumenten aktiviert und misst, ist es uns möglich, sowohl das Hauptemotionsfeld des jeweiligen Konsumenten zu erkennen, gleichzeitig messen wir aber auch das ganze emotionale Persönlichkeits-Profil für komplexere Auswertungen. Diesen Test, den es in verschiedenen Längen gibt, integrieren wir in unsere vielzähligen eigenen Marktforschungsuntersuchungen, aber auch in große und repräsentative Konsumforschungen wie die Typologie der Wünsche Intermedia (TDWI) des Burda-Verlags oder das Haushalts- und Individual-Panel der GFK. Auf diese Weise können wir das detaillierte Konsum- und Medienverhalten von über

60.000 Konsumenten aus Sicht der Hirnforschung und Limbic® studieren und völlig neue Zusammenhänge aufzeigen.

Nun zu unseren Limbic® Types. Entlang der Limbic® Map haben wir die Konsumenten in 7 Types entsprechend ihren Emotionsschwerpunkten eingeordnet. Diese sind

- der/die Traditionalist(in)

- der/die Harmoniser(in)

- der/die Genießer(in)

- der/die Hedonist(in)

- der/die Abenteurer(in)

- der/die Performer(in)

- der/die Disziplinerte (in)

Im Vergleich zur vorhergehenden Auflage dieses Buches, in dem noch 6 Types aufgeführt wurden, kam ein weiterer Typ dazu. Der Grund: Wir haben die Konsumenten mit starker Balance-Ausprägung, früher „Bewahrer" genannt, in zwei Gruppen geteilt, nämlich „Harmoniser" und „Traditionalisten". Durch diese Trennung und die gleichzeitige Verbesserung des Messverfahrens verbunden mit einer erheblichen Verbreiterung der Befragungsbasis, veränderten sich die Gewichtungen im Vergleich zur vorhergehenden Auflage etwas. In Abbildung 5.2 sehen Sie, wie sich diese Typen repräsentativ in Deutschland verteilen.

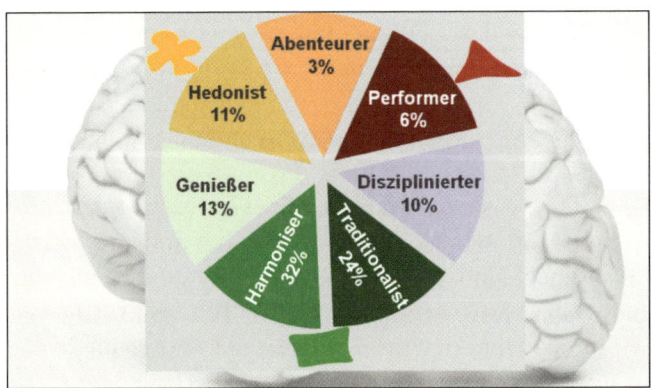

**Abbildung 5.2:
Die Limbic® Types und ihre Verteilung in Deutschland**

(Quelle: Limbic® in TDWI 2006/2007)

Die Motiv- und Emotionssysteme bestimmen die Wahrnehmung des Kunden

Es ist eine wichtige Erkenntnis in der Philosophie, dass unsere Wahrnehmung und Weltsicht nicht objektiv ist. Wir betrachten und bewerten die Welt immer durch die Brille eigener Erfahrungen, kultureller und geschichtlicher Muster. Diese Brille und ihr Einfluss auf unsere Wahrnehmung sind uns selbst unbewusst. Ein alter Römer beispielsweise, der im Kolosseum vergnügt dem tödlichen Kampf von Gladiatoren zugesehen hat, hätte die Frage nach den Menschenrechten völlig anders beantwortet als ein Westeuropäer, der mit den Werten „Gleichheit, Freiheit, Brüderlichkeit" aufgewachsen ist. Beide wären aber vermutlich der Überzeugung, dass ihre Meinung objektiv richtig ist. Doch diese geschichtlich-kulturelle Brille ist nicht das Einzige, was unsere Wahrnehmung von der Welt beeinflusst.

Wesentlich stärker und genauso unbewusst wird die Weltwahrnehmung und Weltdeutung des Kunden von seinen Emotions- und Motivationssystemen bestimmt. Angenommen ein Traditionalist (höhere Ausprägung des Balance-Systems), ein Performer (höhere Ausprägung des Dominanz-Systems) und ein Hedonist (höhere Ausprägung des Stimulanz-Systems) stehen im Schauraum desselben Autohändlers vor demselben Auto mit dem Wunsch, sich ein solches zu kaufen. Beginnen wir beim Traditionalisten. Wie betrachtet er das Auto? In seinem Bewusstsein tauchen sofort folgende Fragen auf: „Hat das Auto ABS?", „Wie viele Airbags hat der Wagen?", „Wie hat das Auto im Euro-Crashtest abgeschnitten?", „Welchen Platz nimmt dieses Auto in der Pannenstatistik des ADAC ein?". Gelingt es nun dem Autohändler, auf diese Fragen überzeugend zu antworten, so ist der Traditionalist bereit, sein Geld für dieses Auto auszugeben. Da die wenigsten Menschen wissen, was sie für ein Typ sind, bleibt dem Traditionalisten verborgen, warum er genau diese Fragen gestellt hat und was da tatsächlich in seinem Gehirn abgelaufen ist.

Nun versetzen wir uns in den Performer, der von einem hohen Macht- und Statusstreben beherrscht wird. Wie betrachtet er das Auto? Er schaut zuerst auf die breiten Reifen und auf die Alufelgen. Er hört sich erfreut den Auspuff an. Und schließlich fragt er, wie viel PS der Motor hat und wie schnell das Auto von null auf hundert Stundenkilometer beschleunigt. Auch ihm bleiben die tatsächlichen Ursachen seiner Produktbeurteilung verborgen. Und während sich die Fantasie des Harmonisers ausmalt, wie er und seine Familie in diesem Auto sicher unterwegs sind, wird das Bewusstsein des Performers vom Gedanken beherrscht, welchen Eindruck er mit diesem Auto bei seinen Kollegen oder beim anderen Geschlecht machen könnte.

Diese „Emo-Brille" wird auch durch viele psychologische Untersuchungen bestätigt. Stellt man ängstlich-depressiven Versuchspersonen (extrem starkes Balance-System) die Aufgabe, in kurzer Zeit möglichst viele Wörter zu bilden und auszusprechen, dann finden sich weit mehr Wörter mit Angst- und Furcht-Inhalten als bei normalen Versuchspersonen.[2.13] Ein anderer bewährter Versuchsaufbau ist das sogenannte „dichotische Hören". Hier werden über Kopfhörer auf jedem Ohr zeitgleich unterschiedliche Informationen eingespielt. Die Versuchsperson wird zum Beispiel aufgefordert, sich auf ein Musikstück zu konzentrieren, das auf dem einen Ohr zu hören ist, während auf dem anderen Ohr eine Liste unterschiedlichster Wörter vorgelesen wird. Nach dem Versuch wird die Person befragt, an welche Wörter sie sich erinnern kann. Auch hier das gleiche Ergebnis: Ängstliche Versuchspersonen erinnern sich vor allem an Wörter mit negativem bzw. ängstlichen Inhalten, während sich optimistische Versuchspersonen (eher Stimulanz) fast nur an die emotional positiven Wörter derselben Liste erinnern.(2.13) Nun aber zu den einzelnen Kundentypen und ihrem Einkaufs- und Konsumverhalten. (Da wir auch die beteiligten Nervenbotenstoffe betrachten, sei an dieser Stelle an die Infobox 5 im Anhang erinnert.)

Der/die Traditionalist(in)

Den/die Traditionalist(in) haben wir ja schon in Ansätzen kennengelernt. Jetzt wollen wir uns etwas näher mit ihm/ihr beschäftigen. (Aus Gründen der Lesbarkeit bleibe ich im Folgenden bei der männlichen Form, die weibliche wird damit automatisch eingeschlossen.) Lassen Sie uns zunächst einen Blick in das Gehirn des Traditionalisten werfen. In der Regel ist die Konzentration der Nervenbotenstoffe Noradrenalin und des Stresshormons Cortisol etwas erhöht, GABA dagegen gesenkt. Gleichzeitig ist bei ihm die rechte, pessimistische Gehirnhälfte etwas aktiver. Wie macht sich dies bemerkbar? Der Traditionalist prüft alles sehr genau und beschäftigt sich sehr lange mit Details. Das liegt auch am Noradrenalin im Gehirn. Es führt in den Nervenzell-Netzwerken im Großhirn zu einer starken Signalfokussierung und blendet Randinformationen aus. Aufgrund der Vormacht des Balance-Systems ist er eher etwas ängstlich, vorsichtig und Neuem gegenüber nicht sehr aufgeschlossen. Wie wir bereits gesehen haben, sind für ihn bei seinen Kaufentscheidungen Aspekte, die Sicherheit, Vertrauen und Qualität vermitteln, von sehr großer Bedeutung. Auch seine Konsum- und Einkaufsgewohnheiten sind vergleichsweise starr. Er ist der prototypische Stammkunde, der einem Geschäft oder einem Unternehmen lange treu bleibt. Er richtet sich sehr stark nach dem Massengeschmack und dem breiten Common Sense. „Nicht auffallen" ist seine Devise. Marken haben für ihn in erster Linie eine Sicherheits- und Vertrauensfunktion. Sein Preisverhalten ist durch eine Grundsparsamkeit geprägt, weil ja jede größere Ausgabe ein potenzielles Risiko darstellt. Da er oft unsicher ist, braucht er Beratung. Regionale Produkte aus der Heimat finden sich in seinem Warenkorb verstärkt. Häufigere Arztbesuche und höheres Interesse an Gesundheitsfragen gehören dazu.

Der/die Harmoniser(in)

Diesen Typen haben wir neu eingeführt, um die Auswirkung der wichtigen Sozial-Module „Bindung" und „Fürsorge" besser messen zu können und zu verstehen. Dieser Typ ist, wie wir in Kapitel 6 sehen werden, wenn wir Geschlechtsunterschiede zwischen Männern und Frauen im Gehirn betrachten, auch von enormer Bedeutung, wenn es darum geht, weibliche Konsumenten besser zu verstehen. Was hat der Harmoniser mit dem Traditionalisten gemeinsam? Zunächst einmal regiert auch beim Harmoniser das Balance-System mit allen den gerade kennengelernten Auswirkungen im Gehirn. Viele Merkmale des Traditionalisten finden sich deshalb auch beim Harmoniser. Viel wichtiger ist aber die Frage, was den Harmoniser vom Traditionalisten unterscheidet. Es sind, wie angedeutet, die Sozial-Module „Bindung" und „Fürsorge" in seinem Gehirn, die besonders stark ausgeprägt sind. Insbesondere das Sozial-& Kuschelhormon Oxytocin findet sich bei diesem Typen in stärkerer Konzentration. Auch der Harmoniser ist vorsichtig – aber er ist offener für andere. Besonders wichtig: Die Geborgenheit und Harmonie in der Familie. Insbesondere Produkte, die mit Garten, Heim, Herd und Haustieren zu tun haben, genießen bei ihm – besser bei ihr – besonderes Interesse

Der/die Genießer(in)

Auch hier beginnen wir mit einem kleinen Blick ins Gehirn. Während beim Traditionalisten und Harmoniser die vordere rechte Gehirnhälfte etwas aktiver ist, sind beim Genießer beide Hälften gleich aktiv. Der Nervenbotenstoff des Stimulanz-Systems, das Dopamin, findet sich verstärkt in der linken Gehirnhälfte, während das Balance-System und seine Botenstoffe etwas stärker rechts aktiv sind. Während beim Traditionalisten eine oft misstrauisch-pessimistische Grundeinstellung vorherrscht, zeichnet sich der Genießer durch eine offene und bejahende Lebensführung aus. Er liebt Produkte, die einen hohen Genusswert versprechen, die Fantasie anregen und zum Träumen verführen. Zwar achtet auch er auf Qualität und auf natürliche Rohstoffe, aber der Genussaspekt darf nicht zu kurz kommen. Verwöhnen und verwöhnen lassen ist sein Motto. Er liebt das Shoppen und gönnt sich zwischendurch eine Pause, um einen Espresso zu genießen. Marken mit Erlebnischarakter sind seine Welt. Der Genießer ist kontaktfreudig und besucht deshalb gerne kulturelle Ereignisse und Events, bei denen man neue Menschen kennenlernt. Auch das Erlebnis mit der Familie ist wichtig. Der Preis steht nicht im Vordergrund – trotzdem rechnet er, weil er für möglichst wenig Geld viel Genuss haben will. Aufgrund seines Balance-Anteils ist für ihn die Herkunft von Produkten von größerer Bedeutung. Sein Gesundheitsverhalten ist optimistisch, Wellnessprodukte und Dienstleistungen mit sensualem Wohlfühlcharakter sind für ihn kennzeichnend.

Der/die Hedonist(in)

Seinen Namen erhielt dieser Typ vom griechischen „Hïdonï = Freude, Vergnügen, Lust. In seinem Gehirn regiert das Stimulanz-System und damit das Dopamin. Damit ergibt sich auch eine Bevorzugung der linken Gehirnhälfte, die, wie wir ja wissen, weniger gern nachdenkt, sondern gelernte Regeln anwendet oder neu verknüpfen will. Der Hedonist ist immer auf der Suche nach Neuem, immer auf der Suche nach der nächsten Belohnung. Dieser Typ ist übrigens auch weit überproportional auf den Suchtstationen von Krankenhäusern zu finden. Das Laute, das Schrille, das Extravagante und das Individualistische sind für ihn wichtig. Die Qualität und Herkunft eines Produktes spielt eine geringere Rolle, Hauptsache das Ganze ist neu und anders. Der Hedonist ist der typische „Early Adopter", der sich als Erster mit neuen Trends und neuen Produkten beschäftigt. Seine Vorliebe für Mode ist deshalb besonders groß, auch im Lebensmittelbereich ist er der Erste, der sich für neue exotische Genüsse oder neue Produktvarianten begeistern lässt. Er ist der klassische Impulskäufer, der viel und gern einkauft, selbst wenn er das Produkt nicht unbedingt braucht. Seine Einkaufsstätten-Treue ist sehr gering, sein Beratungsbedarf ebenso, weil er durch seine extrem optimistische Grundstimmung das Risiko verdrängt. Er ist überall dort zu finden, wo es etwas Neues oder Außergewöhnliches gibt. Gesundheitsfragen spielen eine geringere Rolle, der eigene Körper wird zur Erlebnis- und Gestaltungszone, mit dem man sich darstellen kann. Aus diesem Grund sind Mode und Kosmetikprodukte von besonderem Interesse.

Der/die Abenteurer(in)

Auch in seinem Gehirn ist Dopamin reichlich vorhanden, dazu kommt aber noch ein gehöriger Schuss des männlichen Sexual- und Dominanzhormons Testosteron. Bei ihm ist die linke Gehirnhälfte besonders aktiv. Während es dem Hedonisten um den Genuss an sich geht, kommt beim Abenteurer eine kämpferische Komponente hinzu. Sich durchsetzen, sich selbst beweisen und trotzdem etwas dabei erleben – das ist seine Welt. Schneller, besser und stärker: bei seinen Kaufentscheidungen spielt die Produktqualität eine geringere Rolle; im Vordergrund stehen die sichtbare Mehrleistung und

Spaß. Seine Einkaufsstätten-Treue ist gleich null, genauso sein persönlicher Beratungsbedarf. Was er wissen muss, hat er längst im Internet recherchiert. Gesundheitsfragen interessieren nicht – das Gegenteil ist der Fall. Weil keinerlei Risikobewusstsein besteht, wird auch der Körper oft an die Grenzen seiner Leistungsfähigkeit geführt. Sportarten mit Thrill wie Mountainbiken, Snowboard fahren und Freeclimbing sind seine Welt. Da zum Abenteurer immer auch Rebellion gehört, bricht er aus Konventionen aus – sie sind ihm gleichgültig. Produkte, die er kauft, müssen befreien oder die Leistung steigern. Red Bull, aber auch alkoholische Getränke spielen eine große Rolle. Laute Rabattaktionen und heruntergesetzte Preise liebt er.

Der/die Performer(in)

Das Sexual- und Dominanzhormon Testosteron führt im Gehirn die Regie. Damit verbunden ist eine stärkere Präsenz der linken Gehirnhälfte. Allerdings fehlt die fröhliche Dopamin-Komponente. Testosteron hat die Eigenschaft, den Performer nach vorne zu treiben und seinen Ehrgeiz zu aktivieren. Während Dopamin für eine leichte Ablenkbarkeit sorgt, bewirkt Testosteron das Gegenteil: Es setzt Scheuklappen auf. Ein ins Auge gefasstes Ziel wird eisern verfolgt – die in der linken Gehirnhälfte gespeicherten Regeln werden, solange es nur geht, angewendet. Für den Performer sind Einkaufsorte und Produkte von großer Relevanz, die für Cleverness stehen oder hohen Status versprechen. Der Performer will zeigen, dass er der Beste und der Größte ist. Ein teurer Wein fasziniert ihn weniger wegen des Geschmacks, sondern wegen der Kennerschaft, die man abends in der Runde von Kollegen oder Freunden demonstrieren kann. Es werden Produkte gekauft, die überlegene Leistung, technische Perfektion und/oder Status versprechen. Teure Luxusuhren sind dafür ein Beispiel. Der Modestil ist klassisch und funktional. Um sich gegenüber anderen abzuheben, werden exklusive Restaurants und Geschäfte aufgesucht. Weil er besonders clever sein will, verachtet er Discounter aber nicht. Ein Blick in den Einkaufskorb zeigt allerdings, dass hier bevorzugt solche Artikel eingekauft werden (Salz, Mehl, Milch, Spülmittel, Putzmittel usw.), die unbemerkt verwendet werden können. Artikel dagegen, die andere zu sehen bekommen, wie z. B. Kleidungsstücke, werden dort nicht gekauft. Genauso ist sein Preisverhalten: Er versucht, wo es geht, den Preis zu drücken, um sein Ego durchzusetzen. Allerdings: Wenn der Status und Prestigegewinn eines Produktes groß sind, spielt der Preis eine geringere Rolle.

Der/die Disziplinierte

Bei diesem Typ dominiert die rechte, eher pessimistische Gehirnhälfte. Diese Gehirnhälfte ist stärker involviert, wenn Unsicherheit auftritt und die

Welt in Ordnung gebracht werden muss. Trotzdem ist auch die linke Gehirnhälfte mit im Spiel, allerdings nur mit Testosteron und seinem Macht- bzw. Kontrollaspekt. Dopamin dagegen ist kaum vorhanden. Das macht schon ein Blick auf die Anordnung der Limbic Types® deutlich – der Disziplinierte liegt dem Hedonisten, dem Dopamin-Typ, diametral gegenüber. Während der Hedonist optimistisch Genuss und Abwechselung sucht, begegnet der Disziplinierte der Welt eher pessimistisch und misstrauisch. Er sucht keine Abwechslung und deshalb spielt auch Genuss nur eine geringe Rolle. Der Disziplinierte kauft nur das, was er wirklich braucht: keinen Schnickschnack, auf die reine Funktion Reduziertes. Weil die Welt sicher und beherrschbar sein sollte und er unliebsame Überraschungen hasst, sind Qualitäts- und Garantieaspekte von größerer Bedeutung. Der Disziplinierte ist ein Rechner: Er vergleicht Preise und braucht sehr lange, bis eine Kaufentscheidung fällt. Was die Welt berechenbarer macht, ist ihm willkommen. Beispiel: Stiftung-Warentest-Ergebnisse. Dieser objektive Maßstab ist ihm wichtig. Einkaufsstätten mit berechenbarer Qualität, ohne Schnickschnack, zu günstigen Preisen, schätzt er. Auf neueste Mode usw. legt er keinen Wert, die reine Funktion steht im Vordergrund. Der Hedonist oder Genießer sucht viele Einkaufsstätten auf, um zu schauen, was es Neues gibt – der Disziplinierte nicht. Er sucht nur wenige Geschäfte auf und nur solche, die er genau kennt. Auch an Sortimente stellt er, ähnlich wie der Traditionalist andere Kriterien. Während Abenteurer, Hedonist und Genießer breite Sortimente mit vielen Auswahlmöglichkeiten bevorzugen, sucht er das Gegenteil. Überschaubare Sortimente, mit wenigen Varianten – reduzierte Komplexität oder kognitive Entlastung. Alles Überflüssige wird abgelehnt. Sparsamkeit ist seine Grundtugend.

Der/die Gleichgültige

Zur Vervollständigung muss allerdings noch auf einen Sondertyp hingewiesen werden. Es gibt nämlich Menschen, die sich dadurch auszeichnen, dass keiner der Big 3 eine höhere Ausprägung hat: Sie sind nicht ängstlich, nicht neugierig und sie suchen auch keinen Status. Die Psychologie spricht vom „Stabil-Introvertierten", die weniger wohlwollende Umschreibung dagegen lautet „gleichgültig-phlegmatisch". Dieser Typ fällt durch nichts auf. Er kauft die profanen Massenprodukte ohne besonderen Anspruch an Qualität oder Innovation. Und da er mit dieser Persönlichkeitsausprägung beruflich wenig erfolgreich ist, hat er auch wenig finanzielle Mittel für den Konsum zur Verfügung. Nachdem wir nun die Limbic Types® etwas näher kennengelernt haben, schauen wir uns jetzt anhand einiger empirischer Ergebnisse an, was dies für das Marketing bedeutet.

Die Persönlichkeit des Konsumenten bestimmt sein Produktinteresse

In Kapitel 3 haben wir gesehen, dass Produkte per se unterschiedliche Emotionsfelder ansprechen. Ein Snowboard liegt eher im Stimulanz-/Abenteuer-Bereich, ein Auto eher im Dominanz- und ein Gesundheitsprodukt eher im Balance-Bereich. Wenn unsere aufgestellten Behauptungen also stimmen würden, dann müssten diese Produktkategorien auch unterschiedliche Kaufinteressen in den einzelnen Limbic® Types auslösen. Es wäre zu vermuten, dass Sportgeräte stärker bei den Abenteurern, Autos bei den Perfomern und Gesundheitsprodukte bei den eher konservativen Brain-Typs auf Interesse stoßen. Das schauen wir uns jetzt einmal genauer an. Gemeinsam mit dem Burda-Verlag haben wir über 19.000 Konsumenten im Rahmen der Typologie der Wünsche untersucht.

Zunächst noch ein paar Worte zu den Werten in den folgenden Tabellen. Es handelt sich dabei um Indexwerte. Was besagen Indexwerte? In der Tabelle „Hohes Produkt-Interesse und Sportgeräte" sehen wir beispielsweise bei den Harmonisern einen Indexwert von 63 und bei Abenteurern einen Indexwert von 268. Was besagen nun Indexwerte? Sie besagen, dass Harmoniser ein 37 % (63 – 100 = -37 %) geringeres Produktinteresse an Sportgeräten haben als der Durchschnitt der Bevölkerung. Nun zu den Abenteurern: Ihr Interesse ist um 168% höher (268 – 100 = + 168 %) als das der Durchschnittsbevölkerung. Gemessen wird das wie folgt: Auf die Frage „Wie hoch ist ihr Interesse an Sportgeräten" (von 1 = gering bis 6 = hoch) antworten beispielsweise 800 Befragte mit „hoch". Im nächsten Schritt schaut man die Limbic® Types-Verteilung dieser Hochinteressierten an. Man stellt fest, dass nur 23 % der Harmoniser hoch an Sportgeräten interessiert sind – ihr Anteil an der Gesamtbevölkerung liegt aber bei 32 % Diese 23 % sind aber 37 % weniger als vom Durchschnitt her zu erwarten wären.

Interesse am Sport

Beginnen wir beim Produktinteresse für Sportgeräte. Hier liegen die Abenteurer mit einem Indexwert von 268 weit vorn. Wie lässt sich das erklären? Wir haben gesehen, dass beim Abenteurer das Gehirn voller Dopamin und Testosteron ist. Das Dopamin ruft nach neuen, spannenden Erlebnissen – es ist aber auch unser Bewegungshormon. Bei Parkinson-Patienten, die ja erhebliche Bewegungsstörungen haben, fehlt in den Bewegungszentren des Gehirns das Dopamin. Gleichzeitig haben Abenteurer cinen hohen Testosteronwert. Testosteron ist unser Kampfhormon. Und genau das ist ja der Grundgedanke der meisten Sportarten: Man möchte beweisen, wie stark man ist und möchte dabei etwas erleben.

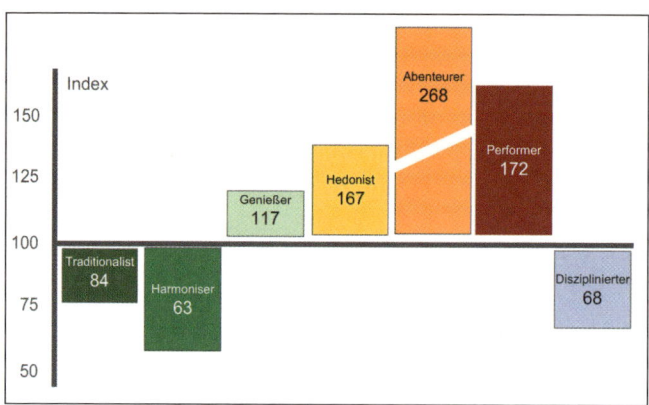

Abbildung 5.3:
Produktinteresse Sport
(Quelle: Limbic® in TDWI
2006/2007)

Hohe Werte erreichen beim Sport aber auch die Performer und die Hedonisten. Performer betrachten Sport als Möglichkeit, ihre Stärke zu beweisen – für die Hedonisten steht dagegen der Spaß sowie der Bewegungs- und Unterhaltungswert von Sport im Vordergrund. Der am wenigsten sportliche Typ ist der Harmoniser. Es ist auch schnell ersichtlich, woran das liegt. Sport hat meist eine kämpferische Komponente – das ist allerdings das Gegenteil von dem was der Harmoniser will . Und vor die Wahl gestellt, sich anzustrengen und zu bewegen oder das gemütliche Sofa zu bewohnen, entscheidet sich der Harmoniser häufiger für das Sofa.

Am Verlauf der Indexzahlen wird ein weiterer Zusammenhang deutlich – bleiben wir dazu bei den Harmonisern. Ihr Interesse ist zwar, wie wir gesehen haben, um 37 % geringer oder wie oben gezeigt: Nur 23 % anstatt 32 % haben ein hohes Produktinteresse an Sportgeräten. Aber: Es gibt auch Harmoniser, die hohes Produktinteresse an Sportgeräten haben, genauso wie es Abenteurer gibt, die kein Interesse an Sportgeräten haben. Mit der Kenntnis der Zusammenhänge im Gehirn der Konsumenten kann man Erfolgswahrscheinlichkeiten erheblich verbessern, weil man das Gros der Konsumenten besser trifft – das Verhalten eines einzelnen Konsumenten kann man dagegen nicht genau voraussagen. Es kann ja durchaus sein, dass man auf einen Harmoniser der 23 % trifft, die hohes Interesse an Sportgeräten haben und trotzdem Harmoniser sind. Diese scheinbaren Widersprüche können vielfältig sein: Der Harmoniser kann in einer sehr sportlichen Familie aufgewachsen sein und Sport gehört deshalb zu seinem Grundprogramm; es kann sich aber auch um einen Messfehler bei der Befragung handeln. Nach diesem kleinen Ausflug in die Tiefen der Statistik kehren wir nun wieder zurück in die Höhen des Konsumenten-Gehirns und betrachten das Produktinteresse für Autos.

Produktinteresse Automobile

Ein Blick auf die Tabelle in Abbildung 5.4 zeigt eine hohe Ähnlichkeit der Autowerte mit denen der Sportgeräte. Offensichtlich sprechen auch Autos das Dominanz-System sehr stark an. Aber doch etwas anders als die Sportgeräte. Zwar kann man mit Autos generell auch Stärke beweisen, gleichzeitig vergrößern sie unser Autonomie – ihnen fehlt aber ein kleiner Schuss Dopamin. Es verwundert deshalb nicht, dass die technik- und leistungsorientierten Performer die Spitzengruppe bilden, während Harmonisern sowohl die technische Kälte wie auch der Status-/Stärke-Anspruch eher fremd sind.

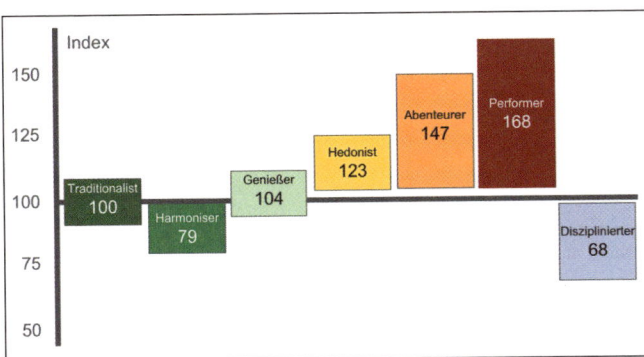

Abbildung 5.4:
Produktinteresse Automobile
(Quelle: Limbic® in TDWI 2006/2007)

Produktinteresse Mode

Mode wird, das wissen wir ja bereits, sehr stark von unserer Sexualität und unserem Wunsch getrieben, aufzufallen. Wie keine andere Produktkategorie eröffnet Mode die Möglichkeit, seinen eigenen individuellen Stil zur Schau zu stellen. Der emotionale Treiber ist neben der Sexualität unser Stimulanz-System. Auch dieser Zusammenhang wird durch die Limbic Types®-Verteilung in Abbildung 5.5 sehr klar bestätigt. Die größten Modefreaks sind die dopamingetriebenen Hedonisten – genauso deutlich: Die größten Modeverweigerer sind asketischen Disziplinierten.

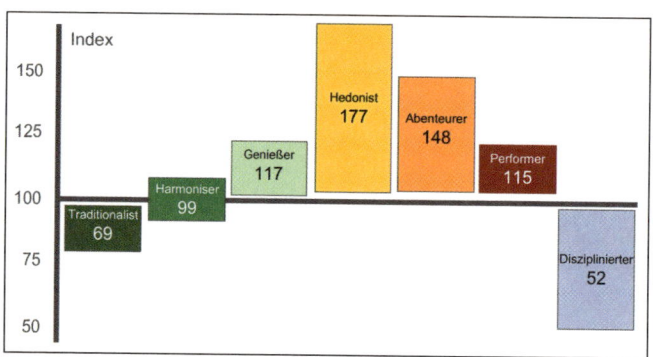

Abbildung 5.5:
Produktinteresse Mode

(Quelle: Limbic® in TDWI 2006/2007)

Produktinteresse Gartenbedarf

Nun werden Sie fragen: Gibt es überhaupt Produktgruppen, bei denen selbst die konsumabstinenten Disziplinierten ihren Geldbeutel öffnen? Ja, die gibt es. Beispielsweise wenn es um Gartenbedarf geht. Aber warum ausgerechnet bei Garten? Hier müssen wir nur kurz überlegen, welchen psychologischen Nutzen ein Garten hat. Schauen wir uns dazu Abbildung 5.6 an. Neben der Gemütlichkeit und der frischen Luft bietet der Garten die Möglichkeit, seine kleine Welt nach seiner Vorstellung zu schaffen und zu kontrollieren. Für die Disziplinierten und Traditionalisten ist das der Himmel auf Erden. Aus diesem Grund geben sie dafür auch Geld aus – allerdings ohne es maßlos zu übertreiben. Dem Harmoniser bietet der Garten dagegen Geborgenheit und Gemütlichkeit – das ist der Grund warum seine Indexwerte überdurchschnittlich hoch sind. Die niederen Indexwerte insbesondere beim Hedonisten überraschen nicht – für ihn ist ein Garten langweilig – er betrachtet einen Garten schon fast als Freiheitsberaubung.

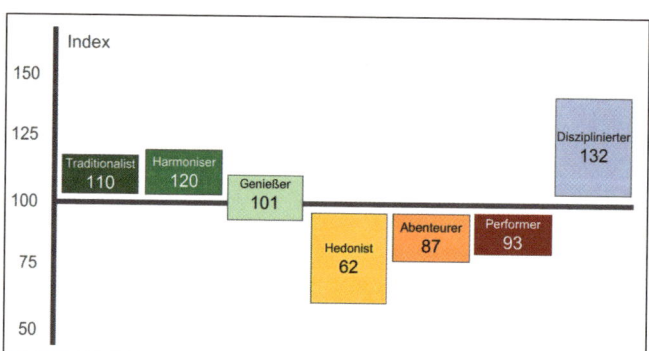

Abbildung 5.6:
Produktinteresse
Gartenbedarf

(Quelle: Limbic® in TDWI 2006/2007)

Gibt es den Qualitätskäufer?

In der Marktforschung wird gerne in Qualitäts- und Preiskäufer unterschieden. Diese Unterscheidung legt nahe, dass es Konsumenten gibt, für die entweder grundsätzlich der Preis oder genauso grundsätzlich die Qualität das entscheidende Kaufkriterium ist. Leider ist das ein Irrtum. Den das Qualitätsbewusstsein eines Konsumenten hängt entscheidend von seinen Produktinteressen und Vorlieben ab. Bei Produktgruppen, die einen Konsumenten nicht sonderlich interessieren, erwartet er auch keine besondere Qualität. Das schauen wir uns in Abbildung. 5.7 und 5.8 genauer an.

Abbildung 5.7 zeigt die Qualitätserwartung bei Unterhaltungselektronik. Diese Produktgruppe, deren Hauptmerkmal ja Technik und Stimulation ist, fasziniert insbesondere Hedonisten (Stimulation), Abenteurer (Stimulation und Technik) und Perfomer (Technik). In dieser Produktgruppe kennen sich diese Types aus. Aus diesem Grund erwarten sie hier auch höchste Qualität.

**Abbildung 5.7:
Qualitätserwartung Unterhaltungselektronik**

(Quelle: Limbic® in TDWI 2006/2007)

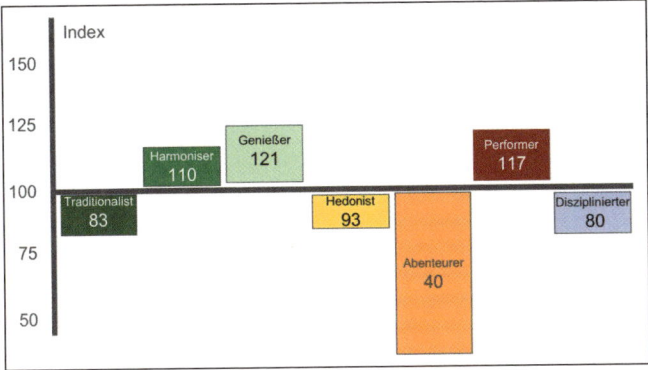

**Abbildung 5.8:
Qualitätserwartung Lebensmittel**

(Quelle: Limbic® in TDWI 2006/2007)

Ein völlig anderes Bild zeigt dagegen die Qualitätserwartung bei Lebensmitteln in Abbildung 5.8. Dem impulsiven Abenteurer ist es fast gleichgültig was er isst – Hauptsache es macht „satt", während die Harmoniser, denen Technik gleichgültig ist, auf qualitativ gutes Essen mehr Wert legen.

Über Luxuskäufer und Asketen

Auf den ersten Blick scheint „Luxus" eng mit Qualität verknüpft zu sein. Und doch ist Luxus etwas anderes. Zwar gehört zu einem Luxusprodukt immer auch Qualität, aber was ein Luxusprodukt zum Luxus macht, ist in der Regel seine Exklusivität und damit die Möglichkeit, mit der Produktverwendung Status zu beweisen. Um sich Luxus leisten zu können, braucht man zunächst Geld. Hier interessiert uns also, ob sich die Limbic Types® auch im Einkommen unterscheiden. Es überrascht uns nicht, dass die Performer die Reichsten und die Harmoniser die Ärmsten sind, zumindest was das erarbeitete Monatseinkommen betrifft – wie Abbildung 5.9 deutlich macht.

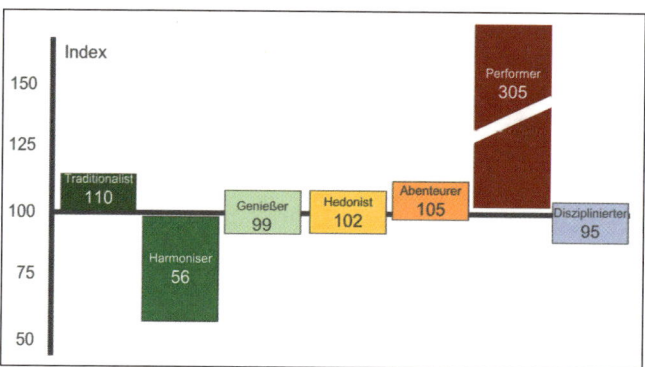

Abbildung 5.9:
Eigenes Einkommen
mehr als € 2.500 p.M.

(Quelle: Limbic® in TDWI 2006/2007)

Der Grund ist klar: Performer sind ehrgeizig, wollen nach oben kommen und Karriere machen, während Harmoniser die Gemütlichkeit vorziehen. Beide können zwar gleich glücklich sein – der Performer, wenn er seinen Status, der Harmoniser, wenn er seine häusliche Geborgenheit genießt – im Einkommen gibt es aber erhebliche Unterschiede. Der Performer hat also deutlich mehr Geld zur Verfügung als alle anderen Limbic Types®. Zwar stellt er nur einen vergleichsweise kleinen Anteil an der Bevölkerung dar, aber durch seine enorme Kaufkraft wird er zu einer hochinteressanten Zielgruppe. Doch Geld zu haben, bedeutet noch lange nicht, es auch für Luxusprodukte auszugeben. Jetzt kommt die Psychologie des Luxus, nämlich der Wunsch nach offensichtlichem und demonstrativem Status ins Spiel. Auch hier jubelt das limbische System des Performers – denn genau das ist es ja, was ihn antreibt – nämlich sein Dominanz-System. Werfen wir also einen Blick auf sein Konsumverhalten. Abbildung 5.10 zeigt die Einstellung zu Luxus.

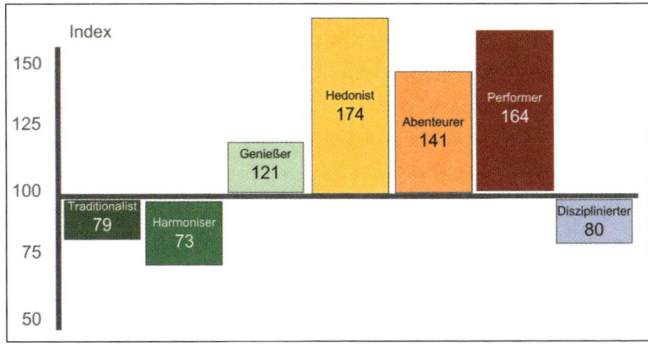

Abbildung 5.10:
„**Luxus macht das**
Leben schöner:
Ich leiste mir gerne
teure Sachen"

(Quelle: Limbic® in TDWI
2006/2007)

Wir sehen deutlich, dass die Performer und die Hedonisten die Luxuskäufer sind. Während für Perfomer der vom Dominanz-System getriebene Statusaspekt im Vordergrund steht, ist es für Hedonisten der vom Stimulanz-System getriebene Individualisierungsaspekt. Im Umkehrschluss ist ein eher asketisches Konsumverhalten mehr bei den Disziplinierten, Traditionalisten und am Rande auch bei den Harmonisern zu finden.

Limbic Types® und Markenpräferenzen

Wenn das Konsumverhalten so stark vom Zusammenspiel der Emotionssysteme im Gehirn abhängt, dann müssten die Limbic Types®, so die Vermutung, doch auch unterschiedliche Markenpräferenzen haben. Genauso ist es – diesen Zusammenhang werden wir in Kapitel 8 näher beleuchten.

Die Frage nach den Typen

Nun könnten Kritiker einwenden, dass die oben aufgezeigte Typisierung willkürlich sei. Damit sind sie im Recht. Wir haben mit den sieben Limbic Types® die gesamte Limbic® Map und damit die sechs Ur-Emotionsfelder abgedeckt. Trotzdem ist die Anzahl sechs nicht von Natur aus vorgegeben. Der Natur ist es nämlich ziemlich gleichgültig, in wie viele Typen wir den Motiv- und Emotionsraum des Menschen zerlegen. Genauso gut wären auch zwei oder vier Typen denkbar, wie Abbildung 5.11 und 5.12 zeigen.

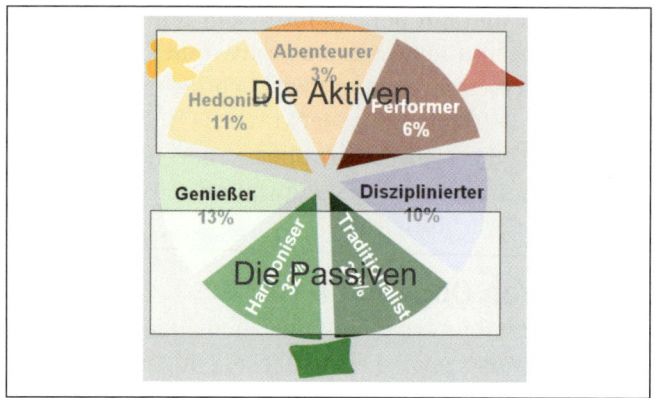

Abbildung 5.11:
Aufteilung des Emotionsraumes in zwei Zielgruppen

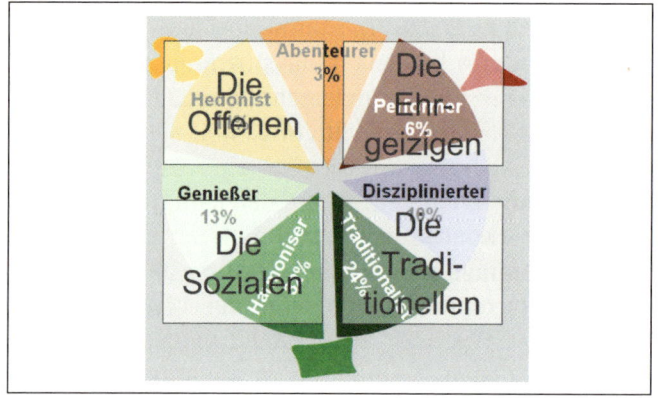

Abbildung 5.12:
Aufteilung des Emotionsraumes in vier Zielgruppen

Beispielsweise wäre es möglich, die Disziplinierten, die Harmoniser und die Traditionalisten zu einer Gruppe der „Konservativen" zu vereinigen. Ebenso könnte man die Genießer, Hedonisten, Abenteurer und Performer zu einer Gruppe der „Modernen" zusammenführen. Aber auch eine Vierteilung (siehe Abbildung 5.12) ist möglich, z. B. in die „Sozialen", „Offenen" „Ehrgeizigen" und „Traditionellen". Doch auch eine Erweiterung auf zwölf Typen wäre denkbar, allerdings fällt dann die Differenzierung immer schwerer.

Viel wichtiger ist ein anderer Aspekt – nämlich das Verständnis für und die Überprüfung von Marktforschungsergebnissen. Denn viele Marktforschungsinstitute haben eine wahre Freude daran, immer wieder neue Zielgruppen zu entdecken und zu formulieren. Diese können sich aus statistischen Verfahren ergeben oder aber auch das Fantasieprodukt besonders kreativer Tiefenpsychologen sein. Wenn man solche Zielgruppen richtig verstehen will, lohnt es sich, die postulierten Zielgruppen und ihre Eigenschaften genauer anzuschauen und auf der Limbic® Map ihre Position zu bestimmen. Auf diese Weise erkennt man, welche Motiv- und Emotionssysteme tatsächlich dahinter stehen. Man sieht, ob wirklich der ganze Emotions- und Motivraum durch die Befragung abgedeckt wurde und schließlich entlarvt man auch Phantasten, die sich Zielgruppen „ausgedacht" haben und mit Zielgruppen wie dem „Wohlstands-Gelangweilten" oder der „technik-affinen Kleinwelt-Aktivistin" verblüffen.

Die Soziodemographie von Dopamin & Co

Neben den oben dargestellten Limbic Types® gibt es auch andere Zielgruppenklassifikationen, beispielsweise nach Lebensphasen: Jugendlicher, allein lebender Erwachsener, junges Paar mit Kindern, älteres Paar mit erwachsenen Kindern. Ebenso gibt es soziodemographische Klassifikationen z. B. nach Einkommen, Berufsbildung usw. In bestimmten Branchen macht es auch Sinn, nach Verwendungsstrukturen zu klassifizieren, wie etwa im Baumarkt-Bereich nach „Hausbauern", „Renovierern" oder „Bastlern".

Alle diese Klassifikationen haben ihre Berechtigung, weil sie zusätzliche Perspektiven und Erkenntnisse beitragen. Trotzdem sind sie meist nicht unabhängig von unserer Zielgruppeneinteilung und den dahinter liegenden Emotions- und Motivsystemen. Konsumenten mit höherer Schulbildung und damit auch höherem Einkommen beispielsweise unterscheiden sich erheblich in der Limbic Types®-Verteilung von denen mit geringerer Bildung und geringerem Einkommen. Je höher der Schulabschluss, desto höher ist der Anteil der Performer, Hedonisten, Abenteurer. Ausbildung bedient bei Performern das Dominanz-System (Wissen = Macht), bei Hedonisten dagegen das Stimulanz-System (Wissen = Neues erfahren).

Nicht ganz so hoch punktet der Abenteurer – durch seine Impulsivität fehlt ihm die Geduld für das mit der Ausbildung verbundene disziplinierte Lernen. Was sind die Ursachen? Wie wir gesehen haben, sind ca. 50 % der Persönlichkeitsmerkmale angeboren: Neugierigere Menschen (Stimulanz) und ehrgeizigere Menschen (Dominanz) lernen lieber und streben stärker nach Karriere. Außerdem zeigt die Sozialforschung, dass Menschen mit höherer Bildung und höherem Einkommen in der Summe in ein etwas gehobeneres Milieu hineingeboren wurden. Kinder von höheren Angestellten, Beamten oder Selbstständigen machen proportional viel häufiger Abitur als Arbeiterkinder. Man weiß nun aus der Erziehungsforschung, dass genau diese Kinder von ihren Eltern stärker durch Anregungen (Stimulanz) und Ermutigung (Balance, Dominanz) gefördert werden. Diese frühen positiven Erziehungseinflüsse verändern das Emotions- und Motivsystem im Gehirn zusätzlich in Richtung Dominanz und Stimulanz. Es gibt aber noch einen dritten wichtigen Einfluss: Auch beruflicher und sozialer Aufstieg macht sich unmittelbar im Gehirn bemerkbar. Viele wissenschaftliche Untersuchungen beweisen, dass mit zunehmendem beruflichen und sozialen Erfolg auch die Dopamin-(Stimulanz)- und die Testosteron-(Dominanz)-Konzentration im Gehirn ansteigen.[1,5] Den negativen Effekt gibt es genauso. In meinem Buch „Limbic Success" habe ich diese Phänomene näher beschrieben und sie als neurobiologische „Siegerspirale" und „Loserfalle" bezeichnet.[B4] Bleiben wir noch kurz bei soziodemographischen Zielgruppenmerkmalen: Hier werden sehr oft auch Alter und Geschlecht subsumiert. Dabei wird meist so getan, als ob diese beiden Dimensionen eine rein statistische Bedeutung hätten. Diese Größen werden dann als Randgrößen betrachtet, die man nebenher mitlaufen lässt. Ein gewaltiger Fehler, wie wir in den nächsten Kapiteln noch sehen werden.

Limbic Types® und ein Blick in die Welt

Im Anschluss an meine Vorträge lautet eine der häufigsten Fragen: „Wir kennen jetzt die Limbic Types®-Verteilung von Deutschland. Wie sieht diese in anderen Ländern aus?". Bleiben wir bei unseren deutschsprachigen Nachbarn, also Österreich und der deutschsprachigen Schweiz. Hier sind die Unterschiede nicht sehr groß, der Anteil der Disziplinierten ist sowohl in Österreich wie in der Schweiz um ca. 3 bis 4 % geringer – dafür sind in Österreich die Genießer und Hedonisten etwas stärker, in der Schweiz die Harmoniser und die Genießer. Auch wenn aus Amerika, Japan und China noch keine repräsentativen Untersuchungen vorliegen, kann man aus kulturvergleichenden Studien folgende Ableitungen treffen: Die Performer und Abenteurer sind in der (weißen) US-amerikanischen Bevölkerung häufiger vertreten (insgesamt ca. plus 10 %) als in der deutschen – überwiegend zu Lasten der „Harmoniser". Die japanische Struktur dürfte der deutschen ziemlich ähnlich sein – die chinesische Struktur dürfte etwas mehr Performer und Traditionalisten (plus 5 %) auf Kosten der Hedonisten und Genießer haben. In dem von mir herausgegeben Buch „Neuromarketing" hat die Asienspezialistin Dr. Hanne Seelmann den Zusammenhang zwischen den Emotionssystemen und den asiatischen Kulturen umfassend dargestellt.[2.20]

Kapitel 6:
Sex on the Brain – warum Frauen anders kaufen als Männer

Was Sie in diesem Kapitel erwartet:

Über biologische Geschlechtsunterschiede zu sprechen und zu forschen galt lange Zeit als „politically incorrect". Zwar gibt es viele Gemeinsamkeiten zwischen den Geschlechtern, trotzdem sind die Unterschiede erheblich. Frauen denken, fühlen und kaufen anders als Männer. Sie verantworten über 70 % des frei verfügbaren Einkommens. Wer Frauen und Männer mit seinen Produkten erreichen will, muss die Unisex-Brille ablegen.

Um sich unvoreingenommen mit diesem Thema zu beschäftigen, muss man zunächst einmal den Mut haben, die Zeitgeist-Brille, besser die Zeitgeist-Scheuklappen, von den Augen zu nehmen. Aufgrund falsch verstandener Emanzipation lautet nämlich der gesellschaftspolitische Imperativ: Weil Frauen die gleichen Chancen haben sollen wie Männer (richtig!), gibt es zwischen Männern und Frauen keine Unterschiede (falsch!). Diese falsch verstandene politische Gleichheitsforderung bestimmte auch über lange Zeit die wissenschaftliche Forschung. Nur solche Forscher wurden unterstützt, deren Ergebnisse die Gleichheit bestätigten bzw. Unterschiede zwischen Männern und Frauen durch geschlechtsspezifische Erziehung erklärten. Forscher dagegen, die wagten biologische Ursachen in die Waagschale zu werfen, wurden im besten Fall nicht beachtet, im schlimmsten Fall als „Biologisten" und „Chauvinisten" beschimpft. Dass dieses Denken noch sehr aktuell ist, zeigt eine Kritik, die eine Leserin unter dem Pseudonym „Marketenderin", auf Amazon über das vorliegende Buch äußerte: *„Insbesondere die biologistische Deutung der Kaufmotive bzw. Motivationssysteme von Frauen und Männern lässt einem allzu oft die Haare zu Berge stehen".*

Aufgrund der überwältigenden Befunde, die insbesondere von der Hirnforschung kommen, akzeptiert man zwar noch zögerlich, aber doch immer mehr, dass Geschlechtsunterschiede im Denken und Verhalten primär eine biologische Ursache haben.[6.2; 6.3; 6.4; 6.12; 6.13] Das soll nicht bedeuten, die Erziehung spiele dabei keine Rolle: Mädchen werden vom ersten Tag an anders erzogen als Jungen.[6.7] Wenn beispielsweise weibliche Babys weinen, wird das von den Eltern als Angst interpretiert, bei männlichen Babys dagegen als Wut.

Im englischen Sprachraum wird zwischen „Sex" und „Gender" unterschieden. Sex bezeichnet das biologische Geschlecht, während Gender eher die psychologisch-soziologische Geschlechterrolle beschreibt.[6.6] Die englische Forscherin Melissa Hines[6.14] unterscheidet noch genauer in:

„Core gender identity": Fühle ich mich als Mann oder Frau?

„Sexual orientation" :   Bevorzuge ich einen männlichen oder weiblichen Sexualpartner?

„Sexual phenotype" :   Habe ich weibliche oder männliche Köpermerkmale?

„Role":   Lebe ich eine maskulinen oder femininen Lebensstil?

Aber selbst diese sehr differenzierte Darstellung ist eigentlich noch nicht vollständig, denn es fehlt noch ein wichtiges Merkmal:

„Sexual Braintype":   Welche geschlechtsspezifischen neuroanatomischen und neurochemischen Strukturen kennzeichnen mein Gehirn?

Insbesondere dieser letzte Aspekt ist für uns von Interesse, weil er die größte Auswirkung auf das Verhalten und damit auch auf das Kaufverhalten hat. Wir werden aber im Laufe des Kapitels erkennen, dass der Unterschied zwischen Frau und Mann nicht ein „Entweder-oder" ist, sondern dass es sich um veränderte Wahrscheinlichkeiten im Denken, Fühlen und Handeln dreht. Beispielsweise gibt es viele Männer, die von der Statur her männlich sind, aber ein eher weiblich-fürsorgliches Verhalten zeigen. Ebenso gibt es Frauen, die in ihrem aggressiven Verhalten und Denken so manchen Mann in den Schatten stellen. Diese Feinheiten interessieren uns hier aber weniger. Zudem ist die künstliche Trennung in Biologie (Sex) und Sozialpsychologie (Gender) falsch, weil Gehirn, Kultur und Erziehung keine getrennten Einheiten sind, sondern in komplexer Weise zusammenwirken – dieses Komplexität wird in der neueren Forschung als "Bio-kultureller Co-Konstruktivismus" beschrieben. Nach diesem kleinen theoretischen Ausflug zurück in die Praxis:

Schon seit vielen Jahren beschäftigen wir uns in der Gruppe Nymphenburg mit diesen Fragen und verknüpfen unsere eigenen empirischen Konsumentenforschungen mit den Ergebnissen der Hirnforschung und Psychologie.

All diese Erkenntnisse zusammengefasst lauten: Wer Männer und Frauen erreichen will, sollte sich schleunigst vom Unisex-Marketing und Unisex-Denken verabschieden und den Tatsachen ins Gesicht, besser ins Gehirn schauen.

Nun zu den Kritikern. Sie werden einwenden, Geschlechtsunterschiede könne man nicht so schwarz-weiß sehen, schließlich würde es auch sehr dominante Frauen und sehr sensible Männer geben. Diese Kritiker haben Recht. Obwohl es, wie wir noch sehen werden, erhebliche Unterschiede zwischen Mann und Frau gibt, existieren auch viele Gemeinsamkeiten. Das sei am bewährten Beispiel Körpergröße demonstriert. Männer sind im Durchschnitt ca. 12 bis 15 cm größer als Frauen. Deshalb ist die generalisierende Aussage: Männer sind größer als Frauen so richtig wie falsch. Wenn ich unausgesprochen damit meine, dass Männer im Durchschnitt größer als Frauen sind, ist die Aussage richtig. Wenn ich allerdings zum Ausdruck bringen möchte, dass Männer prinzipiell größer als Frauen sind, ist sie falsch. Meine weiteren Aussagen meinen deshalb: im Durchschnitt.

Weibliches und männliches Gehirn

Wie wir bereits gesehen haben, basieren die Gefühls- und Denkprozesse im Gehirn des Kunden zum einen auf Gehirnstrukturen (Neuroanatomie) und zum anderen auf einem Mix verschiedenster Nervenbotenstoffe (Neurochemie). Diese beeinflussen die elektrischen und chemischen Prozesse zwischen ganzen Gehirnstrukturen und einzelnen Nervenzellen. In den letzten Jahren hat die Hirnforschung viele Unterschiede in den Gehirnstrukturen zwischen Mann und Frau gefunden, nur einige seien genannt:

- Teile des Balkens, die die beiden Gehirnhälften verbinden, sind bei Frauen dicker als bei Männern.

- Viele Kerne im limbischen System, insbesondere jene, die für Sexualität und Säuglingspflege zuständig sind, sind bei Männern und Frauen unterschiedlich ausgeprägt.

- Bei Männern ist das Dominanz- und Agressionszentrum in Amygdala und Hypothalamus fast doppelt so groß wie bei Frauen.

- Bei Frauen ist der Hirnbereich im limbischen System, der für Fürsorge und Sozialverhalten zuständig ist, fast doppelt so groß wie bei Männern. Das zeigt auch ein Blick in die psychiatrische Statistik: 85 % aller Autisten – also Menschen, die zu anderen keinen Kontakt aufbauen können – sind Männer

- Jene Teile des Gehirns, die für Geruchs- und Geschmackswahrnehmungen zuständig sind, haben bei Frauen eine andere Ausprägung als bei Männern.

- Bei Männern ist die Lateralisierung, also die Spezialisierung der Gehirnhälften, stärker ausgeprägt als bei Frauen.

- Die Struktur des Gehirngewebes ist unterschiedlich. Frauen haben etwas mehr graue Masse (Nervenzellen-Körper) und etwas weniger weiße Masse (Nervenzellen-Verbindungen) als Männer.

- Das weibliche Gehirn ist ca. 100 g leichter als das männliche (Körpergewicht und Körpergröße sind dabei berücksichtigt).

Aber auch die Zusammenarbeit der Gehirnbereiche ist teilweise unterschiedlich. Bei der Lösung von Denkaufgaben kommen Männer und Frauen zum gleichen Ergebnis, schaut man ihnen aber mit dem Hirnscanner beim Denken zu, sind bei Männern und Frauen unterschiedliche Gehirnbereiche bei der Lösungsfindung aktiv.[6.9] Doch diese strukturellen Unterschiede erklären die Geschlechtsunterschiede im Fühlen und Denken nur zum Teil. Von weit größerer Bedeutung sind die Nervenbotenstoffe und Hormone, die auf die Gehirnstrukturen einwirken und diese teilweise dauerhaft verändern. Besonders wichtig sind die sogenannten Androgene, die männlichen Hormone, deren wichtigster Vertreter Testosteron ist, sowie die Östrogene, die weiblichen Hormone mit dem Hauptvertreter Östradiol. Eine weitere wichtige Rolle im Hinblick auf Geschlechtsunterschiede im Gehirn spielen die Nervenbotenstoffe Oxytocin, Prolactin, Vasopressin, Progesteron und PEA (Phenylethylamin). Wissenschaftlich ist die Bezeichnung männliches bzw. weibliches Hormon übrigens inkorrekt. Der Grund: Alle diese neurochemischen Substanzen inklusive Östradiol und Testosteron sind sowohl bei Männern als auch bei Frauen vorhanden, allerdings in teilweise extrem unterschiedlichen Konzentrationen.

Von Kuschelhormonen und Monogamie-Molekülen

Bevor wir uns dem Testosteron zuwenden, das besonders gut untersucht und erforscht ist, werfen wir noch einen kurzen Blick auf die weiteren Hauptdarsteller im männlichen und weiblichen Gehirn:[1.5; 1.6; 1.7; 2.7; 2.18, 6.10]

- Östrogen ist das „weibliche Hormon" schlechthin. Es ist verantwortlich für eine gewisse Toleranz und Weichheit, sowohl körperlich durch Aufbau von Fettpolstern als auch im Fühlen und Handeln. Es verstärkt die weibliche Attraktivität auf Männer. Kurz: Es steht für das „Weibliche" an sich. Östrogen wirkt sich im weiblichen Bewusstsein in einer offenen, positiven Gefühlslage aus, fehlt es, kommt es zu einer verstärkten Reizbarkeit und depressiven Grundstimmung.

- Oxytocin, von Neurobiologen auch als hormoneller Sozialkleber oder Kuschelhormon bezeichnet, spielt eine besondere Rolle in der Sexualität, ist aber auch mit der wichtigste Treiber im Fürsorge-Modul, das wir ja bereits kennen. Oxytocin ist bei Frauen in weit stärkerem Maße vorhanden. Es sorgt beispielsweise für eine Zuwendung zum Säugling (und zu anderen Menschen) und belohnt durch ein angenehmes positives Gefühl. Spritzt man beispielsweise Oxytocin in den Hypothalamus von jungfräulichen Ratten, beginnen sie sofort, die Babys anderer Mütter abzulecken. Wenn Nachwuchs kommt, nimmt beim Mann auch das Oxytocin etwas zu. Er kümmert sich um sein Kind. Oxytocin ist gleichzeitig auch das „Vertrauenshormon" und verstärkt menschliche Bindungen.

- Vasopressin, das „Monogamie-Molekül" oder auch Treue-Hormon, spielt eine stärkere Rolle beim Mann, aber nur solange die Frau mit der Kleinkindaufzucht beschäftigt ist. Vasopressin löst gemeinsam mit Testosteron „Nestverteidigung" aus – ist aber auch bei Eifersucht im Spiel.

- Prolactin ist verstärkt bei Frauen zu finden. Dieser Stoff ist wichtig für die Milchproduktion. Gleichzeitig macht Prolactin ruhiger und sanfter. Wenn Prolactin ansteigt, nimmt der Geschlechtstrieb sowohl beim Mann als auch bei der Frau ab. Insbesondere während der Stillzeit eines Kindes nimmt das Prolactin bei der Frau bis um das Zehnfache zu. So sorgt die Natur dafür, dass das sexuelle Verlangen der Frau in dieser Zeit erheblich abnimmt und sich weiterer Nachwuchs erst dann einstellen kann, wenn das Neugeborene von der Mutter nicht mehr so abhängig ist. Eine ähnliche Wirkung auf die Sexualität wie Prolactin hat Progesteron. Auch Progesteron ist bei Frauen in wesentlich höherer Konzentration zu finden.

- PEA, das Liebesmolekül, sorgt in unserem Bewusstsein für das Gefühl der Verliebtheit. Wenn Sie auf einer Liebeswolke schweben, Herzklopfen haben und euphorisch sind, dann ist meist PEA im Spiel.

Warum Frauen Autos Namen geben

Wir haben gesehen, dass im weiblichen Gehirn die Fürsorge- und Bindungshormone stärker am Werk sind. Aber auch das Östrogen, das für Weichheit und Sanftheit sorgt, ist ein typisch weibliches Hormon. Wie macht sich dies nun im Kaufverhalten bemerkbar? Zunächst einmal dadurch, dass 85 % aller Geschenke von Frauen gekauft werden. Des Weiteren sind es überwiegend Frauen, die Haustiere halten oder Pferdesport treiben. Aufgrund der Bindungs- und Fürsorge-Module sowie der Hormone haben Frauen ein wesentlich stärkeres Interesse am „Nestbau", genauer an den Themen Einrichten und Wohnen. 80 % aller Wohnzeitschriften werden von Frauen gekauft und gelesen. Soziale Themen, wie z. B. das Wohlergehen der Familie, haben einen weit höheren Stellenwert für Frauen als für Männer. Die Versorgung der Familie, der Lebensmittelkauf, wird zu 70 % von Frauen getätigt.

Die Bindungs- und Fürsorgehormone wirken sich nicht nur im Umgang mit Menschen und Tieren aus. Selbst Gebrauchsgegenstände können sich ihrem Einfluss nicht entziehen. Viele junge Frauen geben ihren ersten Autos Namen. Warum? Weil Frauen ein Auto nicht als kaltes, technisches Produkt begreifen, sondern als Partner, auf den sie sich verlassen möchten. Auch im Polit-Marketing und in der Berufswahl machen sich die Fürsorge- und Bindungshormone bemerkbar: Frauen ergreifen ungefähr dreimal häufiger soziale Berufe als Männer. Frauen erwarten, dass sich Politik mit Themen beschäftigt, die mit sozialer Verantwortung verknüpft sind. Pflege und Schutz der Natur sind eher weiblich.[(6.7)]

Doch im männlichen und weiblichen Gehirn gibt es nicht nur Liebes- und Fürsorgehormone. Wir finden auch das männliche Sexual- und Dominanzhormon Testosteron. Diesem Hormon und seinen Auswirkungen auf das Fühlen und Denken wollen wir uns jetzt zuwenden.

Testosteron – das Porsche-Hormon

Es gibt kein Neuro-Hormon, das für so viel Kontroversen zwischen humanistisch orientierter Sozialwissenschaft und eher neurobiologischer Forschung sorgt wie Testosteron. Der Grund ist einfach. Da Erstere vom Bild des freien, guten und vernünftigen Menschen ausgeht, kann sie den starken Einfluss von Hormonen auf unser Verhalten kaum oder nicht akzeptieren. Und wenn ein Hormon wie Testosteron darüber hinaus für das „Böse" im Menschen verantwortlich ist, wächst der Widerstand gegen diese biologische Weltsicht. Verleugnen hilft aber nicht, denn die Zahlen sprechen für sich: 95 % aller Gefängnisinsassen sind Männer, 95 % aller Nobelpreisträger sind Männer, fast alle Kriege auf der Welt werden von Männern begonnen und 90 % der Porschekäufer sind ebenfalls Männer. Der Grund dafür: Testosteron (abgekürzt: T). Uns interessieren an dieser Stelle aber weder die negativen gesellschaftspolitischen Seiten noch die Auswirkung von T auf die Karriere. Wir wollen uns mit T im Hinblick auf Marketing und Verkauf beschäftigen und wie es sich im Fühlen und Entscheiden bemerkbar macht. Durch die intensivere Beschäftigung damit erfahren wir nicht nur mehr über Testosteron, sondern lernen gleichzeitig auch mehr darüber, wie unser Gehirn funktioniert. Dabei ist es allerdings notwendig, sich mit der Gehirn-entwicklung zu beschäftigen.

Wie Östrogen und Testosteron das Gehirn verändern

Wir Menschen beginnen unser Leben als Embryo zunächst geschlechtsneu-tral. Am Ende des ersten Viertels in der Schwangerschaft werden nun bei männlichen Babys die Gene eingeschaltet, die für das männliche Geschlecht zuständig sind. Durch diese Aktivierung werden die männlichen Hoden ge-bildet und diese beginnen sofort mit der Produktion von Testosteron. Dieses Testosteron bleibt aber nicht nur in der unteren Körperhälfte, sondern über-schwemmt das ganze männliche Gehirn.[2.8; 6.2; 6.5] Dadurch wird das Gehirn nachhaltig verändert und umorganisiert. Ein ähnlicher Vorgang ereignet sich bei Mädchen mit Östrogen. Die Östrogenisierung erfolgt etwas später, außerdem sind die biochemischen Vorgänge komplexer. Kleine Bemerkung am Rande: Das Gehirn ist während der Schwangerschaft nur kurze Zeit für Testosteron und Östrogen ansprechbar. Wird das Geschlechtsgen zu spät aktiviert, weil die Mutter in der Schwangerschaft beispielsweise unter star-kem Stress steht, läuft das Testosteron im Gehirn ins Leere. Der spätere Ef-fekt: Körperlich wird aus dem Baby ein Mann, sein Gehirn bleibt aber eher geschlechtsneutral oder wird sogar etwas weiblich.

Bleiben wir beim Testosteron. Testosteron wirkt besonders auf die linke Ge-hirnhälfte ein. Es reduziert Verbindungen zwischen Nervenzellen auf der linken Seite. Man kann auch sagen: Testosteron sorgt dadurch beim Mann für einfacheres und euphorischeres Denken. Da die Gehirnhälften versu-chen, Ausfälle zu kompensieren, wächst die rechte Gehirnhälfte etwas stär-ker. Das Ergebnis: Während bei Frauen insbesondere der vordere Teil des Großhirns gleichermaßen dick ist, ist bei Männern der linke Teil dünner und der rechte Teil stärker. Da Testosteron beim Mann vor allem die linke Gehirnhälfte stärker aktiviert, haben Männer in der Regel eine ganz andere Denkstruktur als Frauen. Sie denken im täglichen Leben eindimensionaler und sie versuchen die Welt zu vereinfachen, indem sie ordnen oder syste-matisieren. Da das weibliche „Toleranz-Hormon" Östrogen stärker in der rechten Gehirnhälfte aktiv ist, erklärt sich auch, warum Frauen vernetzter denken als Männer. Männer sind „Step-Thinker", immer eins nach dem an-deren. Frauen sind „Web-Thinker", die mehrere Dinge zugleich beachten können. Da Testosteron der wichtigste Treiber des Dominanz-System ist, sorgt es auch für ein verändertes Gefühlserleben. Testosteron treibt an und macht euphorisch. Böse Zungen behaupten: Testosteron setzt den Männern Scheuklappen auf.[6.5]

Das was wir in unserer westlichen Kultur als „rational" bezeichnen – nämlich „analytisches Faktendenken" – ist also nichts anderes als eine unre-
flektierte Vormacht des männlichen Denkstils. Ohne lange nachzudenken,
sagen wir zu diesem Denk- und Entscheidungsstil „Verstand". Im Umkehrschluss würde das bedeuten, dass Frauen „Irrational" und „ohne Verstand"
denken und entscheiden würden. Ein gewaltiger Irrtum, weil der weibliche
Denkstil genauso wichtig und rational ist, wie der männliche.

Denn beide Denk- und Entscheidungsstile haben Vor- und Nachteile. Die
konsequente Ausblendung von scheinbar nebensächlichen Aspekten im
männlichen Denken und das Vertrauen auf einfache Kausalitäten hat den
Vorteil, dass Kaufentscheidungsprozesse beschleunigt werden – es hat aber
den Nachteil, dass wichtige Aspekte nicht berücksichtigt werden.

Ein kleiner Ausflug in die Transsexualitätsforschung

Diese unterschiedlichen Denk- und Gefühlsstrukturen im Erleben zwischen
Mann und Frau kann man sich selbst kaum vorstellen. Jeder von uns ist ja
von Geburt an in seiner männlichen oder weiblichen Denk- und Gefühls-
struktur gefangen. Die andere Welt bleibt uns verschlossen, daher können
wir uns nur schwer in das andere Geschlecht hineinversetzen. Umso faszi-
nierender ist ein Originalbericht aus der sogenannten Transsexualitätsfor-
schung. Diese Forschungsrichtung untersucht und begleitet Menschen, die
sich einer Geschlechtsumwandlung unterziehen. Diese Umwandlungen
werden chirurgisch vollzogen. Gleichzeitig erhalten die Patienten hohe Do-
sen der Sexualhormone des angestrebten neuen Geschlechts. Das Erstaunliche daran ist, dass diese Patienten über ihre Gefühle vor und nach der Um-
wandlung berichten können und damit Unterschiede in weiblichem und
männlichem Denken und Fühlen deutlich werden. Der folgende Erlebnisbe-
richt einer Frau, die durch Geschlechtsumwandlung zum Mann wurde,
macht die enormen Unterschiede deutlich:

*„Ich habe jetzt Probleme, mich auszudrücken, und kann nicht die richtigen
Worte finden. Meine Sprache ist geradliniger, weniger ausgeschmückt. Dafür
bin ich euphorischer. Wenn ich die Straße entlang laufe, nehme ich viele Dinge
gar nicht mehr wahr, mir fehlt der gesamtheitliche Blick. Früher konnte ich
mehrere Dinge gleichzeitig tun, jetzt muss ich alles nacheinander machen.
Meine Fantasie ist stark eingeschränkt."*(6.5)

Dieser Bericht unterstreicht eindrucksvoll, um was es geht. Nervenbotenstoffe und Hormone sind nicht nur für unser Gefühlserleben zuständig, sie
verändern auch in hohem Maße unsere Denkstrukturen!

Empathizer und Systemizer

Frauen und Männer denken verschieden und nehmen die Welt unterschiedlich wahr. Der englische Forscher Simon Baron Cohen bezeichnet Männer mit ihrem Denkstil als „Systemizer" und Frauen aufgrund ihrer fürsorglichen und sozialen Denkhaltung als „Empathizer".[6.2] Doch diese Unterscheidung ist nicht ausreichend. Wie Emotion und Denkstruktur zusammenhängen, wird erst deutlich, wenn wir die männliche und weibliche Gefühls- und Denkwelt auf der Limbic® Map abbilden. (Abbildung 6.1).

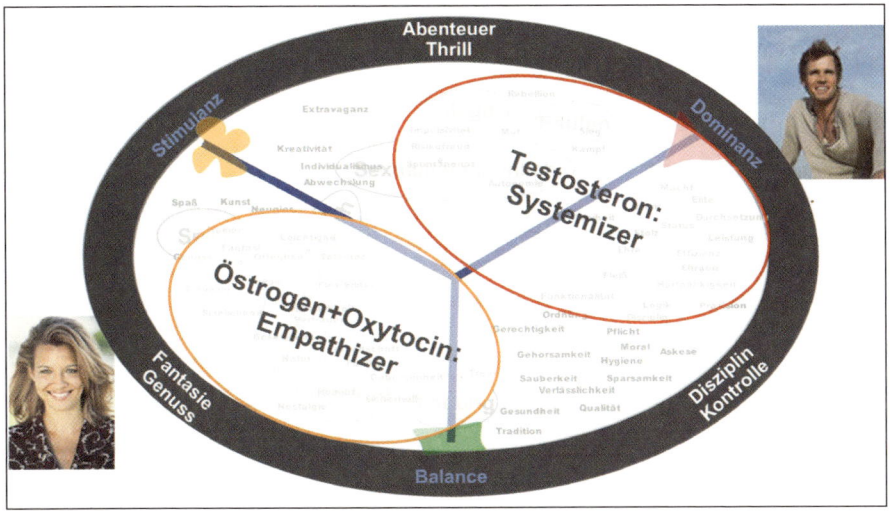

/Abbildung 6.1:
Männlicher und weiblicher Denkstil

Hormone verändern Fühlen und Denken gleichermaßen

Wie wir sehen, liegt der männliche Schwerpunkt aufgrund des Testosterons stärker auf der Dominanz-Seite, im Bereich der Disziplin und Kontrolle, während der weibliche Schwerpunkt zwischen Balance und Offenheit liegt. In diesem Bereich findet sich auch das Fürsorge- und Bindungs-Modul. Noch etwas wird deutlich: Das Fürsorge- und Bindungs-Modul, zuständig für Altruismus und „Wir-Gefühl", liegt ziemlich genau gegenüber dem Dominanz-System, zuständig für Egoismus und „Ich-Gefühl". Damit macht die Limbic® Map die innere Motiv-Dynamik deutlich. Welche Konsequenzen ergeben sich daraus für das Marketing? Die Antwort: Verkaufs- und Produktargumentationen sollten für Frauen und Männer höchst verschieden sein. Während Männer aufgrund des Testosterons „geordnete Hardfacts" lieben, ziehen Frauen eher offene und fantasieanregende Produktbeschreibungen vor. Gleichzeitig spielt bei ihnen der soziale und kommunikative Aspekt eine wesentlich größere Rolle.

Während sich Männer bei größeren und beratungsintensiveren Investitionen zu 70 % auf das Produkt und nur zu 30 % auf den Verkäufer konzentrieren, ist es bei Frauen genau anders herum. Ein Kauf kommt bei ihnen erst zustande, wenn die emotionale Verbindung zum Berater und Verkäufer stimmt. Insbesondere beim Verkauf technischer Produkte wie Computer und Autos, wo die Verkäufer in der Mehrzahl Männer sind werden enorme Umsatzchancen verschleudert, weil Frauen wie Männer angesprochen werden.

Auch im Informationsverhalten vor dem Kauf gibt es aufgrund der unterschiedlichen Gehirnprägung starke Geschlechtsunterschiede. Die Fakten liebenden Männer informieren sich mit Testberichten, Magazinen und durch systematische Internet-Recherche. Frauen dagegen fragen häufig ihre Geschlechtsgenossinnen nach persönlichen Erfahrungen mit dem Produkt oder mit dem Anbieter. Für die so wichtige Mund-zu-Mund-Werbung sind also Frauen von enormer Bedeutung.

Die Produktvorlieben von Frauen und Männern

Auch das Interesse für Produktkategorien ist deshalb sehr unterschiedlich: Männer lieben technische Produkte, die berechenbar sind, mit denen man die Welt beherrschen kann und die Macht verleihen. Autos, Maschinen, technische Geräte – sie begeistern Männer. Frauen dagegen haben ein stärkeres Interesse an Produkten und Dingen, die die Fantasie anregen, wie z. B. Romane und Kunst. Sie mögen auch Dinge, die Fürsorge und Geborgenheit vermitteln. Abbildung 6.2 zeigt wie stark diese Unterschiede tatsächliche sind.

Hohes Produkt-Interesse an.......	Index Mann	Index Frau
Sportgeräte	135	65
Hifi-/Stereogeräte	147	55
Autos	160	44
Wohnaccessoires, Heimtextilien	60	137
Lebensmittel	51	146
Putz- und Pflegemittel	42	154

Abbildung 6.2:
Männer und Frauen unterscheiden sich stark in ihren Produktinteressen
(Quelle: TDWI 2006/2007)

Wenn ein Mann und eine Frau ein Auto kaufen, erfolgt die Produktbewertung und Kaufentscheidung höchst unterschiedlich. Während der erste Blick des Mannes dem Motorraum gilt, ist für Frauen das Innendesign des Fahrgastraumes von großer Bedeutung. Und während Männer nicht genügend technische Spielereien und Knöpfe ausprobieren können, verlangen Frauen nach einer möglichst einfachen und immer beherrschbaren Bedienung.

Diese geschlechtsspezifischen Produktvorlieben aufgrund der Sexualhormone machen sich schon bei Kindern bemerkbar. Früher hatte man geglaubt, die Erziehung sei schuld, dass Jungs mit Gewehren und Autos und Mädchen mit Puppen spielen. Wenn man einem kleinen Mädchen sagt, es solle spontan etwas malen, malt es meist ein Gesicht oder eine Puppe. Ein kleiner Junge malt bei gleicher Aufforderung meist ein Auto. Doch das ist noch kein Beweis für die biologische „Voreinstellung". Nun gibt es bei Mädchen eine angeborene Krankheit, die für eine Überfunktion der Nebennierenrinde sorgt – das sogenannte CAH-Syndrom. In der Nebennierenrinde wird bei Männern wie bei Frauen Testosteron produziert, allerdings in weit geringeren Mengen als in den männlichen Hoden. Mädchen mit dieser Krankheit haben deshalb einen wesentlich höheren Testosteronspiegel als ihre Geschlechtsgenossinnen. Die direkte Auswirkung dieser Krankheit: Diese Mädchen bevorzugen männliches Spielzeug und lassen Puppen und Plüschtiere eher links liegen.[6.3; 6.4; 6.5, 6.8] Und wenn man ein Mädchen mit CAH-Syndrom auffordert, spontan etwas zu malen, malt es ebenfalls ein Auto, wie Abbildung 6.3 zeigt.

Abbildung 6.3:
Testosteron verändert Produktvorlieben und Ästhetik

Weibliche und männliche Formensprache und Designstile

Der unterschiedliche hormonelle Mix im Gehirn von Mann und Frau hat noch weitere wichtige Auswirkungen auf das Marketing. Wie wir gesehen haben, sorgt Östrogen für mehr Weichheit und Sanftheit im Fühlen und Denken. Was man erst in letzter Zeit in der Forschung akzeptiert: Auch unser ganzes Großhirn steht voll und ganz unter dem Einfluss der Nervenbotenstoffe und Hormone. Unsere Art des Denkens und des Wahrnehmens ist nicht objektiv, sondern wird von den Hormonen und Nervenbotenstoffen extrem beeinflusst. Besonders wichtig aber ist, dass Östrogen und Testosteron auch das Formempfinden verändern: Während Männer quadratische, geradlinige und praktische Formen mögen, bevorzugen Frauen eher weiche und runde. Und genau dies hat sich der österreichische Mineralwasserhersteller Vöslauer vor einigen Jahren zunutze gemacht.

Frauen   Männer

**Abbildung 6.4:
Männliche und weibliche Formensprache und Designstile**

Insbesondere durch eine konsequente Ausrichtung auch der Flaschenform auf Frauen hat Vöslauer in Österreich vor einigen Jahren die Marktführerschaft erobert

Abbildung 6.4 zeigt deutlich den Unterschied zwischen Vöslauer und Römerquelle (alt) Während die Römerquelle-Flasche inklusive Etikett eher dumpf, schwer und dick aussah, hat Vöslauer die weiche, runde, weibliche Idealfigur in seiner Flaschenform verwirklicht und erhebliche Marktanteile dadurch gewonnen. Durch einen Eigner- und Managementwechsel bei Römerquelle wurde dieses zulange Festhalten an der Tradition und der damit verbundenen Problematik erkannt. Die Römerquelle-Flasche wurde neu gestaltet, unschwer ist jetzt eine femininere Formensprache zu erkennen.

Abbildung 6.5:
Das neue Römerquelle-
Design: Mehr Weiblich-
keit

In den letzten Jahren kann man ein zunehmendes Umdenken in den Marketingabteilungen erfolgreicher Unternehmen zu Gunsten einer geschlechts-
differenzierten Produkt- und Kommunikationsstrategie beobachten. Beginnen wir mit der Produktstrategie. Der in Österreich ansässige internationale Ski- und Sportartikelhersteller Head bringt inzwischen eine eigene Da-
menskikollektion heraus. Genauso wie für Männer gibt es in der Damenkol-
lektion vom Allround- bis zum Profi-Ski alles – d.h. technisch werden keinerlei Abstriche gemacht. Worin sich die Kollektionen aber unterscheiden
ist das Design. Während die Skier für Männer eher ein Hightech-Design haben, passt sich die weibliche Kollektion den Trendfarben und Formen der
aktuellen Skimode an. Frauen betrachten Ski sehr stark als modisches Ac-
cessoire zum gut aussehen – Männer dagegen als Sportgerät zum gewinnen. Einige Abschnitte weiter unten werden wir dieses Phänomen nochmals in einem Sportgeschäft aus einer etwas anderen Perspektive erleben.
Wichtig dabei ist: Die weibliche Kollektion wird von Frauen für Frauen gemacht.

Auch Sony trägt bei der Vermarktung seiner Computer den unterschiedlichen ästhetischen Ansprüchen von Mann und Frau in seiner Werbung und
Produktstrategie Rechnung. In der Designserie Vaio gibt es eher weibliche
Farben für die Computer. Auch in der gezielt in Frauenmagazinen platzier-
ten Werbung verzichtet Sony weitgehend auf technische Fakten und spielt
nur mit Farben und Formen.

Männliche und weibliche Sprach- und Argumentationsstile

Auch in der Sprache gibt es große Unterschiede. Frauen sprechen eine andere Sprache als Männer, sie benutzen wesentlich mehr Wörter, die Sprache ist differenzierter, sie reden mehr über Beziehungen und viele Wörter haben einen weicheren, sanfteren Klang. Auch die Produktargumentation muss sich deshalb den unterschiedlichen Emotions- und Motivschwerpunkten anpassen. Bleiben wir beim Autokauf. Wenn der Autoverkäufer dem Mann mit leuchtenden Augen verkündet: „Durch den 250 PS-Motor beschleunigt der Wagen von Null auf Hundert in 6 Sekunden" dann dauert es nur wenige Zehntelsekunden bis das Sexual- und Agressionszentum und der Lustkern im limbischen System vor Freude hell aufleuchten. Das weibliche Gehirn dagegen bleibt kalt und gelangweilt. Wenn der clevere Verkäufer das gleiche Argument für seine Kundin aber etwas verändert, nämlich in: „Durch den 250 PS-Motor beschleunigt der Wagen von Null auf Hundert in 6 Sekunden – dadurch können Sie und Ihre Familie sicher bei der Autobahnauffahrt einfädeln" jubelt auch das weibliche Gehirn. Und während beim Mann bei der Vorführung des schweren Geländewagens wieder das Dominanz-System ins Jubeln gerät – das weibliche Gehirn aber im Energiespar-Modus interesselos vorbei schaut, hat der clevere Verkäufer auch hier die Möglichkeit zum punkten: „Sieht doch toll aus – Ihr 3000 kg Schutzengel".

Warum Männer beim Einkaufen immer „Wo finde ich ...?" fragen

Wir haben gesehen, wie die Sexualhormone das Denken und Fühlen verändern, gleichzeitig auch erheblichen Einfluss auf das Formempfinden und auf die Designwahrnehmung haben. Doch das sind noch längst nicht alle Auswirkungen. Aus vielen Untersuchungen in Handelsgeschäften wissen wir, dass Männer weit häufiger als Frauen das Verkaufspersonal fragen: „Wo finde ich ...?" Diese Fragen beziehen sich meist weniger auf sehr große Artikel, sondern eher auf kleinere Artikel und Zubehör. Was ist der Grund? Testosteron verändert sogar die Suchbewegungen der Augen. Viele Untersuchungen, die wir in der Gruppe Nymphenburg mit dem sogenannten „Eye-Tracking-Verfahren" im Handel durchführten, zeigen, dass Männer den Verkaufsraum und die Regale ganz anders betrachten als Frauen. Mit dem „Eye-Tracking-Verfahren" kann man genau registrieren, wohin die Kunden ihre Blicke richten und wie lange sie an bestimmten Punkten verweilen. Abbildung 6.6 zeigt den Unterschied.

Abbildung 6.6:
Männer schauen
anders als Frauen

Aufgrund des Testosterons und der stärkeren inneren Aktivierung haben männliche Augen offensichtlich keine Lust, sich beim Einkaufen mit Details zu beschäftigen. Regale werden nur grob überflogen, was dazu führt, dass genau die Kleinigkeiten, die eine genauere Regalbetrachtung erfordern, um entdeckt zu werden, von Männern eher übersehen werden. Männer sind sogenannte „Large Scale Navigatoren", frei übersetzt könnte man das als „visuelle Überflieger" bezeichnen. Völlig anders der Blick von Frauen. Sie betrachten das ganze Regal mit weit höherer Aufmerksamkeit und viel öfteren Blickstopps als Männer. Erinnern wir uns an den Bericht der Frau, die zum Mann umgewandelt wurde und sagte: „Ich nehme jetzt viele Dinge nicht mehr wahr." Einen Grund dafür kennen wir jetzt – selbst die Augenbewegungen stehen offenbar unter dem Diktat der Hormone!

Der gleiche Geruch – ganz andere Wirkung

Frauen sehen nicht nur mehr Details – sie „funktionieren" auf fast allen Wahrnehmungskanälen anders als Männer. Quer über Hören, Sehen, Riechen, Schmecken, Tasten usw. kann man sagen, dass das weibliche Gehirn zwischen 10 bis 20 % sensibler reagiert als das männliche Gehirn. Viele Dinge, die im weiblichen Bewusstsein auftauchen, nimmt das männlichen Gehirn nicht einmal wahr. Aber auch die gleichen Wahrnehmungseindrücke werden im männlichen und weiblichen Gehirn sehr unterschiedlich verarbeitet. Schauen wir uns dazu Abbildung 6.7 an. Wie sehen auf dem Hirnscanner-Bild, wie der gleiche Geruch bei Männern und Frauen an höchst unterschiedlichen Stellen verarbeitet wird – zudem gibt es bei Frauen eine wesentlich stärkere Aktivierung. Man kann daraus schließen: Frauen nehmen Produkte (incl. Geruch) nicht nur intensiver, sondern auch – besonders wichtig – anders wahr.

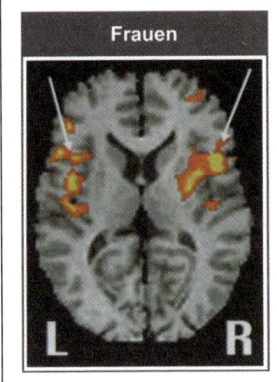 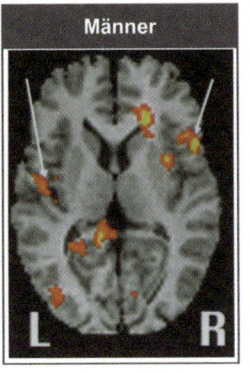

Abbildung 6.7:
Männer riechen anders
als Frauen

Der gleiche Geruch wird
im Gehirn an unter-
schiedlichen Stellen ver-
arbeitet

Warum Frauen mehr Geld für Mode und Parfüm ausgeben

Frauen geben ein Vielfaches mehr für Mode und Kosmetik aus als Männer.
Nun werden Sie sagen, dass das schon immer so war, aber das ist keine be-
friedigende Antwort. Genaueres erfahren wir aus der Evolutionsbiologie.
Die weibliche Sexualität im Gehirn funktioniert aus evolutionsbiologischen
Gründen völlig anders als die männliche. Da der Evolutionsauftrag in jedem
Organismus lautet, möglichst viele eigene Gene mit möglichst wenig Ener-
gieaufwand in die nächste Generation zu bringen, sieht die Evolutionsrech-
nung für Männer und Frauen höchst unterschiedlich aus. Da Frauen das
Kind austragen, säugen und später ernähren müssen, investieren sie sehr
viel Zeit in ihren Nachwuchs. Ein guter und treuer Partner, der für Schutz
und Ernährung sorgt, verbessert die Chancen für den Nachwuchs und die
Weitergabe der eigenen Gene. Um den besten Partner zu finden, muss eine
Frau auswählen können. Sie muss sich Zeit lassen, um die Qualität des Part-
ners zu prüfen. Damit eine Frau überhaupt diese Wahl hat, lockt sie zunächst möglichst viele potenzielle Partner an. Verführung und Erhöhung
der Attraktivität sind also ganz im Sinne der Evolution und der Natur.[6.1; 6.11]
Genau das ist auch die Funktion von Mode und Kosmetik. Die Spuren der
Evolution lassen sich in den Parfüm-Anzeigen in Abbildung 6.8 ablesen. Die
Botschaft der weiblichen Anzeige lautet: „Dieses Parfüm macht dich wertvoll und anziehend."

Abbildung 6.8:
Die unterschiedlichen
Sexual-Rollen in der
Werbung

Die Evolution hat Frauen
und Männer mit unter-
schiedlichen Sexual-Rol-
len beglückt – die beiden
Anzeigen machen dies
prototypisch deutlich

Ganz anders die evolutionäre Gen-Rechnung für den Mann. Sein geneti-
scher Erfolg ist am größten, wenn er mit möglichst vielen Frauen Ge-
schlechtsverkehr hat und so zahlreichen Nachwuchs zeugt. Kein Wunder,
wenn die Parfüm-Anzeige zum Ausdruck bringt: „Mit diesem Parfüm
kriegst du viele Frauen rum." Da sich aber die Frau bei der Partnerwahl Zeit
lässt, kommt es quasi zum „Stau vor der Frau": Es gibt viele männliche Ri-
valen. Jetzt gilt es, sich durchzusetzen. Genau das ist aber der Grund für die
unterschiedliche Wirkung und Verteilung der Sexualhormone. Das Östrogen bei Frauen führt unbewusst die Regie im Kopf und motiviert sie, ihre
Attraktivität zu erhöhen. Das Testosteron im männlichen Gehirn dagegen
fordert Stärke, um die männliche Konkurrenz zu bekämpfen.

Warum Männer und Frauen im Sportgeschäft unterschiedliche Wege gehen

Die völlig unterschiedlichen Imperative dieser beiden Hormone kann man
besonders schön in konkreten Einkaufssituationen beobachten. Angenommen, eine Frau und ein Mann entschließen sich, mit dem Joggen zu beginnen. Sie suchen ein Sportgeschäft auf, um sich mit Joggingbekleidung ein-
zudecken. Kaum sind sie im Sportgeschäft angekommen, trennen sich ihre
Wege aber. Warum? Weil Männer vom Testosteron gesteuert werden, Frau-
en vom Östrogen. In einem größeren Sportgeschäft haben Mitarbeiter der
Gruppe Nymphenburg Männer und Frauen beobachtet. An der Kasse wurden diese Kunden dann befragt, ob es sich um einen Erst- oder Ersatzkauf
handelte. Die Ergebnisse: Von zehn Jogging-Starterinnen begannen fünf ihre Jogging-Zukunft in der Abteilung, wo Sport-Tops und Sport-Shirts in allen Farben und Modestilen präsentiert wurden. Der nächste Weg führte
dann direkt weiter zu den Jogginghosen, wo sehr viel Zeit damit verbracht
wurde, Hosen und Shirts farblich passend abzustimmen und Hosen- und

Körperform in Einklang zu bringen. Erst dann ging es in die Schuhabteilung. Auch hier wurde auf die farbliche Harmonie von Schuhen, Hose und Shirt großen Wert gelegt. Die funktionellen Aspekte des Schuhs wie innerer Aufbau, Schockdämmung, Beschaffenheit der Sohle und Leistungscharakteristik interessierten nur am Rande.

Nun zu den männlichen Joggern. Hier war der Verlauf des Weges eindeutig: Alle zehn suchten ohne Umwege die Schuhabteilung auf. Zwar spielten Farben und Design der Joggingschuhe ebenfalls eine Rolle, viel wichtiger allerdings war die Funktion und das mit den Schuhen verbundene Leistungsversprechen. Sie ahnen, welche Gründe dies hat. Das Östrogen hält Frauen prinzipiell dazu an, immer auch auf das attraktive Aussehen zu achten, während Testosteron vor allem Überlegenheit und Leistung einfordert. Sowohl Männer als auch Frauen waren bei der Kassenbefragung der festen Überzeugung, dass sie frei, bewusst und vernünftig entschieden hätten!

Warum Frauen zwar den besseren Geschmack haben, aber Männer mehr vom Wein verstehen

Frauen sind Männern sowohl hinsichtlich der Geruchserkennung als auch der Geschmacksunterscheidung überlegen. Man müsste deshalb annehmen, Frauen seien auch die besseren Köche und die besseren Weinkenner. Doch das ist nicht der Fall. Gleich ob im Fernsehen oder im Michelin-Atlas: Die Spitzenköche sind fast immer Männer. Und wenn in Gourmetzeitschriften die besten Weinkenner dieser Welt vorgestellt werden – wieder das gleiche Bild. Wie kommt das? Die Antwort ist einfach: Testosteron. Nanu, werden Sie fragen, was hat das denn damit zu tun? Ganz einfach – sowohl der Herd als auch das Weinglas bieten ungeheure Möglichkeiten, seinen Status und seine überlegene Kennerschaft zu demonstrieren. Wenn Männer einen teuren Wein bestellen, geht es neben dem Genuss immer auch darum, Wein-Expertise zu beweisen. Auch bei Spitzenköchen ist es der männliche Ehrgeiz, der zu Höchstleistungen antreibt. Bei Frauen liegt es vor allem an den Fürsorge- und Bindungshormonen, wenn sie am liebsten für die Familie und Freunde kochen. Bei Männern ist das anders. Sie möchten Anerkennung ernten, wenn sie den Kochlöffel schwingen. Viele teure Genussprodukte wie Wein, Champagner, Zigarren verdanken ihre Attraktivität weniger dem besseren Genuss, sondern eher der Magie des Status, von der sich vor allem Männer angezogen fühlen.

Die Limbic Types®: Männer und Frauen

Wir wissen jetzt also, dass im männlichen Gehirn das Dominanz- und Sexualhormon Testosteron eine große Rolle spielt, während im weiblichen Gehirn das Toleranz- und Sexualhormon Östrogen und die Fürsorge- und Bindungshormone Oxytocin und Prolactin stärker den Ton angeben. Nun wollen wir natürlich erfahren, wie sich Geschlechtsunterschiede insgesamt auf die Big 3 auswirken.

Wir haben erfahren, dass die Bindungs- und Fürsorge-Module bei Frauen wesentlich stärker aktiv sind als bei Männern. Auch die Sexualität zwischen Männern und Frauen ist höchst verschieden. Wir kennen auch den Einfluss von Testosteron beim Mann. Alle die geschilderten Geschlechtsunterschiede müssten doch auch zu erheblichen Unterschieden in der Verteilung der Limbic Types® führen. Genauso ist es. Durch das Testosteron können wir davon ausgehen, dass bei Männern das Dominanz-System stärker ist. Dementsprechend müsste bei Männern der Anteil von Abenteurern, Performern und Disziplinierten größer sein. Umgekehrt sind Fürsorge- und Bindungs-Modul „Töchter" des Balance-Systems. Allein aus diesem Grund müsste bei Frauen das Balance-System – insbesondere die Gruppe der Harmoniser – stärker ausgeprägt sein. Das Östrogen dürfte sich aber auch positiv in Richtung Offenheit und Stimulanz auswirken. Nun schauen wir uns die repräsentative Geschlechtsverteilung in Abbildung 6.9 genauer an.

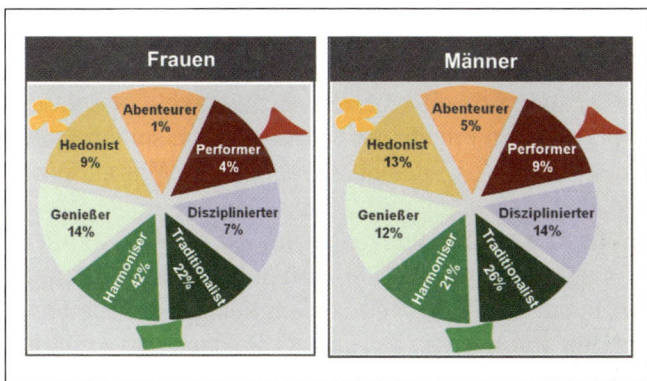

Abbildung 6.9:
Limbic® Types Verteilung Frauen/Männer
(Quelle: Limbic® in TdWI 2006/2007)

Die aufgestellten Hypothesen werden eindrucksvoll bestätigt. Der weibliche Schwerpunkt liegt eindeutig bei den Harmonisern. Hier kommt noch eine weitere Erkenntnis der Psychologie und Hirnforschung hinzu. Bei Frauen ist das Balance-System, das ja auch für Angst und Depressionen zuständig ist, wesentlich stärker ausgeprägt als bei Männern. Aus diesem Grund ist der Anteil der Harmoniser mit 42 % bei Frauen fast doppelt so groß wie bei Männern. Bei Männern finden sich wie postuliert, wesentlich mehr Abenteurer, Performer und Disziplinierte. Allerdings zeigt die Geschlechtsverteilung der Limbic Types® auch, dass Männer nicht grundsätzlich dominant und Frauen grundsätzlich vorsichtiger und harmoniebedürftiger sind. Bei Frauen ist zwar im Durchschnitt das Balance-System stärker, das Dominanz-System dagegen schwächer ausgeprägt als bei Männern. Trotzdem gibt es auch unter Frauen extrem leistungsorientierte Performerinnen, genauso wie es unter Männern eine stattliche Anzahl an Harmonisern gibt. Diese Vermischungen sind ebenfalls hormonell zu erklären. Es gibt nämlich auch Frauen, die einen hohen Testosteronspiegel haben. Ebenso wie es Männer gibt, deren Oxytocin-, Prolactin- und Östrogenspiegel im Durchschnitt höher ist, als der ihrer Geschlechtsgenossen. Diese biologische Begründung deckt aber nur eine Seite der Wahrheit auf, denn selbstverständlich spielt auch die Erziehung eine große Rolle. Trotzdem zeigen diese Zahlen und die obigen Beispiele eindrucksvoll, wie wichtig es ist, ein geschlechtsspezifisches Marketing zu betreiben.

Der Fehler von Vivimed und von Real

Dass falsch verstandene Emanzipation und Wirklichkeit nicht übereinstimmen, ist eine Erfahrung, die auch der Hersteller des Kopfschmerzmittels Vivimed, Dr. Mann Pharma, vor einigen Jahren machen musste. Betrachten Sie dazu die Anzeige in Abbildung 6.10 für dieses Präparat: „Eine klare Entscheidung für einen klaren Kopf" heißt die Headline, die mit dem Bild einer selbstbewusst und bestimmend blickenden Frau verbunden ist. Offensichtlich wurden als primäre Zielgruppe Frauen gewählt.

Abbildung 6.10:
Der Fehler von Vivimed

Mit dieser Anzeige wendet sich Vivimed an die „Performer-Frau". Das Problem: Nur wenige Frauen gehören dieser Zielgruppe an

Überlegen wir nun kurz, welche Emotions- und Motivsysteme mit dieser Anzeige angesprochen werden. „Eine klare Entscheidung für einen klaren Kopf" ist eindeutig Dominanz mit einem Schuss Disziplin und Kontrolle. Zielgruppe ist also deutlich die Performerin. So weit, so gut. Allerdings ergibt sich daraus auch ein Problem. Schauen wir einmal, wie viel „Performerinnen" es insgesamt gibt: Gerade einmal 4 %. Mit dieser Kampagne hat Vivimed eine sehr kleine weibliche Zielgruppe ins Visier genommen. Für ein Nischenprodukt sicher eine mögliche Strategie – für ein OTC-Massenprodukt wie Vivimed aber sicher der falsche Weg. Die Vivimed-Manager haben ihren Fehler übrigens inzwischen erkannt und neue Motive entwickelt.

Einen noch größeren und vor allem sehr teuren Fehler begingen die (früheren) Manager der SB-Warenhauskette Real, die zum Metro-Konzern gehört. Zum Metro-Konzern gehören auch die höchst erfolgreichen Unterhaltungselektronik-Märkte Saturn und Media Markt, die mit extrem aggressiver Werbung wie „Saubillig", „Geiz ist geil", „Ich bin doch nicht blöd" absoluter Marktführer sind. Bei der Konzeption der neuen Werbestrategie musste man sich also nur an das (scheinbare) Erfolgsmuster im Konzern halten – die Werbung musste laut und aggressiv sein. Das wurde auch von der damaligen Werbeagentur (mit verheerenden Konsequenzen) konsequent umgesetzt. Im TV-Spot kam beispielsweise ein Bodybuilder auf die Bühne, wo er seine verschiedenen Posen einnahm. Als er sich bückte, entkam ihm ein deutlich hörbarer Wind (lat. Flatus). Dann sagte eine Stimme aus dem Off: „Das war heiße Luft – bei Real dagegen ist alles real". Der Spot endete mit dem sexuell zweideutigen Kampagnen-Slogan: „Real: Besorg's Dir doch einfach".

**Abbildung 6.11:
Der Fehler von real,-**

Die laute und aggressive Werbung ging an den Emotionswelten der größten und wichtigsten weiblichen Zielgruppen völlig vorbei

Die Wirkung war verheerend. Denn mit dieser Kommunikation schreckte Real seine Kernzielgruppe – Frauen von ca. 30 bis 60 Jahren – völlig ab. Die Provokation stieß bei den großen weiblichen Gruppen Harmoniser, Traditionalisten, Genießer und Disziplinierte (fast 80 % des weiblichen Marktes) auf Abneigung. Nur eine Gruppe fand diese Werbung toll: die weiblichen Abenteurer. Das Problem dabei ist: Diese Gruppe kauft weit unterdurchschnittlich in einem auf Familienbedarf ausgerichteten SB-Warenhaus .Viel schwerwiegender war aber ein anderer Aspekt: In der weiblichen Bevölkerung gibt es nur 1 % dieses Typs!

Wie man Frauen gewinnt

Die obigen Beispiele zeigen, dass es höchste Zeit ist, das Unisex-Marketing zu Grabe zu tragen. Das gilt nicht nur für klassische Frauenprodukte wie Mode oder Kosmetik – das gilt für alle Produkte oder Dienstleistungen. Es spielt keine Rolle, ob man Milch, Finanzprodukte, Autos, Fenster oder eine Niedrigenergieheizung verkaufen möchte. Während das heutige Marketing weitgehend von Männern beherrscht wird, muss man um die Zielgruppe Mann und ihre Bedürfnisse nicht sehr besorgt sein. Starken Nachholbedarf gibt es beim Marketing für die Zielgruppe der Frauen. Wer Frauen erreichen will, muss sein Serviceangebot und seine Produktargumentation auf Frauen ausrichten. Die amerikanische Hotelkette Wyndham beispielsweise hat ihren Prozentsatz an weiblichen Geschäftsreisenden vervielfacht, indem sie einen frauenfreundlichen Service einführte. Anstatt sich in der Hotelbar der üblichen Anmache aussetzen zu müssen, können Frauen in der Bibliothek ihren Kaffee oder Aperitif genießen. Selbstverständlich finden Frauen dort auch jene Zeitschriften und Bücher, die sie wirklich interessieren. Autoverkäufer tun gut daran, nicht zuerst die Klappe des Motorraums zu öffnen und von den Leistungsmerkmalen des Motors zu schwärmen, sondern auf die Sicherheitsaspekte, die Umweltverträglichkeit, die Beschaffenheit der verwendeten Materialien und die einfache, durchdachte Bedienung hinzuweisen.

Wie so oft im Leben, findet man in der Praxis die wahren Meister, die längst schon Lösungen entwickelt haben, wenn andere mit dem Denken erst beginnen. Einer davon ist ein erfolgreicher mittelständischer Unternehmer, der einen Malerbetrieb führt. Da die Anzahl der Neubauten zurückging, kümmerte er sich verstärkt um die privaten Haushalte. Er spürte, dass der Erfolg seines Geschäfts von der Frau des Hauses abhängt. Er schulte deshalb seine Mitarbeiter nicht nur fachlich, sondern gab ihnen bestimmte Verhaltensanweisungen. Wenn die Firma einen Auftrag beginnt, gehen die Angestellten nicht wie sonst üblich mit der Zigarette im Mundwinkel an die

Arbeit, sondern stellen sich zunächst persönlich bei der Frau des Hauses vor. Während der Arbeit erklären sie, welche Materialien sie verwenden (möglichst umweltverträglich), aber auch, wie sie Materialien entsorgen. Benutzen die Angestellten des Unternehmers die Toilette des Hauses, herrscht für sie auch beim kleinen Geschäft „Sitzzwang". Am Abend wird blitzblank aufgeräumt, sich verabschiedet und genau erklärt, welche Arbeiten man am nächsten Tag ausführen und wann die Arbeit beendet sein wird. Nach Fertigstellung des Auftrags ruft der Chef die Frau des Hauses an und erkundigt sich nach deren Zufriedenheit. Gibt es Reklamationen, kümmert sich der Chef selbst darum. All diese Verhaltensweisen sprechen insbesondere das Balance-System, aber auch das Bindungs- und Fürsorge-Modul an. Die Frau des Hauses fühlt sich bei diesem Unternehmen sicher und empfiehlt es weiter. Man darf nicht vergessen, dass die Wohnung gerade von Frauen als Raum des Schutzes und der Geborgenheit empfunden wird und fremde Männer (die Angestellten) unbewusst als Eindringlinge und als starke Bedrohung erlebt werden. Der Erfolg gab und gibt dem Malerunternehmer Recht – Auftragsmangel und Dumpingpreise kennt das Unternehmen nicht.

Kapitel 7:
Age on the Brain: Die Jungen Wilden und die Neuen Alten

Was Sie in diesem Kapitel erwartet:

Konsumstile und -gewohnheiten verändern sich mit dem Alter erheblich. Jugendliche kaufen völlig anders als Senioren. Maßgebliche Ursache dafür sind Veränderungen im Gehirn und bei den Nervenbotenstoffen und Hormonen. Die Sexualität ist einer der wichtigsten Konsumtreiber. Die zunehmende Lebenserwartung verlängert nicht nur die Konsumphase, sondern auch die Sparphase bei Konsumenten.

Kunden unterscheiden sich individuell sehr stark in ihrer Emotions- und Motivstruktur und damit in ihrem Entscheidungs- und Konsumverhalten. Wir haben im letzten Kapitel gesehen, welchen erheblichen Einfluss Geschlechtsunterschiede auf das Fühlen, Denken und Kaufen haben. Doch wir sind noch nicht am Ende auf unserem Weg zum besseren Verständnis des Kunden. Ein wichtiger Aspekt ist noch offen: das Alter!

Unsere Gesellschaft lebt im Jugendwahn. Da ist die große Sehnsucht nach dem ewigen Leben. Sie ist der Treiber des medizinischen Fortschritts. Begeistert liest man Berichte von Forschern, die durch Genmanipulation die Lebensdauer der Drosophila-Fliege oder des Wurms „C. Elegans" verdoppelt haben. In der Öffentlichkeit wird damit die Erwartung geweckt, es sei nur noch ein kleiner Schritt, bis das ultimative Anti-Aging-Gen nicht nur den Lieblingstieren der Genetiker, sondern auch dem Menschen ein besonders langes Leben bescheren werde. Die Hoffnung auf Unsterblichkeit, die Verdrängung der negativen Seiten, die mit dem Altern verbunden sind, prägen nicht nur die Gesellschaft, sie bieten auch Marketing-Mythen reichen Nährboden. Da ist der Mythos der „Neuen Alten", die mit Säcken voller Geld die Händler in den Einkaufsmeilen glücklich machen. Die Rede ist von den „50-plus-Best-Agern", die nur so vor Geld und Konsumlust strotzen und bei deren Lebensstil keinerlei Alterseinflüsse erkennbar wären.

Noch eine weitere Strömung im Marketing ist zu erwähnen, ich nenne sie die Egalitaristen, die Gleichmacher. Es sind jene, die im Brustton der Überzeugung behaupten, Geschlechtsunterschiede seien ebenso wie Altersunterschiede vernachlässigbar. Jugendmarketing, Seniorenmarketing usw. seien unsinnig, weil sich der immer aufgeklärtere Konsument hin zu einem „age- & sex-less-consuming-process" bewegen würde. Bei beiden Betrachtungsweisen liegen Wunsch und Wirklichkeit meilenweit voneinander entfernt. Wer im Generationen-Marketing erfolgreich sein will, wirft besser einen Blick hinter die Fassade oder genauer: Er schaut, was sich im Gehirn im Laufe des Altersprozesses abspielt. Das Gehirn, die Emotions- und Motivationssysteme, der Konsumstil, die Einkaufspräferenzen, aber auch die Fähigkeit zu denken und zu lernen, verändern sich nämlich mit dem Alter erheblich. Zwar wäre es für manche Leser sicher spannend, hier diese Entwicklungen von der Geburt des Kindes bis zum hohen Alter zu beschreiben. Uns interessiert jedoch das Kunden- und Konsumentenverhalten. Aus diesem Grund beginnen wir unsere Reise bei Kindern, die bereits 8 bis 12 Jahre alt sind.

8–12 Jahre: Die Spontan-Käufer

Die Wirtschaft hat schon längst das Milliarden-Kaufkraft-Potenzial dieser Zielgruppe entdeckt. Taschengeld und Geldgeschenke von Verwandten addieren sich zu enormen Summen. Was geht aber im Kopf, genauer im Gehirn dieser Kunden vor? Das Gehirn dieser Altersgruppe hat eine primäre Aufgabe und die heißt: lernen. Besonders aktiv sind deshalb das Stimulanz-System, das Spiel- und das Rauf-Modul. Der Nervenbotenstoff Dopamin sorgt für die entsprechende Neugier und zugleich dafür, dass neue Erfahrungs-Netzwerke im Neokortex aufgebaut und mit den bestehenden verknüpft werden. Aus diesem Grund verbraucht das Gehirn eines 8-jährigen Kindes doppelt so viel Energie wie das eines Erwachsenen. Die Anzahl der Verbindungen zwischen den einzelnen Nervenzellen im Gehirn ist in diesem Alter ca. 20-mal so hoch wie bei Erwachsenen.[7.7] Die Hirnforschung zeigt zudem, dass der vordere Teil des Großhirns, der sogenannte präfrontale Kortex in diesem Alter erst langsam mit seiner Arbeit beginnt oder anders ausgedrückt: Er ist noch längst nicht ausgereift.[B8] Abbildung 7.1 zeigt die Gehirnreifung bei Kindern. Man sieht ganz deutlich, dass der vordere Kortex noch „grün" ist. Zwar sind viele Nervenbindungen vorhanden, aber ihnen fehlt noch der Isolierungsmantel aus Myelin, der für eine extrem schnelle Übertragung und Vernetzung der Nervensignale sorgt. Für was ist der präfrontale Kortex zuständig? Erinnern wir uns an Kapitel 4: Er ist mit der Verarbeitung komplexerer Gefühle und Werte, der Zukunftsplanung, aber auch mit logischem Denken beschäftigt. Gleichzeitig sind in ihm negative und positive Konsequenzen von Handlungen gespeichert, die spontanem, impulsivem Verhalten oft einen Riegel vorschieben. Kindern in diesem Alter fehlen deshalb differenzierte Wertvorstellungen. Da der präfrontale Kortex aber auch für Zukunftsplanung und damit Belohnungsaufschub zuständig ist, sind Kinder sehr spontan und unkritisch in ihrem Einkaufsverhalten. Alles muss sofort und gleich sein, eine differenziertere Abwägung findet kaum statt. In diesem Alter saugt das Gehirn neue Informationen wie ein Schwamm auf. Deshalb fallen Werbe- und Markenbotschaften auf fruchtbaren Nährboden. Besonders wichtig für das kindliche Lernen in diesem Alter ist die Nachahmung.

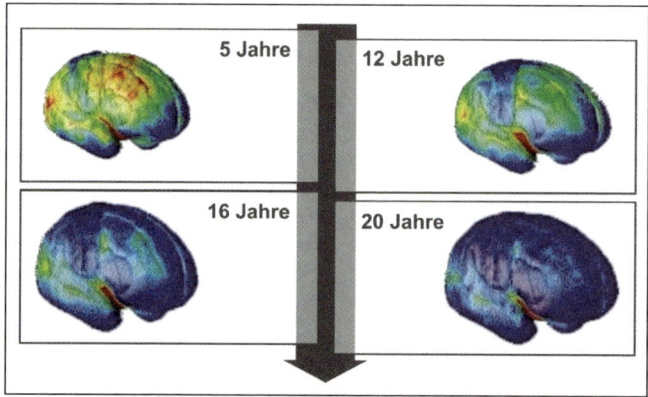

**Abbildung 7.1:
Die langsame Reifung des jugendlichen Gehirns**

Der präfrontale Kortex, der auch für Belohnungsaufschub und Erkennung von Handlungskonsequenzen zuständig ist, ist erst mit ca. 20 Jahren ausgereift

Während in den ersten Lebensjahren die Eltern die wesentlichen Vorbilder sind, übernehmen ab ca. sechs Jahren die gleichaltrigen Freunde oder ältere Jugendliche diese Funktion. Pokemon & Co. verbreiten sich aus diesem Grund wie Lauffeuer unter den Kindern. Auch hier sei erwähnt, dass auch schon kleine Jungs völlig andere Interessen entwickeln als kleine Mädchen. Während Jungen Spielzeug und Aktionen mit Technik- und Dominanz-Charakter bevorzugen, tauchen Mädchen stärker in die soziale Welt ein: Puppen, Plüschtiere, Rollenspiele und Fantasy-Geschichten finden sich vorrangig in ihrem Konsumbereich.[6.3; 6.7]

14–20 Jahre: Die jungen Wilden

Das wohl schwierigste Alter für die meisten Menschen ist die Pubertät und die Zeit des Erwachsenwerdens. Dafür gibt es aus Sicht der Hirnforschung zwei Gründe.

Den ersten Grund haben wir gerade schon kennengelernt – und das ist der präfrontale Kortex. Er ist erst mit 20 bis 22 Jahren weitgehend ausgereift. Deshalb sind auch in diesem Altersabschnitt hohe Impulsivität, eingeschränkte Zukunftsplanung und mangelnde Risiko- und Selbstkontrolle häufig anzutreffen.

Der zweite Grund liegt in der Veränderung des Hormon-Mix im Gehirn. In der Pubertät steigt die Hormonproduktion der Sexualhormone, insbesondere Testosteron und Östrogen dramatisch an. Das Stimulanz-System, das ja seit der Kindheit auf Hochtouren läuft, erhält jetzt durch ein explodierendes Dominanz-System einen starken, ebenfalls nach vorne drängenden Partner. Insbesondere bei männlichen Jugendlichen kommt es dadurch zu extremem Risikoverhalten, Alkoholmissbrauch und vielen sozialen Problemen. Gleichzeitig sind Jugendliche einem enormen Wechselbad der Gefühle ausgesetzt – daran ist auch das Balance-System mit schuld. Bei Kleinkindern ist aus biologischen Gründen das Balance-System, insbesondere das Bindungs-Modul sehr stark ausgebildet. Kinder brauchen Sicherheit und Nähe. Das Balance-System bildet sich nur sehr langsam zurück und ist im Alter von 14 bis 15 Jahren doch noch relativ stark. Die Folge: Unsicherheit und Selbstzweifel. Die Sexualhormone wie Testosteron und Östrogen motivieren Jugendliche, besser und attraktiver als die Konkurrenz zu sein. Dies führt zu erheblichen inneren Spannungen und einem permanenten Schwanken zwischen dem Balance-System und den Stimulanz- und Dominanz-Systemen. Aus diesem Grund sind Jugendliche extrem reizbar und launisch. Gleichzeitig sind sie sehr unsicher, nach dem Motto: „Bin ich attraktiv genug?"

Der schwierige Blick in den Spiegel

Die mit der Pubertät einsetzenden körperlichen Veränderungen bringen insbesondere für Mädchen enorme Probleme. Östrogen und Prolactin beispielsweise bauen im weiblichen Körper Fettpolster für die von der Natur vorgesehene Mutterrolle auf. Die beim Blick in den Spiegel wahrgenommene eigene rundliche Körperform entspricht aber oft nicht den Mager-Model-Idealen, die von der Mode- und Jugendpresse propagiert werden. Das Ergebnis: Magersucht und Bulimie (selbst herbeigeführtes Erbrechen bereits aufgenommener Nahrungsmittel). Beide Krankheiten treten übrigens häufiger auf, wenn im weiblichen Körper auch mehr Testosteron als üblich gebildet wird. Dieses Testosteron im Gehirn führt möglicherweise dazu, dass die weibliche Rolle abgelehnt und ein männlicher Körper angestrebt wird.

Peer-Groups: Geborgenheit und Macht zugleich

Testosteron verstärkt insbesondere bei Jungs den Wunsch nach Autonomie. Sie beginnen sich vom Elternhaus zu entfernen. Gleichzeitig ist aber das Bindungs-Modul noch sehr aktiv. Die Folge: Sie schließen sich mit Gleichaltrigen zu Gruppen (Peer-Groups) zusammen. Diese Gruppen vermitteln gleichzeitig Macht, Autonomie und Sicherheit.[2.1] Diese Gruppen bauen ihre eigenen Rituale, Symbole und Konsummuster auf und sind der Nukleus von

Jugendszenen und Jugendtrends. Für Jungen sind vor allem die Produkte von hohem Interesse, die ihre männliche Rolle unterstreichen: Zigaretten, Alkohol, Autos, aber auch Computer oder Unterhaltungselektronik. Wegen der hohen Stimulanz- und Dominanz-Kräfte, ausgelöst durch eine starke Testosteron- und Dopaminkonzentration, engagieren sich diese männlichen Jugendlichen in risikoreichem und kämpferischem Verhalten (Abenteuer/ Rauf-Modul). Marken, die männliche Überlegenheit, Abenteuer und Coolness vermitteln, haben deshalb eine enorme Bedeutung.

Der Schönheitswettbewerb beginnt

Nun ein Blick auf die jungen Mädchen. Insbesondere durch Östrogen, aber ebenso durch Testosteron, das ja auch bei Frauen vorhanden ist, werden Mädchen von der Natur unerbittlich in den Schönheitswettbewerb getrieben. Der Auftrag: Mach dich attraktiv, um viele Männer anzulocken. Während für Jungen eher die körperliche Stärke und der Rang in der Peer-Group von Bedeutung sind, steht für Mädchen das eigene Aussehen im Mittelpunkt. Mode, Kosmetik und alles, was dazu beiträgt, sich selbst attraktiver und begehrenswerter zu machen, gewinnt an Bedeutung. Exklusive Mode- und Kosmetikmarken sind deshalb besonders anziehend. Oft allerdings scheitert der Besitz-Wunsch an der Taschengeld-Wirklichkeit.

Auch das Sozialverhalten junger Mädchen ist anders. Während Jungen eher stabile abgeschlossene Gruppen bilden, halten Mädchen gleichzeitig mehrere Verbindungen zu einzelnen Personen. Die weibliche Aggressionsform, die sogenannte Beziehungsaggression, ist voll aktiv. Über Geschlechtsgenossinnen wird hinter ihrem Rücken hergezogen. Der biologische Grund: Abwertung der Konkurrenz im Sexual-Wettkampf. Während Jungs bei einem Streit meist nach wenigen Minuten wieder die besten Freunde sind, schwelen Beziehungskonflikte zwischen jugendlichen Frauen oft wochenlang vor sich hin.

Für Jungen und Mädchen sind wechselnde Szenen mit hochgradigem Stimulanz-Charakter von gleich hoher Bedeutung. Der Wunsch nach Schönheit und Überlegenheit wird auf Stars projiziert, die dieses Ideal erreicht haben; gleichzeitig sind Stars oft auch idealisierte Sexualpartner.

Das Jagdgebiet der Trendforscher

Zusammenfassend lässt sich diese Altersphase durch die hohe innere Spannung der Motiv- und Emotionssysteme beschreiben. Die Jugendlichen wollen einerseits autonom und besonders individuell sein, andererseits unterliegen sie aufgrund ihrer Unsicherheit einem extrem hohen Konformitätsdruck. Gegenüber Eltern und Erwachsenen hebt man sich durch eigene

Konsum- und Modestile extrem stark ab. Innerhalb der Peer-Groups dagegen herrscht ein enormer Konformitätsdruck mit relativ rigiden Spielregeln, welche Marken man zu tragen hat, wie man denken sollte und was momentan „in" ist. Marken haben dabei eine doppelte Funktion: Innerhalb der Peer-Group sind sie Zeichen und Symbole der Zugehörigkeit, nach außen grenzen sie gegen andere Peer-Groups ab. Welche Regeln und Stile diese Peer-Groups entwickeln, interessiert vor allem Trendforscher.

20−30-Jährige: Freude am Konsum

Die Wünsche sind riesig, der Körper ist in Topform und das Einkommen, zwischen 20 und 25 Jahren oft noch niedrig, wächst von Jahr zu Jahr. Die besten Voraussetzungen für Konsum. Schauen wir uns nun etwas genauer an, was in diesem Altersabschnitt im Gehirn vorgeht. Der präfrontale Kortex ist inzwischen ausgereift, Zukunft und Zukunftsplanung gewinnen an Bedeutung. Das spontane Hier-und-jetzt-Kaufverhalten nimmt etwas ab, was nicht heißt, dass es keine Wünsche gäbe. Das Gegenteil ist der Fall. Aus Sicht der Biologie ist dieser Zeitabschnitt die Zeit der Partnersuche, des sexuellen Wettbewerbs und der Fortpflanzung sowie der Rangordnungs- und Territoriumssicherung. So gesehen ist dieser Zeitabschnitt der wichtigste für den Menschen überhaupt. Hier entscheidet sich weitgehend der genetische Erfolg, also ob es gelingt, möglichst viele Gene in die nächste Generation zu bringen. Zwar hat der moderne Mensch die Evolution mit Verhütungsmitteln ausgetrickst. Aber davon lassen sich die Gene wenig beeinflussen. Sie bereiten Geist und Körper auf diese Phase im Leben nach einem Schema vor, das seit Millionen Jahren wirksam ist. Sowohl für Männer als auch für Frauen gilt es, den besten Partner zu bekommen, die Geschlechtskonkurrenz auszutricksen und möglichst viele Ressourcen für sich und den Nachwuchs heranzuschaffen.

Welche Fähigkeiten braucht man dafür? Man muss stärker, schöner und klüger sein als der Wettbewerb. Gleichzeitig muss man bereit sein, auch gewisse Risiken einzugehen. Denn wer nicht wagt, der nicht gewinnt. Betrachten wir das Ganze aus Sicht der Emotions- und Motivsysteme: Für Kampf und Wettbewerb sind das Dominanz-System und das Testosteron zuständig, für Attraktivität bei Frauen das Östrogen. Testosteron baut Muskeln auf, gleichzeitig wird die Kampfbereitschaft erhöht. Für die Intelligenz, die Cleverness und die Bereitschaft neue Wege zu gehen sorgt das Stimulanz-System und das Dopamin. In diesem Altersabschnitt läuft auch die Intelligenz auf Hochtouren, das Großhirn erreicht mit ca. 20 bis 25 Jahren seine größte Leistungsfähigkeit, zumindest was schnelles und logisches Denken angeht.[7.4] Dieses Zusammenspiel von Emotionssystem und intellektuellen Fähigkeiten ist auch der Grund dafür, warum 90 % aller wissenschaftlichen und kulturellen Revolutionen von jungen Männern zwischen 20 und 30 Jahren ausgelöst werden.[B4]

Doch zurück zu den Emotions- und Motivsystemen: Mut und Risikobereitschaft werden insbesondere vom Stimulanz- und Dominanz-System verantwortet (die expansiven Kräfte des Motiv- und Emotionssystems). Gleichzeitig ist aber auch das Balance-System beteiligt. Es hat ja, wie wir wissen, eine risikobegrenzende Funktion. In diesem Altersabschnitt müssten also die Dominanz- und Stimulanz-Kraft besonders hoch und die Balance-Kraft eher niedriger als im Durchschnitt sein. Genau so ist es. Werfen wir also einen Blick auf die Limbic Types® in Abbildung 7.2.

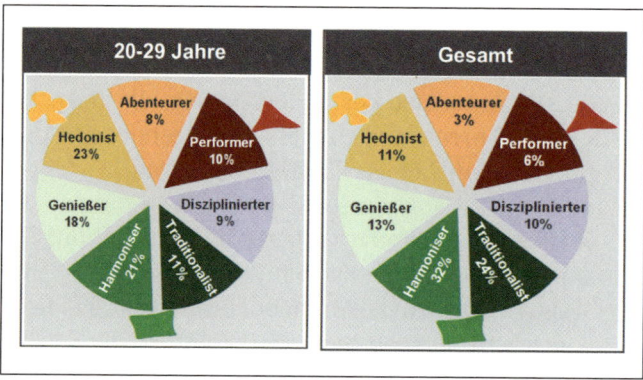

Abbildung 7.2:
Limbic® Types Verteilung 20–29 Jahre

(Quelle: Limbic® in TdWI 2006/2007)

Die Grundgesamtheit, die aus mehreren tausend Konsumenten besteht, wurde auch im Hinblick auf das Alter ausgewertet. Zur Verdeutlichung habe ich die Werte der Altersgruppe zwischen 20 und 30 Jahren dem Bevölkerungsdurchschnitt gegenübergestellt. Der Anteil der Hedonisten, die das Neue suchen, der Abenteurer, die Risiken eingehen, und der Performer, die sich durchsetzen, ist im Vergleich zum Bevölkerungsdurchschnitt wesentlich stärker. Stark verloren dagegen haben die Harmoniser und Traditionalisten. Deutlich wird aber auch: Jung sein bedeutet nicht automatisch „wild" sein. Auch unter Jugendlichen und jungen Erwachsenen gibt es nämlich eine nicht unbedeutende Gruppe von Harmonisern, Traditionalisten und Disziplinierten!

Die Neurochemie des Konsums

Schauen wir uns dazu in Abbildung 7.3 den Altersverlauf der wichtigsten Nervenbotenstoffe und Hormone an, die für die Big 3 maßgeblich verantwortlich sind: Dopamin für Stimulanz, Testosteron für Dominanz. Für das Balance-System betrachten wir das Stress- und Angsthormon Cortisol.

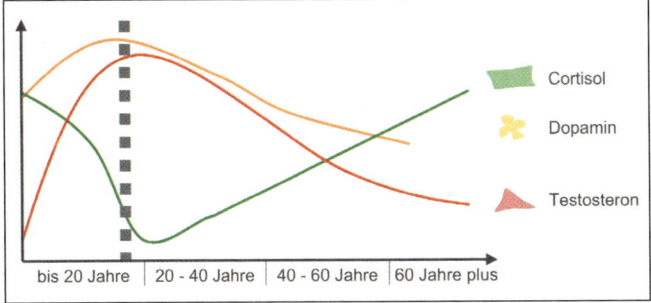

Abbildung 7.3:
Die Neurochemie des Alterns

Die expansiven Dominanz- und Stimulanz-Kräfte erreichen mit ca. 20 Jahren ihren Höhepunkt und gehen dann zurück. Genau umgekehrt verläuft das Stress-Hormon Cortisol

- Dopamin (Stimulanz): Da schon die Kinder und Jugendlichen viel lernen mussten, ist der Anstieg von Dopamin geringer. Es erreicht zwischen 18 und 25 Jahren seinen Höhepunkt.[7.6]

- Testosteron (Dominanz): Mit Einsetzen der Pubertät steigt die Testosteronkonzentration stark an und erreicht mit 20 bis 30 Jahren ihren Höhepunkt.[7.6; 7.9] Östrogen zeigt übrigens einen identischen Verlauf.

- Cortisol (Balance): Völlig entgegengesetzt verläuft die Entwicklung von Cortisol. Es erreicht seinen Tiefpunkt zwischen 20 und 30 Jahren. Anders ausgedrückt: Zu dieser Zeit wird die Vorsicht (zumindest bei vielen Männern) für einige Jahre in Urlaub geschickt.[7.6; 7.13]

Aber was bitte hat das mit Konsum zu tun? Sehr viel: Denn für was geben Kunden und Konsumenten ihr Geld aus? Für Produkte, die auch eine emotionale Bedeutung haben. Wenn nun bei der Konsumentengruppe der 20- bis 30-Jährigen die Stimulanz- und Dominanz-Kraft noch sehr stark ausgeprägt ist und wenn gleichzeitig auch durch berufliches Weiterkommen ein finanzieller Spielraum vorhanden ist – für was gibt diese Altersgruppe ihr Geld dann gerne aus? Natürlich für Mode und Kosmetik (Dominanz, Stimulanz), Erlebnisurlaub (Stimulanz), Autos usw. Man kann es auch anders sagen: Besonders attraktiv sind die Produkte, die Neuigkeits- und Innovationswert haben, und Produkte, die einen höheren Status versprechen. Warum der Wunsch nach solchen Produkten plötzlich da ist und was vorher im Gehirn geschehen ist, bleibt fast allen Kunden verschlossen.

Die Probe aufs Exempel: Mode

Die Art, wie man lebt, wie man sich einrichtet und wie man sich kleidet, wird also von den bekannten Motiv- und Emotionssystemen gesteuert. Daran sind in hohem Maße die Nervenbotenstoffe und Hormone beteiligt, die wir bereits kennen. Wenn dem so ist, müssten sich diese Zusammenhänge auch in klassischen Marktstudien zeigen. Nehmen wir als Beispiel Mode. Mode wird, wie wir wissen, überwiegend vom Dominanz- und Stimulanz-System gesteuert. Werfen wir dazu einen Blick auf eine Untersuchung des Marktforschungsinstituts Allensbach zu Mode- und Kleidungsstilen.

Auch wenn die Altersgruppen in Abbildung 7.4 etwas anders eingeteilt sind als die in unserer Betrachtung, bleibt das Ergebnis das gleiche: Je jünger, desto wichtiger ist die Mode, insbesondere deren Status- und Stimulanz-Aspekt. Dieses Konsummuster zieht sich durch alle Produkte, Dienstleistungen, Einkaufs- und Erlebnisorte. Jüngere Menschen geben gerne und viel Geld aus, es wird weniger gerechnet oder aus Vorsicht gespart. Die einzige Rechnung, die junge Menschen anstellen, lautet: Wie kann man mit möglichst wenig Geld viel Stimulanz- und Dominanz-Belohnung kaufen? Produkte mit hohen Balance-Aspekten haben eher eine geringere Bedeutung. In diesem Alter ist, wie nicht anders zu erwarten, auch die finanzielle Risikobereitschaft am größten. Zwischen 25 und 35 Jahren liegt der Wunsch nach Besitz von Aktien bei 41 %. Zwischen 55 und 65 Jahren sind es dagegen nur noch 23 %.[B3]

Frage: „Wie kleiden Sie sich im Allgemeinen"				
	14-29 J.	30-44 J.	45-59 J.	Ab 60 J.
Zeitlos	24 %	41 %	50 %	60 %
Sportlich	57 %	54 %	45 %	25 %
Modisch	53 %	41 %	33 %	16 %
Unauffällig	13 %	24 %	30 %	45 %
In den Farben lebhaft	25 %	19 %	17 %	12 %

Quelle: IFD Allensbach 2002

Abbildung 7.4:
Mode und Alter

Mode wird überwiegend vom Dominanz- und dem Stimulanz-System gesteuert. Man sieht eine fast identische Entwicklung, wie bei den daran beteiligten Dominanz-/Stimulanz-Nervenbotenstoffen.

30–40 Jahre: Die Zeit der Familiengründung

Doch der leidenschaftliche Konsumdrang wird mitunter von der Biologie auch wieder unterbrochen. In die Altersphase zwischen 30 und 40 Jahren fällt bei vielen jungen Menschen die Familiengründung.

Wie Nachwuchs das Konsumverhalten der Frau verändert

Schwangerschaft und Geburt gehen sehr stark einher mit Veränderungen von Östrogen, Oxytocin, Prolactin und Vasopressin. Während der Schwangerschaft beginnen sich Frauen für das Thema Kind zu interessieren, sie fragen Müttern, die bereits Kinder haben, Löcher in den Bauch und beschäftigen sich mit der Einrichtung von Kinderzimmern. Das erwachende Interesse für diese Themen ist übrigens sehr stark hormonal gesteuert.[2.7]

Nach der Geburt des Kindes arbeitet das Fürsorge-Modul insbesondere der Frau mit voller Kraft. Endorphine – die aus den Illustrierten bekannten „Glückshormone" (genauer körpereigene Opioide) – sorgen für das belohnende Glücksgefühl in der Beziehung zum Kind. Aber auch das Dopamin-System wird aktiv. Es zieht die Mutter ständig hin zu ihrem Kind, um dieses Hochgefühl zu erleben. Durch diese Veränderung im Mix der Nervenbotenstoffe und Hormone verändert sich schließlich sogar die Reihenfolge des Einkaufs im Supermarkt. Zwar bleibt der grundsätzliche Ablauf ähnlich. Das Baby und sein Bedarf rücken aber auf Platz eins vor, während die Besorgungen für den Mann auf hintere Rangplätze absinken.

Übrigens: Auch wenn die Kinder später längst schon aus dem Haus sind, bleibt durch eine Schwangerschaft das Fürsorge-Modul aktiviert. Frauen, die eigene Kinder großgezogen haben, haben ein wesentlich größeres Interesse für Kinder und Kinderfragen. Diese Gruppe der Frauen besitzt übrigens im Alter auch mehr Haustiere als ihre kinderlos gebliebenen Geschlechtsgenossinnen.

Auch Männer werden schwanger

Jetzt wird es spannend: Vor, mit und nach der Schwangerschaft verändert sich nicht nur der Hormon-Mix bei der Mutter. Auch bei Vätern kommt es bei der Geburt eines Kindes zu einer Veränderung im Mix der Nervenbotenstoffe und Hormone. Der Testosteronspiegel geht leicht zurück, das Fürsorge-Hormon Prolactin nimmt mit jedem körperlichen Kindkontakt zu.[1.5; 2.7] Bei vergleichenden Untersuchungen mit Säugetieren zeigt sich, dass die männliche Prolactin-Reaktion bei Geburt des Nachwuchses um so stärker ist, je monogamer die Art lebt. Erinnern wir uns an Kapitel 6: Prolactin macht sanfter und „kuscheliger". Konkret: Bei Arten, bei denen die Männchen nach der Zeugung sofort zum nächsten Abenteuer eilen, kommt es zu keiner Veränderung in der Prolactinkonzentration. Da wir Menschen im Vergleich zu Säugetieren fast an der Spitze in puncto Paarbindung und Treue stehen, steigt bei „Menschen-Männchen" die Prolactinkonzentration mit dem neugeborenen Kind entsprechend der Kontakthäufigkeit an. Nebenbei sei noch bemerkt: Es gibt keine „Stimme des Blutes". Auch wenn das Kind von einem anderen Vater ist, reicht allein der Kontakt für den Prolactin-Bindungsaufbau aus!

Zurück zum Konsum- und Kaufverhalten: Bei Frauen und Männern steigt die Bereitschaft zum Kauf von Familienprodukten stark an. Der Sportwagen wird gegen einen Van getauscht, Ausbildungs- und Lebensversicherungen werden abgeschlossen. Der Traum vom eigenen Haus tritt in Konkurrenz mit dem Wunsch nach einem noch stärkeren Auto oder einem Urlaub auf den Malediven. Wer ist nun für diese Interessen- und Konsumveränderung verantwortlich? Sind es kulturelle und gesellschaftliche Faktoren? Oder trauen wir uns, den starken Einfluss der Biologie zu akzeptieren? Unzweifelhaft ist, dass die genannten Fürsorge-Hormone und Nervenbotenstoffe, die sich im Gehirn des jungen Paares einnisten und bemerkbar machen, eine weit größere Rolle spielen, als wir ahnen. Diese hormonale Veränderung kann man übrigens auch in der Veränderung der Limbic Types® sehen. Wenn unsere These richtig ist, müsste mit der Familiengründung der Anteil insbesondere der Harmoniser dramatisch steigen. Genauso ist es – dazu haben wir einmal ausgewertet wie hoch der „Harmoniser-Anteil" bei 30 – 39-Jährigen mit und ohne Kinder ist. Die Unterschiede sind, wie Abbildung. 7.5 zeigt, enorm. Der Anteil der Harmoniser ist um 70 % gewachsen. Während bei den 30 bis 39-Jährigen ohne Kinder der Harmoniser-Anteil bei 21 % liegt, liegt er mit Kindern bei 36 %. Es verwundert nicht, dass dieses Wachstum auf Kosten der Hedonisten und Abenteurer erfolgt.

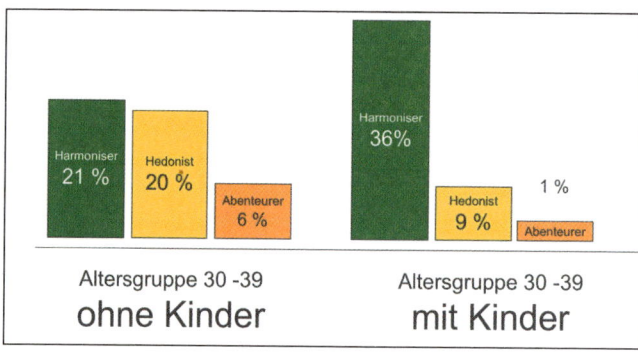

Abbildung 7.5: Kinder und Persönlichkeit

Kinder verändern die Persönlichkeit. Die risikoorientierten und expansiven Kräfte nehmen ab, das Balance-System – insbesondere die Bindungs- und Fürsorge-Module gewinnen stark an Einfluss im Gehirn

Die 60-plus-Generation: Der Wunsch nach Sicherheit und Gesundheit

Nun machen wir einen großen Sprung: Von der Chronologie her müssten wir uns nun zunächst den 40- bis 50-Jährigen und dann der berühmten 50-plus-Generation, den Best Agern, zuwenden. Wir wollen uns aber erst mit der 60-plus-Generation beschäftigen. Dieser Zeitsprung ist sinnvoll. Denn aus dem direkten Vergleich der 20- bis 30-Jährigen mit den Senioren erhalten wir wesentliche Erkenntnisse, die essenziell zum Verständnis der dazwischen liegenden Generationen beitragen.

Die 60-plus-Generation ist nach Aussagen der Bevölkerungsstatistiker die Mega-Boomer-Generation überhaupt. Ihr Anteil an der Gesamtbevölkerung wird von derzeit 13 % auf über 20 % im Jahre 2040 wachsen. Zunächst die gute Nachricht: Die 60- bis 75-Jährigen haben das größte frei verfügbare Einkommen überhaupt. Nun zur schlechten Nachricht: Sie geben es nur ungern aus. Die Hoffnung der Industrie und des Handels auf die „Neuen Alten", die ihre Geld-Füllhörner in Einkaufsstraßen und Luxusgeschäften leeren, ist und bleibt eine Fiktion. Um diese Generation richtig zu verstehen, lohnt auch hier ein Blick ins Gehirn. Schauen wir uns dazu Abbildung 7.3 nochmals genauer an. Die Stimulanz- und Dominanztreiber Testosteron und Dopamin gehen stark zurück, während das Stress- und Angsthormon Cortisol stark ansteigt. Doch das ist nicht die einzige Veränderung im Gehirn, der Konsumenten im Alter ausgesetzt sind. Serotonin, das innerlich gelassener macht, wird schneller abgebaut, d. h. seine Wirkung lässt mit zunehmendem Alter nach. Der Effekt: Ältere Menschen reagieren verstärkt auf kleine Störungen im Alltag. Auch das Acetylcholin, zuständig für die Verankerung von Lernerfahrungen, nimmt ab. Acetylcholin-Mangel übrigens ist mit die wichtigste Ursache für die gefürchtete Alzheimer-Krankheit, die unsere Gesellschaft aufgrund ihrer Überalterung zunehmend heimsucht.[7.6; 7.10]

Abnehmende Informationsverarbeitung

Die gemeinsame Abnahme von Dopamin und Acetylcholin verringert auch die Informationsverarbeitungskapazität und Verarbeitungsschnelligkeit.[7.3; 7.8; 7.10; 7.15] Während 25-Jährige ca. 40 Bits pro Sekunde verarbeiten können, fällt diese Zahl bei 65-Jährigen auf die Hälfte ab.[4.1] Ein ähnliches Bild zeigt sich auch im Gehirn-Tomographen. Während bei jüngeren Leuten bei einer Denkaufgabe nur ganz kurz wenige Gehirnbereiche des Großhirns bis zur Lösung aufleuchten, sind bei älteren Leuten weit mehr Gehirnbereiche aktiv, und zwar länger.[7.11] Gehirnforscher bezeichnen dies als kompensatorisches Verhalten. Der Einsatz mehrerer Gehirnbereiche kompensiert die Schwächen der eigentlich dafür zuständigen Gehirnregion. Insgesamt schrumpft mit zunehmenden Alter die Gehirnmasse. Abbildung 7.6 zeigt ein Hirnscanner-Bild eines 25-Jährigen und eines 75-Jährigen. Das Weiße in diesen Hirnscans ist Wasser. Es bildet sich im Gehirn, wenn Nervenzellen absterben. Man sieht deutlich die Unterschiede zwischen diesen beiden Altersstufen. Im Gehirn des 75-Jährigen ist der Weißanteil viel höher, weil viele Nervenzellen abgestorben sind.

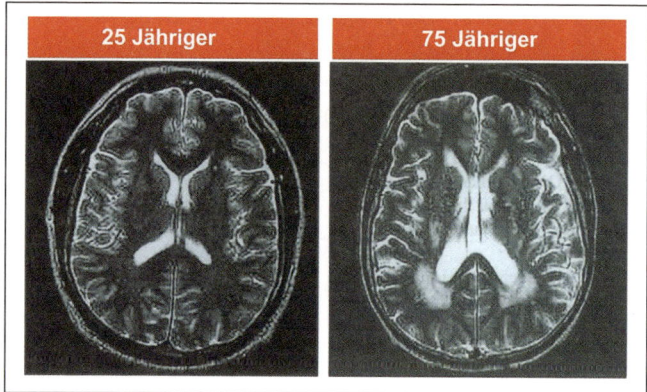

**Abbildung 7.6:
Altersdegeneration des
Gehirns**

Mit zunehmendem Alter
schrumpft das Gehirn,
weil es Nervenzellen
verliert. Dadurch nimmt
die „Denkschnelligkeit"
erheblich ab

Bei Männern ist der Rückgang größer als bei Frauen.[7.13] Diese Alterungs-
prozesse des Gehirns kann man durch ein aktives Leben (Sport) und Ge-
hirntraining (Bücher lesen, sozial aktiv bleiben) aufhalten, aber leider gelingt das oft nicht. Denn die Motivation für diese Aktivitäten basiert im Wesentlichen auf dem Stimulanz-System (Neugier) und dem Dominanz-System
(besser werden wollen). Da deren Hauptreiber Dopamin und Testosteron
aber altersbedingt abnehmen, fehlt oft der innere Antrieb zum Training.

Die Limbic Types® machen den Unterschied deutlich

Was ich hier aufgrund neurobiologischer Erkenntnisse geschildert habe,
findet auch in der empirischen Forschung eine direkte Bestätigung. Um den
Unterschied deutlich zu machen, stellen wir die Limbic Types®-Verteilung
der 60-plus-Generation der Gruppe der jungen Wilden 14 – 19 Jährigen gegenüber (Abbildung 7.7). Der Sprung ist gewaltig. Die Hedonisten, Abenteurer, aber auch die Performer nehmen dramatisch ab, während die Harmoniser, Traditionalisten und die Disziplinierten extrem wachsen. Trotzdem
müssen wir erkennen, dass es auch mit 60 plus noch risikobereite Abenteurer und extrem neugierige Hedonisten gibt. Allerdings ist ihr Anteil dramatisch zurückgegangen.

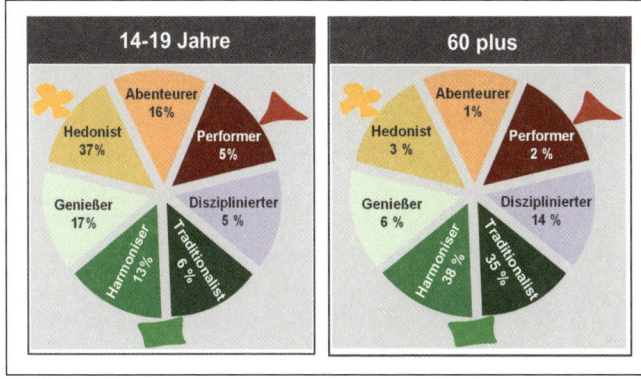

Abbildung 7.7:
Limbic® Types
14 – 19 Jahre versus
60 plus
(Quelle: Limbic® in TdWI
2006/2007)

Ein kurzer gesellschaftspolitischer Exkurs

Diese Verteilung macht sehr deutlich, wo das eigentliche Problem einer alternden Gesellschaft liegt. Einer alternden Gesellschaft fehlen schlichtweg die Unternehmer und Entdecker, die eingefahrene Bahnen verlassen, Regeln brechen und vorankommen möchten. Zusätzlich wird die politische Meinungsbildung und Gesetzgebung von Sicherheits- und Bewahrungsthemen beherrscht, weil der ältere Teil der Bevölkerung die Mehrheit darstellt. Notwendige gesellschaftliche Veränderungen scheitern am Widerstand einer immer konservativeren Gesellschaft!

Die sparsamen Alten

Doch zurück zum Konsumverhalten der älteren Generation. Warum gibt sie ihr Geld nur ungern aus? Zunächst einmal ist die Balance-Kraft die Mutter der Sparsamkeit. Ältere Menschen haben die höchste Sparquote überhaupt. Sie sparen selbst von ihren aktuellen Einkünften, obwohl sie schon viel auf die Seite gelegt haben. Größere Anschaffungen werden als Risiko wahrgenommen, sie lösen Angst und Unsicherheit aus und alarmieren damit das Balance-System. Stimulanz- und Dominanz-Produkte verlieren an Bedeutung.

Nimmt aber der Einfluss des Dominanz- und des Stimulanz-Systems in unserem Gehirn ab, verlieren diese Produkte im Bewusstsein älterer Kunden an Attraktivität und Wert. Ein weiterer Aspekt: Das Dominanz- und das Stimulanz-System sind die Kräfte, die uns auch in den Sexualwettbewerb (Status) und Besitzneid treiben. Wenn der Nachbar ein tolles neues Auto hat, dann möchte ich das auch.[7.2] Wenn beide Kräfte nachlassen, geht der Neid und damit der Konsumwettbewerb zurück. Schauen wir uns aus diesem Blickwinkel nochmals die Tabelle in Abbildung 7.4 an. Das Interesse an Mode geht stark zurück: Unauffälligkeit, Zweckmäßigkeit und Funktionalität bestimmen das Einkaufsverhalten. Dieses Konsummuster von mehr Sicherheit gekoppelt mit Sparsamkeit zieht sich wie ein roter Faden durch alle

Konsumbereiche. Das Interesse an Reisen (eher Stimulanz) beispielsweise geht von 40 % bei 20- bis 40-Jährigen auf 20 % bei 60- bis 75-Jährigen zurück. Wenn Reisen unternommen werden, meidet man zudem fernere und damit psychologisch unsichere Urlaubsorte und bevorzugt vertraute Länder wie Deutschland oder Österreich.

Ein weiteres Beispiel: Autos. Während ca. 30 % der 20- bis 40-Jährigen großes Interesse an diesem Produkt zeigen, fällt das Interesse bei 65 plus auf 12 % ab. Geldspekulationen werden gegen sichere Anlagen wie Sparbriefe oder Rentenpapiere eingetauscht.[7.5] Sportliche Aktivitäten begrenzen sich zunehmend aufs Wandern und Spazieren. Auch das Interessenspektrum verengt sich. Während bei den bis 40-Jährigen ca. 40 % angeben, ein breites Interessenspektrum (eher Stimulanz) zu haben, sind es knapp über 20 % bei den 60- bis 75-Jährigen.

Allerdings gibt es auch Produktbereiche, die vom Alter profitieren. Ältere Menschen sind ängstlicher. Nun wissen wir aber auch, dass Gesundheit ein absolutes Balance-Thema ist. Während nur 24 % der bis 40-Jährigen ein Interesse an Gesundheitsfragen haben, wächst dieser Anteil auf über 50 % bei der 60-plus-Generation an. Gesundheit und Sicherheit sind die wichtigsten Themen in dieser Generation.

Genuss ohne Reue und ohne finanzielles Risiko

Besteht die Seniorengeneration also nur aus Asketen und Sparern? Keinesfalls, denn schließlich gibt es ja auch in dieser Altersgruppe noch Abenteurer und Hedonisten, die ihr Geld lieber selber verbrauchen, als es zu vererben. Und auch die Genießer sind ja noch ein beachtlicher Anteil. Trotzdem: Auch bei den Genießern bekommt der Genuss einen anderen Charakter, man gönnt sich etwas, aber man übertreibt nicht mehr. Komfort- und Sicherheitsaspekte sind untrennbar mit dem Genuss verbunden: Hotels, die einen umhegen und umsorgen, Kreuzfahrtschiffe und Reisen, bei denen alles bis ins kleinste Detail geregelt ist. Weniger betuchte Senioren trifft man auf organisierten Busreisen mit einem streng geregelten Programm. Wenn größere Anschaffungen getätigt werden, bekommt die Qualität einen höheren Stellenwert.[7.1] Garantie- und Serviceleistungen gewinnen an Bedeutung und werden honoriert. Ältere Menschen suchen und brauchen verstärkt Beratung. Vor allem aber brauchen sie mehr Zeit bei Kaufentscheidungen, weil die Verarbeitungsgeschwindigkeit des Gehirns nachlässt. Wir werden später noch darauf zurückkommen.

Nachdem wir gesehen haben, wie groß der Unterschied im Konsumverhalten zwischen der 20-plus- und der 60-plus-Generation ist, wollen wir uns nun mit den Zwischengenerationen 40 plus und 50 plus beschäftigen. Für beide Generationen gilt: Auch sie folgen dem Altersverlauf in unserem Gehirn und in unseren Emotionssystemen. Die vorgenommene Gegenüberstellung der 20- bis 30-Jährigen mit der 60-plus-Generation zeigt, wie diese Altersentwicklung aussieht. Die Dominanz- und Stimulanz-Systeme nehmen ab, während das Balance-System erheblich an Bedeutung gewinnt. Wir können nun, wenn wir wollen, die 40-plus-Generation stärker der jüngeren Konsumentengruppe zuordnen und die 50-plus-Generation mehr den Senioren. Diese Zuordnung bleibt aber willkürlich, weil der Übergang fließend ist, wie die neurochemischen Kurven in Abbildung 7.3 zeigen. Sie hat aber biologisch gesehen trotzdem Sinn, weil die menschliche Sexualität mit 50 Jahren einen Einschnitt erfährt. Bei Frauen beginnt zu diesem Zeitpunkt die Menopause. Aber auch bei Männern nimmt der Sexualtrieb mit 50 stärker ab (obwohl sie das nicht gerne zugeben oder wahrhaben wollen). Das Augenmerk auf die Sexualität zu richten, ist deshalb wichtig, weil sie, wie wir gesehen haben, auf unsere Emotions- und Motivsysteme doch einigen Einfluss ausübt.

40 plus: Der „hochwertige" Konsum

Nun zu den 40 plus, genauer zu den 40- bis 50-Jährigen. Die meisten Menschen haben ihre Stellung und Position im sozialen, aber auch beruflichen Bereich gefunden, trotzdem sind die konsumtreibenden Stimulanz- und Dominanz-Kräfte noch relativ stark. Hinzu kommt, dass diese Altersgruppe sowohl beruflich als auch finanziell langsam den Zenith erreicht und deshalb über ein vergleichsweise höheres Einkommen verfügen kann. Während mit 25 bis 35 Jahren noch spontan und oft unüberlegt gekauft und konsumiert wird, verändert sich das mit 40 plus. Wünsche sind zwar noch in großer Zahl vorhanden, das Laute und Schrille, das Protzige und Übertriebene verliert aber seinen Reiz. Man achtet auf Qualität und wenn man es sich leisten kann auf Luxus mit Stil. Klasse ersetzt Masse. Man ist wesentlich markentreuer, die Experimentierfreude, die Wechselbereitschaft lassen nach.

50 plus: Zwischen Ruhe und Genuss

Keine Generation und kein Altersabschnitt erfährt derzeit so viel Beachtung wie die 50-plus-Generation – die „Best Ager". Die wenigsten machen sich allerdings die Mühe, sich genauer mit diesem Altersabschnitt zu beschäftigen. Aus diesem Grund werden unter die Rubrik 50 plus alle gepackt, die älter als 50 Jahre sind. Dass diese Vereinfachung zu Fehlern führt, ist unschwer zu erkennen. Zwischen 50 und 75 Jahren liegen doch erhebliche Unterschiede.[7.1] Wenn ich im Folgenden von 50 plus spreche, meine ich deshalb die 50- bis 60-Jährigen.

Wie sieht das Einkaufs- und Konsumverhalten dieses Altersabschnitts aus? Nun, es liegt in der Mitte zwischen dem der 40 plus und dem der 60 plus, Das Dominanz- und das Stimulanz-System haben weiter abgenommen, während Balance gewachsen ist. Die besonders konsumfreudigen Abenteurer und Hedonisten sind nur noch eine Minderheit, aber auch die Gruppe der Performer nimmt ab. Die konservativeren Zielgruppen gewinnen die Oberhand. Es bleibt zwar eine relativ große Gruppe von Genießern übrig, aber diese verhalten sich eher bewusst und überlegt: Man ist noch offen für die Welt, geht aber kein Risiko ein. Produkte mit hoher Stimulanz- oder Dominanz-Ausstrahlung wie die neueste Mode oder das extreme Mountainbike verlieren an Bedeutung.[7.5] Frauen ersetzen die dekorative Kosmetik zunehmend durch pflegende Kosmetik. Der nach außen gerichtete demonstrative Status-Konsum geht stark zurück. Wellness, Haus und Garten (Balance und sanfter Genuss) rücken stärker ins Zentrum des Interesses. Man ist gerne zu Hause, lädt Freunde ein und lässt alles ruhiger angehen. Man achtet beim Essen verstärkt auf Qualität: Premium-Nahrungsmittel und gute Weine werden am häufigsten von dieser Altersgruppe gekauft.

Kulturreisen, Theater usw. stehen hoch im Kurs. Die Kinder gehen aus dem Haus und der finanzielle Spielraum wird etwas größer. Dieses Geld wird gespart und oft für Anschaffungen für Haus und Garten genutzt. Eine erheblich geschrumpfte Anzahl der Lebenslustigen gönnt sich etwas Besonderes, zum Beispiel ein Motorrad. Aber auch hier macht sich die Abnahme des Testosterons und Dopamins sowie die Zunahme des Cortisols sehr deutlich bemerkbar: Die Kilometerleistung ist gering, die Fahrweise ist vorsichtig. Die inzwischen schon beachtliche Stärke des Balance-Systems, ablesbar am hohen Anteil der konservativen Limbic Types®, erinnert uns auch daran, dass die Tugend der Sparsamkeit aus tiefer innerer Überzeugung einen enormen Einfluss gewonnen hat. Größere Kaufentscheidungen werden nur nach längerem Abwägen getroffen. Funktionalität rückt in den Mittelpunkt, Individualität weicht zunehmend der Konformität.

Noch ein paar Worte zur Gesundheit. Die 50-plus-Generation macht sich darüber große Gedanken. Während 60 plus aber schon viel Geld für Medikamente ausgibt, um „Schäden zu reparieren", verfolgt 50 plus ein optimistischeres Gesundheitskonzept – man kann diese Generation auch als „Wellness-Generation" bezeichnen. Ihr geht es stärker um die Erhaltung der Genuss- und Leistungsfähigkeit. Insgesamt gewinnen bei 50 plus alle Produkte und Dienstleistungen an Bedeutung, die das Balance-System ansprechen und einen ruhigen, bewussten Genuss ermöglichen. Diese Zielgruppe bietet für Handel und Industrie ein großes Potenzial – allerdings sollte man nicht in Euphorie verfallen. Der Grund liegt in der doch schon sehr starken Balance-Kraft, die ja auch die Mutter der Sparsamkeit ist. Sie hält den Kunden an, beim Geldausgeben vorsichtig und zurückhaltend zu sein.

Der Nicht-Verzicht
Die in Konsumentenbefragungen ermittelten Konsum- und Genusswünsche dieser Gruppe (die man hoffnungsvoll heranzieht, um zu zeigen, wie ausgabenfreudig diese Zielgruppe ist) sind oft Artefakte. Wenn man einen 50-plus-Konsumenten fragt: „Genießen Sie Ihr Leben ohne Einschränkung?", erhält man ein „Ja". Schaut man dann aber nach, was sich im Einkaufswagen befindet, stellt man fest: Zwar sind sehr viele Produkte vertreten, aber in geringeren Mengen, alles eine Spur preiswerter und ohne die neuen Produkte, die am Vorabend in der TV-Werbung angepriesen wurden. Weil aber das Stimulanz- und das Dominanz-System weit weniger Wünsche in sein Bewusstsein einspielen als bei einem 30-Jährigen, hat ein älterer Kunde überhaupt nicht das Gefühl, sparsam zu sein.[7.2; 7.5] Das Gefühl sparsam zu sein entsteht nämlich nur, wenn man bewusst darauf verzichtet, sich bestimmte Wünsche zu erfüllen. Wer aber keine Wünsche hat, verzichtet auch auf nichts. Die 50 plus haben deshalb das Gefühl, ihr Leben in vollen Zügen zu genießen. Weil sie schon weniger Wünsche haben, brauchen ältere Menschen deutlich weniger Geld zum Leben als die jüngeren – und sie empfinden dies nicht als Einbuße.[7.2]

Wie sich der medizinische Fortschritt (nicht) bemerkbar macht

Zweifler und Skeptiker werden nach diesen Erkenntnissen einwenden, dass sich durch medizinischen Fortschritt und bessere Lebensbedingungen unsere Vitalität und unsere Lebenserwartung erheblich verbessert hätten. Tatsächlich hat sich die Lebenserwartung in den westlichen Ländern seit 1900 deutlich gesteigert. Ein zu damaliger Zeit geborenes Mädchen hatte eine durchschnittliche Lebenserwartung von ca. 55 Jahren. Ein 60 Jahre später geborenes Mädchen kann auf etwa 85 Jahre und mehr hoffen – Tendenz weiter steigend.[7.8] Bedeutet dies, dass sich damit die konsumfreudigen wilden Jahre ebenfalls um 30 Jahre verlängern? Leider ist dies nicht der Fall – der größere Teil der Lebensverlängerung macht sich nämlich erst nach dem 60. Lebensjahr bemerkbar. Die längere Lebenserwartung verlängert nun mal nicht die Jugend, sondern das Alter! Zwar sind wir heute im Alter zwischen 50 und 65 gesundheitlich besser in Schuss als unsere Vorfahren, auf die Neurochemie des Konsums hat dies jedoch nur einen kleineren Effekt. Wichtige Konsumtreiber sind nämlich unsere Sexualhormone, wie z. B. Testosteron (Dominanz), aber auch das Dopamin (Stimulanz). Es gibt leider keine Untersuchungen, wie der Dopamin-Verlauf im Alter vor 100 Jahren war.

Über die Sexualhormone dagegen wissen wir mehr. Sie steuern die menschliche Reproduktionsphase, also die Phase, in der Männer zeugungsfähig und Frauen empfängnisbereit sind. Tatsächlich hat sich die Reproduktionsphase im Laufe der letzten 100 Jahre nicht verlängert. Das heißt, dass der Verlauf und der Rückgang der Sexualhormone gleich geblieben sind und von der Vitalisierung nicht profitiert haben. Diese Nichtveränderung kann man am Einsetzen der Menopause, dem Produktionsstop in den Ovarien der Frau, am besten beobachten. Im Vergleich zur Andropause, dem Nachlassen und Ende der männlichen Zeugungsfähigkeit, gibt es bei der Menopause nämlich ein eindeutiges Ende. Seit 1900 (ab hier liegen verlässliche Daten vor) setzt sie bei der Frau konstant zwischen dem 48. und 50. Lebensjahr ein. Die zunehmende Vitalisierung und steigende Lebenserwartung hat also die Hoch-Konsum-Zeit der Jugend um vielleicht 3 bis 4 Jahre verlängert, die Sparphase des Alters dagegen um 10 bis 15 Jahre.

Alles Gewohnheit?

Andere Kritiker werden entgegenhalten: „Die biologischen Fakten sind sicher ernst zu nehmen, aber warum machen heute so viele Senioren Kreuzfahrten oder unternehmen Busreisen?" Zunächst einmal handelt es sich hier um ein Wahrnehmungsphänomen: Man nimmt ja nur den Anteil der Älteren wahr, der gerne und viel reist. Die große Anzahl der zu Hause gebliebenen Senioren sieht man nicht. Trotzdem hat obiger Einwand seine Berechtigung: Meine eigene Mutter, zum Zeitpunkt des Schreibens 85 Jahre alt, fährt heute noch mit dem eigenen Auto zum Einkaufen. Vierzig Jahre vorher wäre das undenkbar gewesen. Aber das hat mit den Konsumgewohnheiten zu tun. Der Konsumstil eines heute 65-Jährigen unterscheidet sich erheblich von dem seines 65-jährigen Vorläufers, der vor 40 Jahren gelebt hat. Der heute 65-Jährige ist im Wohlstand aufgewachsen und viele dieser Gewohnheiten werden auch im Alter (reduziert) beibehalten. Trotzdem erfolgt innerhalb dieser Gewohnheiten eine Veränderung nach dem klaren Altersmuster, das wir oben kennengelernt haben: Man wird ruhiger, sicherheitsbewusster, bescheidener und sparsamer. Die heute 65-Jährigen konsumieren zweifellos auch mehr als ihre Kollegen vor 40 Jahren, weil das Einkommen in dieser Zeit erheblich gewachsen ist. Das Gleiche gilt aber auch für 15-jährige Jugendliche. Auch sie geben aus dem gleichen Grund erheblich mehr aus als 15-Jährige in den sechziger Jahren. Trotzdem bleibt der oben beschriebene Unterschied gültig. Ein heute 65-Jähriger konsumiert erheblich weniger als ein heute 30-Jähriger. Und am Konsumstil von Alt und Jung wird sich auch in den nächsten 100 Jahren nichts ändern. Auch hierzu eine kleine empirische Bestätigung in puncto Mode-Interesse. Die gleiche Frage wurde 1997 und 2007 gestellt.

Obwohl der Wohlstand und Individualismus in diesem Zeitraum in der Bevölkerung gewachsen ist, erkennt man die klare (biologische) Altertendenz, die fast gleich verläuft. Das Interesse an Mode nimmt in beiden Zeiträumen fast parallel ab. Zwar sind die heutigen 60 bis 70-Jährigen einen Hauch modischer als ihre Altersgenossen vor 10 Jahren – aber insgesamt ist der Jugend-Altersverlauf fast identisch!

Mehr Dopamin im Jahr 2030?

Lassen Sie uns noch auf ein Thema in diesem Zusammenhang näher eingehen: die Intelligenz. Psychologen und Erziehungswissenschaftler stellen zurzeit fest, dass sich die Intelligenztestwerte der heutigen Jugend im Vergleich zur Vorgeneration verbessert haben – diesen Effekt nennt man in der Psychologie den Flynn-Effekt. Die Jugend von heute ist also im Vergleich zu meiner Generation intelligenter – im Sinne der klassischen Intelligenztests – geworden. Den Grund sehen die Wissenschaftler darin, dass Computer und TV das Gehirn mit Reizen und Anregungen versorgen. Ob die Jugend von heute deshalb klüger ist, mag diskussionswürdig sein. Jedenfalls denkt sie schneller. Nun weiß man aus der Hirnforschung, dass sich bei Kindern, die in reizstärkeren und abwechslungsreicheren Milieus aufgewachsen sind, das Gehirn verändert:[7.7] Die Anzahl der Verbindungen zwischen den Nervenzellen nimmt zu, aber auch die Dopaminkonzentration steigt an. Es ist also durchaus möglich, dass die 50-plus- und 60-plus-Generation im Jahr 2030 noch etwas mehr Dopamin im Kopf hat und damit etwas konsumfreudiger ist als die heutige 50-plus- bzw. 60-plus-Generation. Aber bis dahin ist es noch eine lange Zeit – wir kehren deshalb zu den Senioren von heute zurück und damit auch zu der Frage:

Wie gewinnt man Senioren (nicht)?

Man gewinnt Senioren nicht, indem man Produkte, Dienstleistungen oder Geschäfte mit dem Etikett versieht „speziell für Senioren". Senioren erreicht man, wenn die Eigenschaften von Produkten und Dienstleistungen seniorengerecht gestaltet und die Werbebotschaften seniorengerecht formuliert werden. Technische Produkte zum Beispiel sollten extrem einfach zu bedienen sein. Senioren haben im Vergleich zu jungen Leuten keinen Spaß an komplizierten Funktionen und technischen Spielereien. Durch das Nachlassen der Verarbeitungsgeschwindigkeit und Leistung des Gehirns sind sie auch nicht mehr in der Lage, komplizierte Bedienungsanleitungen zu dechiffrieren. Zudem lassen Augen und Ohren nach, ebenso die Feinmotorik, was im Funktionsdesign von Produkten zum Ausdruck kommen muss. Während ein 40-jähriger Mann beim Autokauf ins Schwärmen kommt, wenn der Verkäufer von der sagenhaften Performance des Turboladers spricht, ist das für den Senior eher von geringem Interesse. Er will Sicherheit beim Fahren, eine einfache Bedienung und die Gewissheit, dass das Auto nicht liegen bleibt. Auch das Designempfinden verändert sich. Findet ein junger Mann das Avantgarde-Design des Autos toll, zieht der Senior die Formensprache vor, die er gewohnt ist. Senioren erwarten außerdem beim Einkaufen, dass sich der Verkäufer Zeit nimmt und nicht ungeduldig wird, wenn sie für eine Entscheidung mehr Zeit benötigen. Alle Dienstleistungen und Produkte, die auf diese Bedürfnisse abgestimmt sind, haben eine erfolgreiche Zukunft vor sich.

Die Essentials aus Teil 2:

1. Es gibt erhebliche Persönlichkeitsunterschiede zwischen Menschen, die sich auch neurobiologisch im Gehirn des Konsumenten und Kunden nachweisen lassen. Diese Persönlichkeitsunterschiede basieren im Wesentlichen auf einem individuellen Mix der Motiv- und Emotionssysteme in unserem Gehirn.

2. Obwohl bei allen Kunden und Konsumenten alle Motiv- und Emotionssysteme aktiv sind, haben die meisten Kunden einen deutlichen Schwerpunkt. Aus diesen Schwerpunkten lassen sich neurobiologische Prototypen, die Limbic Types® ableiten.

3. Produkte und Marken sind dann erfolgreich, wenn ihr Motiv- und Emotionsprofil mit dem Motiv- und Emotionsprofil der angestrebten Zielgruppe übereinstimmt.

4. Kunden und Konsumenten betrachten und bewerten Produkte und Dienstleistungen durch die Brille ihrer Motiv- und Emotionssysteme. Für einen Traditionalisten beispielsweise sind jene Produktmerkmale von besonderer Bedeutung, die Sicherheit versprechen, während ein Performer eher für Status- und Machtaspekte empfänglich ist.

5. Frauen unterscheiden sich erheblich von Männern in ihren Kauf- und Entscheidungspräferenzen. Diese Differenzen basieren im Wesentlichen auf Unterschieden in Gehirnstrukturen, vor allem aber im unterschiedlichen Mix der Nervenbotenstoffe und Hormone. Von besonderer Bedeutung sind die Sexualhormone Testosteron und Östrogen.

6. Im Laufe des Alters kommt es zu erheblichen Veränderungen im Gehirn und im Mix der Nervenbotenstoffe. Während bei jungen Konsumenten das Dominanz- und Stimulanz-System bestimmend sind, ist es bei älteren Menschen das Balance-System.

7. Diese altersbedingten Veränderungen im Gehirn und in den Nervenbotenstoffen haben erheblichen Einfluss auf das Konsum- und Kaufverhalten. Produkte mit hohem Dominanz- und Stimulanz-Charakter verlieren stark an Bedeutung, solche mit hohem Balance-Charakter werden im Alter attraktiv.

Teil 3:
Was man tun kann, damit Kunden kaufen

Warum sind manche Produkte und Marken erfolgreicher als andere? Gibt es Mittel und Wege, auf das Unterbewusste des Kunden subtil einzuwirken? Die Antwort: Diese Mittel gibt es! Aber wer auf eine einfache Lösung im Sinne eines „Buy Button" hofft, auf den man nur drücken muss, um das Konsum-Programm des Kunden auf Volldampf hochzufahren, muss enttäuscht werden. Wer seine Kunden animieren und faszinieren will, wer einen uneinholbaren Wettbewerbsvorsprung aufbauen will, muss sich um den ganzen Verkaufsprozess kümmern, beginnend bei der Marke über das kleinste Produktdetail bis hin zur Präsentation in den Regalen des Handels. Kapitel 8, 9, 10 und 11 geben Praxis-Tipps aus der hohen Schule des gehirngerechten Verkaufens. Mit welchen Fragen beschäftigen wir uns also in diesen Kapiteln?

● Wie verschafft man Marken einen Logenplatz im Kopf des Kunden und wie beeinflussen Marken Kaufentscheidungen?

● Wie umschmeichelt und erobert man durch ein perfektes Cue-Management alle Sinne des Kunden?

● Wie steigert man Umsatz und Kundenbindung im Handel am Point of Sale (POS)?

● Welchen Nutzen kann das B2B-Geschäft aus den Erkenntnissen der Hirnforschung ziehen?

Am Ende dieses Buches beschäftigen wir uns kritisch mit der modernsten und derzeit am heißesten diskutierten Methode der Marktforschung, dem Gehirn-Tomographen, und den Chancen und Grenzen des Neuromarketings.

Kapitel 8:
Marken-Logenplätze im Gehirn

Was Sie in diesem Kapitel erwartet:

Marken sind neuronale Netzwerke, in denen Produkteigenschaften und Emotionswelten verknüpft sind. Bei starken Marken reichen wenige Signale aus, um im Gehirn das ganze Netzwerk zu aktivieren und damit die Kaufentscheidung unbewusst zu beeinflussen. Der Wert einer Marke aus Sicht des Gehirns steigt, je mehr Emotionsfelder positiv von der Marke besetzt werden. Kultmarken erzählen eine Geschichte und sind mit einem Mythos verbunden.

Die Bibliotheken sind voll von Büchern, die in die Geheimnisse der Marke und der Markenführung einweihen. Ist also schon alles gesagt? Wahrscheinlich nicht, denn aus der Verbindung von Hirnforschung und Psychologie ergeben sich sehr interessante, neue Erkenntnisse. Zunächst einmal beeinflussen Marken, wie wir schon gesehen haben, das Kaufverhalten von Konsumenten. In Kapitel 1 haben wir uns schon mit dem Coca-Cola- und Pepsi-Cola-„Krieg" beschäftigt und gesehen, was im Gehirn vor sich geht. Schon mehr als zehn Jahre vorher gab es eine Untersuchung, damals noch mit herkömmlichen Mitteln (siehe Abbildung 8.1). Versuchspersonen wurden Pepsi und Cola im Blindtest angeboten. Die Mehrheit, nämlich 51 %, entschieden sich für Pepsi. In der zweiten Runde wurden nun die Produkte wieder angeboten – dieses Mal aber mit Nennung der Marke. Jetzt sah die Sache völlig anders aus: Nur noch 23 % entschieden sich für Pepsi, 65 % aber für Coca-Cola. Ein eindrucksvoller Beweis für die Wirkung von Marken.[8.2] Dieser Versuch wurde in anderen Produktkategorien oftmals wiederholt – meist mit dem gleichen Ergebnis.[12.4]

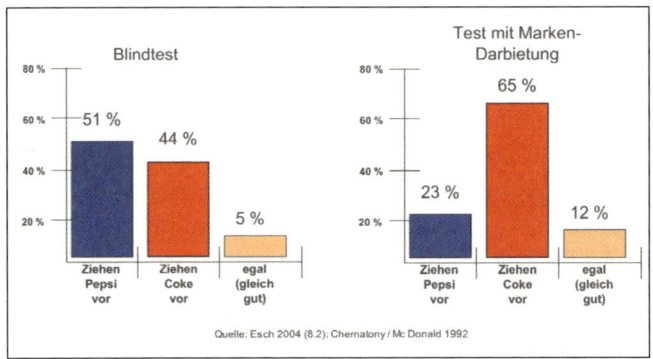

Abbildung 8.1:
Marken verändern die
Kaufentscheidung

Im Blindtest schmeckt
Pepsi besser – aber so-
bald die Marke ins Spiel
kommt wird Coca-Cola
vorgezogen.

Aber was machen Marken im Gehirn? Wie schaffen sie es, das Kaufverhalten von Konsumenten zu beeinflussen? Wie wir in Kapitel 4 gesehen haben, basieren Kaufentscheidungen darauf, dass das Gehirn des Kunden seine inneren Wünsche und Motive mit den verfügbaren Objekten in seiner Umwelt abgleicht. Und wenn diese Objekte eine Erfüllung seiner Wünsche versprechen, werden sie für ihn attraktiv.

Inzwischen liegen dazu auch einige Untersuchungen mit dem Hirnscanner vor, die zeigen: Wenn man der Versuchsperson eine attraktive Marke oder ein attraktives Produkt präsentiert, ist vor allem der „Lustkern" im Gehirn, der Nucleus Accumbens, besonders aktiv. Welche Rollen spielen Marken in diesem Prozess? Marken haben zwei wichtige Funktionen. Durch ihre Bekanntheit reduzieren sie Komplexität und Entscheidungsunsicherheit. Einige Abschnitte später gehen wir darauf vertiefend ein. Das Gehirn kann auf Automatik schalten und braucht keine Energie zum Denken verschwenden. Die wichtigste Funktion einer Marken ist es aber, Objekte mit positiven Emotionen aufzuladen. Beispielsweise mit einem Sicherheits- und Geborgenheitsgefühl (Balance/Fürsorge), mit einem Genussversprechen (Stimulanz), mit dem Prickeln des Neuen und Aufregenden (Abenteuer), mit einem Status- und Überlegenheitsgefühl (Dominanz) oder mit dem Gefühl, alles im Griff zu haben und kontrollieren zu können (Disziplin/Kontrolle).

Dieses emotionale Aufladen geschieht über Lernvorgänge, die überwiegend im limbischen System stattfinden. Wenn die Marke erst kurz im Markt ist, werden die schneller lernenden Teile des limbischen Systems, beispielsweise der orbitofrontale Kortex aktiviert. Der Emotionswert von Marken, die es schon lange gibt, wie beispielsweise Nivea oder Volkswagen, wird dagegen in den älteren und tieferen Teilen des limbischen Systems, insbesondere in der Amygdala abgespeichert.

Das Gehirn des Kunden arbeitet nach einem relativ einfachen Lernprinzip, das sich im Laufe der Evolution bewährt hat. Wenn Reize von außen (Bilder,

Töne, Ereignisse etc.) und Signale aus dem Körperinneren (Gefühle, innere Stimme etc.) immer wieder zusammen auftreten, werden sie miteinander verknüpft. Es spielt dabei keine Rolle, ob diese verschiedenen Informationen tatsächlich etwas miteinander zu tun haben – das zeitgleiche Auftreten reicht dem Gehirn, um ein Gesamtbild zu formen und dieses abzuspeichern. In der Werbung wird das Produkt deshalb immer im Zusammenhang mit einer Botschaft gezeigt, die Gefühle auslöst. Diese Verknüpfung der verschiedenen Informationen erfolgt insbesondere im Hippocampus. Die Amygdala, die graue Eminenz im Gehirn, steuert meist die emotionalen Bewertungen bei.

Marken sind neuronale Netzwerke

Der Hippocampus legt nun dieses Gesamtbild in einem neuronalen Netzwerk im Neokortex ab, indem er einige tausend Nervenzellen gleichzeitig aktiviert und dadurch miteinander verknüpft. Ein solches neuronales Marken-Netzwerk kann sich über weite Neokortex-Areale erstrecken. Die optischen (korrekter: visuellen) Elemente der Marke werden in den hinteren Kortex-Arealen abgelegt, die für die Verarbeitung visueller Reize zuständig sind (occipitaler und parietaler Kortex). Die akustischen Elemente (korrekter: die auditiven), wie z. B. ein Jingle, werden im seitlichen, im temporalen Kortex abgelegt. Die Speicherung der emotionalen Bestandteile des Markenbildes erfolgt eher im vorderen Bereich, dem orbitofrontalen Kortex und in der Amygdala. Ein neuronales Markenbild besteht also aus der gleichzeitigen Verknüpfung verschiedenster Nervenzellen im Gehirn zu einem weit gefächerten Netzwerk. Die Verbindungen zwischen den Nervenzellen, die zum Netzwerk gehören, werden umso stärker, je öfter Produkt und emotionale Werbebotschaft zusammen auftauchen. Werden Nervenzellen nämlich wiederholt von und mit ihrem Netzwerk-Nachbarn angesprochen, reagieren sie wesentlich schneller auf seine Signale als auf Signale anderer Nervenzellen, die nicht zum Netzwerk gehören. In der Fachsprache wird dieser Mechanismus Langzeit-Potenzierung genannt. Übrigens: Wie wir in Kapitel 5 im Generationen-Marketing gesehen haben, nimmt die Lernbereitschaft unseres Gehirns mit dem Alter stark ab und damit auch die Bereitschaft neuronale Markenbilder zu etablieren. Während das Gehirn von Kindern, Jugendlichen und jungen Erwachsenen darauf programmiert ist, möglichst viele und neue neuronale Netzwerke aufzubauen und zu etablieren, wehrt sich das Gehirn älterer Erwachsener gegen den Aufbau neuer Netzwerke und versucht, das Leben mit bestehenden neuronalen Netzen und Erfahrungsbildern zu meistern. Wer sich für seine Marke einen Logenplatz im Gehirn des Konsumenten sichern will, beherzige dies. Viele Markenhersteller tun das bereits: Sie geben viel Geld dafür aus, dass ihre Marke schon bei

Kindern präsent ist, etwa in Quartettspielen, in Kinder-Comics, Kinderfilmen und bei Jugend-Events.

Der 1-Click-Mechanismus von neuronalen Marken-Netzen

Marken sind also neuronale Netzwerke im Gehirn. Neuronale Netzwerke haben aber eine ganz besondere Eigenschaft. Werden nur wenige neuronale Netzwerk-Teilnehmer gleichzeitig angesprochen, wird dadurch das ganze Netzwerk aktiviert. Anders ausgedrückt: Wenige Hinweissignale genügen, um das ganze Markenbild im Kopf zu aktivieren und dadurch die Kaufentscheidung unbewusst zu beeinflussen. Ein Beispiel für diese 1-Click-Funktion: Sie gehen durch die Reihen eines Supermarktes und sehen in einiger Entfernung eine lila Farbfläche. Bevor Sie in Ihrem Bewusstsein überhaupt etwas davon mitbekommen, wurde im Gehirn bereits das neuronale Milka-Markennetz aktiviert. Wenn Sie schon vorher etwas hungrig waren, taucht in Ihrem Bewusstsein nun der Wunsch nach einem Stück Schokolade auf und Ihre Beine setzen sich in Richtung Schokoladenregal in Bewegung. Oft genügt schon ein kleiner markentypischer Hinweisreiz, in diesem Fall die Farbe Lila, um das ganze Marken-Netzwerk hochzufahren. Das Milka-Beispiel zeigt übrigens ganz gut, was die Basis eines starken neuronalen Marken-Netzwerks ausmacht. Es besteht zum einen aus starken Emotionen, zum anderen aus markentypischen Gestaltungselementen (Formen, Schriftzüge, Töne, Farben usw.), die sonst von keiner anderen Marke benutzt werden. Wäre dies nämlich der Fall, würde ein Hinweissignal möglicherweise auch das Wettbewerbsnetzwerk aktivieren. Aus diesem Grund ist die Werbung für Genussprodukte oft nicht wirksam. Das prototypische junge Paar, das sich im TV-Spot beim Genuss verliebt in die Augen schaut, hat das Konsumentenhirn schon hundert Mal von verschiedenen Anbietern gesehen und kann es deshalb nicht mehr zuordnen. Die markentypischen Gestaltungselemente heben das Produkt zudem prägnant vom Umfeld ab und lenken die Aufmerksamkeit darauf. In unserem Gehirn – genauer im vorderen Gyrus Cinguli gibt es Bereiche, die bei Kontrasten und Wahrnehmungskonflikten aktiv werden und die Aufmerksamkeit des Gehirns auf den Auslöser lenken.

Nun zur Kaufentscheidung selbst: Da wir wissen, dass Kaufentscheidungen im Prinzip nichts anderes als eine emotionale Nutzenberechnung des Gehirns sind, haben diejenigen Marken einen Vorteil, die nicht nur durch eine typische Gestaltung ins Auge springen, sondern gleichzeitig auch markentypische Gefühle aktivieren. Erinnern wir uns: Für unser Gehirn hat nur dann etwas Wert, wenn es mit Emotionen verbunden ist. Die stärksten und erfolgreichsten Marken sind in beiden Disziplinen Weltmeister – sie haben

eine typische Gestaltung und besetzen deutliche und eindeutige Emotionsfelder. Beispiele dafür sind Nivea mit blauer Farbe, weißem Schriftzug und
dem Care-/Fürsorge-Emotionsfeld, Porsche mit 911er-Form und dem Domi-
nanz-Emotionsfeld oder Red Bull mit der typischen Dose und dem Stimu-
lanz-/Abenteuer-Emotionsfeld.

Starke Marken als Entscheidungsautomaten

Werfen wir nun einen Blick in das Neuromarketing. Der Münsteraner Wissenschaftler Peter Kenning präsentierte Versuchspersonen mehrere Markenprodukte – in diesem Fall Kaffeemarken. Die Versuchspersonen hatten
die Aufgabe, spontan ihre Lieblingsmarke zu wählen. Das Ganze geschah
unter einem Hirnscanner, so dass man während dieser Entscheidung die
Veränderungen im Gehirn betrachten konnte. Während sich die Versuchspersonen für ihren Favoriten entschieden, zeigte nun das Computerbild im
präfrontalen Kortex bei der Wahl des Favoriten eine Unteraktivierung.[12.4]
Man könnte es auch als „Abschalten" des Großhirns bezeichnen. Kenning
nennt dieses Phänomen „kortikale Entlastung". Wie ist das zu erklären?
Wir wissen aus Kapitel 4, dass Bewusstsein ein energetisch teurer Prozess
ist und unser Gehirn am liebsten auf unbewusste Automatik schaltet. Offensichtlich hat ein neuronales Markennetz auch einen Automatik-Modus.
Wenn die Kaufentscheidung keine Konflikte im Kopf erzeugt, wenn sie
nicht begründet werden muss bzw. mit keinem Risiko verbunden ist, wählt
unser Gehirn automatisch die bekanntere und ihm so sympathischere Marke, also die mit dem stärkeren neuronalen Netz. Hier greift das limbische
System direkt auf das neuronale Netz zu. Es wartet nicht auf die Zusam-
menführung und Verdichtung durch den vorderen Neokortex und entlastet
ihn dadurch.

Die Selbstähnlichkeit von Marken als Erfolgsfaktor

Wie entstehen starke neuronale Marken-Netze? Durch permanente Wiederholung der gleichen Markenbotschaft. Erfolgreiche Marken sind, wie es der
Markenexperte Klaus Brandmeyer formulierte, sich selbst ähnlich. Was ist
darunter zu verstehen? Das Markenbild in unserem Bewusstsein (Gestaltung und besetzte Emotionsfelder) bleibt über Jahre und Jahrzehnte fast
gleich. Abbildung 8.2 zeigt Selbstähnlichkeit am Beispiel von Nivea.

Abbildung 8.2:
Das Prinzip der Selbst-
ähnlichkeit

Einige werden nun einwenden, dies sei unmöglich, denn in unserer immer hektischeren und schnelleren Zeit würde das Stillstand und Veralterung der Marke bedeuten: Lifestyles und der aktuelle Zeitgeist würden so eine immer schnellere Anpassung der Marke erfordern.

Wer so denkt, hat etwas Wichtiges vergessen: das Gehirn. Wie wir gesehen haben, entstehen neuronale Marken-Netze durch wiederholte gleichzeitige Aktivierung der am Netz beteiligten Nervenzellen. Die Betonung liegt dabei auf „wiederholt". Eine einmalige Darbietung einer Markenbotschaft ist für das Gehirn belanglos, denn pro Tag wird es mit ca. 2.000 weiteren Marken-botschaften konfrontiert. Da der Aufbau und die Aufrechterhaltung von neuronalen Marken-Netzen im Gehirn Energie kostet und sparsamer Um-gang mit Energie eine Vorgabe der Evolution ist, sehnt sich unser Gehirn nicht sonderlich danach, solche neuronalen Marken-Netze anzulegen. Einen Bauplatz bekommen nur die Marken, die durch die Emotionen dem Gehirn ihre Bedeutung signalisieren. Aber damit ist erst das Fundament gelegt. Denn nur durch permanente Wiederholung der möglichst gleichen emotio-nalen und gestalterischen Botschaften entstehen aus den schmalen Pfaden, die die Nervenzellen im Netz verbinden, elektrochemische Autobahnen. Wer aber permanent seine Gestalt und seine Emotionsfelder verändert, fängt im Prinzip im Gehirn immer wieder mit einem Neubau an. Kaum ist das Fundament mühevoll gelegt, wird mit großem Aufwand die nächste Baugrube im Kopf ausgehoben. Millionen von Euro werden auf diese Weise in den Sand gesetzt. Weil sich mit der Zeit der ästhetische Geschmack ver-ändert, brauchen Marken und die damit verbundenen Produkte ab und zu kleine Faceliftings. Diese müssen aber so dezent sein, dass das innere Vor-stellungsbild des Konsumenten von der Marke erhalten oder sich selbst ähnlich bleibt. Ein wunderschönes und gelungenes Beispiel dafür ist der Porsche 911, der seit Jahrzehnten das Kernsymbol dieser Marke ist. Die Ur-form ist seit mehr als 30 Jahren die gleiche (Markenkern) – trotzdem trifft der neue 911er genau den Zeitgeist. Auch sein emotionales Dominanz-Feld hat er nicht verändert.

Die Inszenierung der Marke bis ins kleinste Detail

Erfolgreiche Markenmacher nehmen sich deshalb viel Zeit, Markenkern, Markentypik und Markenbotschaften zu formulieren und diesen genetischen Markencode bis ins kleinste Detail im Auftritt zu inszenieren. Alles ist eine Botschaft, ein Bedeutungscode – nichts darf deshalb dem Zufall überlassen bleiben. Diese Inszenierung beginnt mit der Einbindung der Mitarbeiter. Sie sind es, die Produkte entwickeln, Kunden von der Marke und ihren Produkten überzeugen, Verkaufsräume beleben, die Marke am Telefon repräsentieren oder den Service für das Markenprodukt durchführen. Diese Inszenierung setzt sich fort im Produkt und seiner Gestaltung, in der Dienstleistungserbringung und in der Art und Weise, wie das Produkt im Handel präsentiert und verkauft wird. Erfolgreiche Marken aktivieren und verstärken immer wieder das gleiche neuronale Netzwerk im Gehirn! Alle Signale, die sie zu unterschiedlichsten Zeiten, an unterschiedlichsten Orten über unterschiedlichste Medien aussenden, zahlen immer wieder auf das gleiche Konto ein. Wer mit seiner Marke einen Logenplatz im Kopf des Konsumenten besetzen will, kümmert sich um das kleinste Detail. Er bzw. sie achtet darauf, dass die mit der Marke verbundenen Gestaltungs- und Emotionswelten stimmig und durchgängig umgesetzt sind. (Im nächsten Kapitel werden wir uns mit diesen Feinheiten näher beschäftigen). Eine Marke, sei es die Unternehmensmarke oder eine Produktmarke, ist mit der wichtigste Wert eines Unternehmens. Die eigentliche Wertschöpfung findet nämlich nicht nur in den Produktionsanlagen statt, sondern im Kopf des Kunden. Produktionsanlagen und Gebäude sind austauschbar, starke Marken im Kopf des Kunden nicht. Erfolgreiche Markenführung ist deshalb Chefsache. Die Verantwortung für eine Marke kann und darf nicht an eine Werbeagentur delegiert werden. Eine Werbeagentur kann beraten, sie kann die Umsetzung begleiten und helfen, die Marke sichtbar zu machen – die Marke führen kann sie nicht. Denn wirkliche Markenführung beginnt im Bewusstsein des Unternehmens.

Was Radeberger und Beck's verbindet

In den vorhergehenden Abschnitten dieses Kapitels haben wir gesehen, dass ein neuronales Markenbild aus den typischen Gestaltungselementen einer Marke und den markentypischen Emotionsfeldern besteht. Eine dritte Komponente muss noch erwähnt werden: die funktionale Seite. Nehmen wir als Beispiel die bekannten Marken Radeberger und Beck's. Was haben sie gemeinsam? Richtig, beides sind Bier-Marken, genauer Pils-Biere. „Pils-Bier" ist in diesem Fall die funktionale Seite einer Marke. Radeberger und Beck's stehen beide für Pils-Bier. Würde man nun die neuronalen Marken-Netze dieser beiden Marken genau analysieren und vergleichen, würden beide Netze genau hier Gemeinsamkeiten haben. Denn in beiden Marken-Netzen wären auch allgemeine Bier-Assoziationen enthalten. Diese allgemeinen Assoziationen nennt man auch generische Produktassoziationen. Bei Bier fallen den Konsumenten spontan generische Assoziationen wie Hopfen, Reinheitsgebot, Alkohol usw. ein. Bei einem Milchprodukt sind diese generischen Assoziationen z. B. Kuh, Bauernhof, Milchkanne usw. Mit der funktionalen Komponente ist oft auch ein generisches Emotionsfeld verbunden, das bei Bier von Genuss, Gemütlichkeit, Entspannung usw. geprägt wird. Die generischen Assoziationsfelder sorgen dafür, dass das Produkt schon ohne Marke attraktiv ist, in unserem Fall also das Bier selbst.

Was Radeberger und Beck's unterscheidet

Warum entscheidet sich ein Käufer aber nun beispielsweise für ein Beck's und gegen Radeberger? Antwort: Weil die Marken unterschiedliche Emotionsfelder besetzen und damit unterschiedliche Motivsysteme ansprechen. Vielleicht spielen auch Geschmacksunterschiede eine Rolle – diese sind aber bei Bier nicht sehr groß. Tatsache ist, dass 95 % aller Pilstrinker diesen Unterschied nicht schmecken. Werfen wir einen Blick auf die Anzeigen der beiden Marken. Beide Anzeigen basieren auf den Inhalten der TV- und Kinospots. Beck's wirbt seit Jahren mit einem Segelschiff mit grünen Segeln . Das sorgt für die schnelle Erkennung des Absenders und aktiviert das neuronale Marken-Netzwerk. Das Segelschiff steht aber auch für Entdecken und Abenteuer. Dieses Emotionsfeld wird im Werbespot durch einen muskulösen jungen Mann verstärkt, der am Steuer des Schiffes steht und sichtlich seine Freiheit und sein Leben genießt. Das mit Beck's verbundene Emotionsfeld sehen wir auf der Limbic® Map in Abbildung 8.3. Es liegt eher im Bereich Stimulanz.

Nun zu Radeberger. Das Markenbild wird durch die traditionelle Semperoper gebildet. Wo liegt Radeberger? Dort, wo Tradition in der Limbic® Map angesiedelt ist – im Balance-Bereich. Durch den elitären Semperoper-Anspruch wird aber auch das Dominanz-System aktiviert.

Der erste Grund für den Erfolg dieser Marken liegt in der eindeutigen und klaren Besetzung starker, markentypischer Emotionsfelder. Der zweite Erfolgsgrund ist die hohe Selbstähnlichkeit der Marken. Beide Marken penetrieren seit vielen Jahren die gleichen visuellen Botschaften und sind fest in den zugehörigen Emotionsfeldern verankert.

Unterschiedliche Marken-Emotionsfelder sprechen unterschiedliche Zielgruppen an.

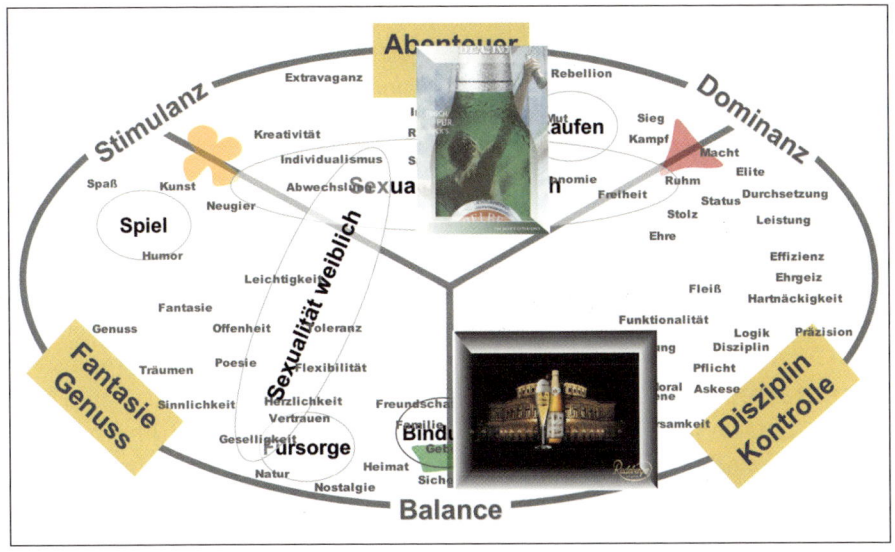

Abbildung 8.3:
Radeberger und Beck's haben unterschiedliche emotionale Positionierungen auf der Limbic® Map

Bleiben wir noch etwas bei Beck's und Radeberger. Sind beide Marken für alle Verwender (zu über 75 % Männer!) gleich attraktiv? Unterscheidet sich die Kauf-Präferenz für eine Marke nur durch die momentane Stimmung der Konsumenten? Offensichtlich nicht – denn eine Zahl gibt zu denken. Beck's-Konsumenten sind im Durchschnitt wesentlich jünger als Radeberger-Konsumenten. Was ist der Grund dafür? Wir haben gesehen, wie sich im Laufe des Alters unser Motivsystem im Kopf durch Rückgang z. B von Dopamin und Testosteron und Zunahme von Cortisol verschiebt. Weg von Dominanz und Stimulanz (Abenteuer) und hin zu Balance. Genau das ist der Grund für die Altersdifferenz der Konsumenten. Beck's spricht offensichtlich eher die aktiven und entdeckungsfreudigen Zielgruppen wie Genießer, Hedonisten, Abenteurer an, aber auch Hedonisten an, während Radeberger stärker bei konservativeren Zielgruppen punktet. Beck's verspricht Freiheit und Entdeckung, mit dem Konsum wird Tatkraft signalisiert. Radeberger (Traditionelle) dagegen belohnt den Konsumenten mit Sicherheit und Kultur.

Das schauen wir uns in Abbildung 8.4 und 8.5 genauer an. Dazu haben wir die Beck's- und Radeberger-Käufer mit Hilfe von Limbic® in Burda TDWI ausgewertet. Die über 19.000 Konsumenten mit ihren gesamten Markennutzungen, Einstellungen wurden mit Limbic® getestet und einem Limbic Type® zugewiesen.

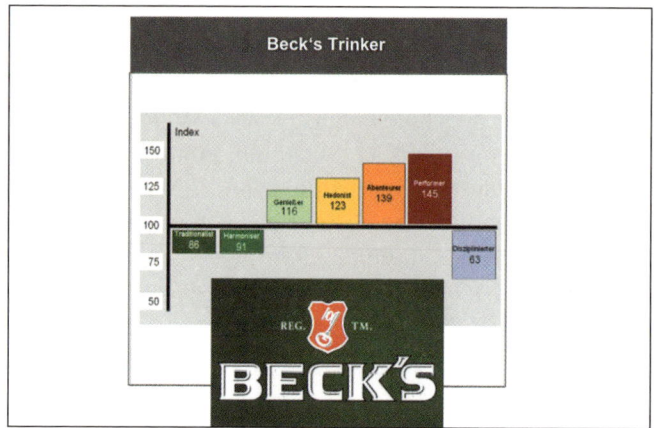

Abbildung 8.4:
Die Limbic® Types-Nut-
zerstruktur von Beck's
(Quelle: Limbic® in TDWI
2006/2007)

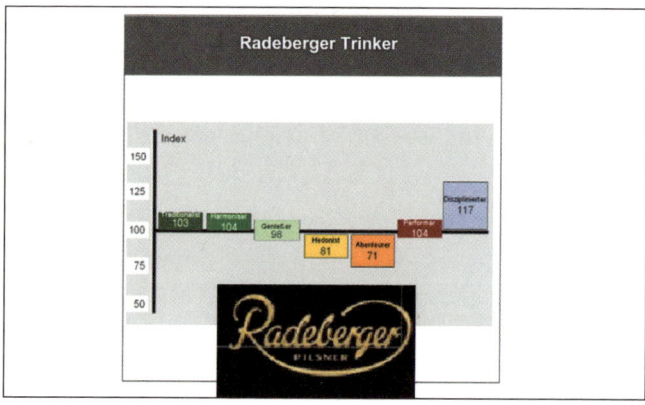

Abbildung 8.5:
Die Limbic® Types-
Nutzerstruktur von
Radeberger
(Quelle: Limbic® in TDWI
2006/2007)

Man sieht ganz deutlich, dass sich die Käuferprofile dieser beiden Marken doch stark unterscheiden. Das heißt natürlich nicht, dass ein Traditionalist nicht auch mal ein Beck's trinkt oder ein Hedonist ein Radeberger. Im Zweifelsfall und durstigen Zustand ist die Lust auf ein Pils stärker – auch wenn es vielleicht nicht die Lieblingsmarke ist. Marken ziehen also durch emotionale Positionierung bestimmte passende Zielgruppen an, während andere eher etwas auf Distanz gehalten werden.

Porsche: Zielgruppen-Polarisierung pur

Dieser Polarisierungseffekt ist umso stärker, je spitzer die Marke auf der Limbic® Map
positioniert ist und je deutlicher und konsequenter die emotionalen Markensignale durch die Markenkommunikation, vor allem aber vom Produkt selbst kommuniziert werden. Schauen wir uns dazu mit Porsche eine der erfolgreichsten Marken der letzten Jahre an. Man braucht nicht lange nachzudenken, um zu wissen, wo Porsche auf der Limbic® Map sitzt – nämlich im Bereich Dominanz. Zwischen Porsche und den beiden Bieren gibt es aber – neben dem Preis – erhebliche Unterschiede:

- Ein Porsche differenziert sich auch in seiner funktionalen Struktur deutlich vom Wettbewerb. Das Design, die Motoren, das Fahrverhalten, die Geräusche usw. stellen ein multisensuales Gesamterlebnis dar (im nächsten Kapitel beschäftigt uns dieser Aspekt noch genauer), das den Dominanz-Anspruch auf allen Wahrnehmungskanälen inszeniert

- Für einen Mann hat ein Auto eine wesentlich wichtigere soziale Statusfunktion als ein Bier.

Nun werfen wir einen Blick auf die Limbic Types®-Struktur der Porschebesitzer.

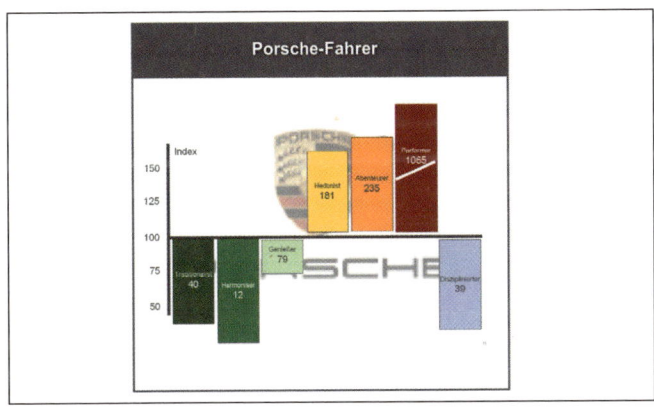

Abbildung 8.6:
Die Limbic® Types-Käuferstruktur von Porsche

(Quelle: Limbic® in TDWI 2006/2007)

Hier explodieren die Zielgruppen-Differenzen förmlich. Während sich das Performer-Gehirn vor Jubel mit einem Indexwert von über 1000 vor Freude überschlägt, schauen die Harmoniser-, Disziplinierten- und Traditionalisten-Gehirne angesichts dieser Verschwendung und des Status- und Macht-Protzes angewidert weg. Für Perfomer (aber auch für Hedonisten und Abenteurer) bedeutet ein Porsche die Erfüllung ihrer Sehnsucht – für Harmoniser & Co dagegen ist dieses Auto die pure Unvernunft.

Die Zielgruppen-Struktur der Marktführer

Gibt es auch Marken mit geringer Zielgruppendifferenzierung? Ja, die gibt es. Erstaunlicherweise sind es zwei völlig verschiedene Markentypen, die hinsichtlich Zielgruppen eher weniger differenzieren. Erstens reine Funktionsmarken und zweitens: Oft der Marktführer in einer Kategorie. Werfen wir zunächst einen Blick auf die reinen Funktionsmarken (in Kapitel 3: Die Gehirnlangweiler). In der Regel handelt sich um Markenprodukte des täglichen Grundbedarfs, wie Salz, Zucker, Papiertaschentücher usw. Die Marken dieser Produktkategorien bieten wenig emotional-soziales Differenzierungspotenzial (Status, Individualismus). Die Funktion der Marken in diesen Produktkategorien liegt vor allem darin, ein Qualitätsversprechen zu geben und durch ihren hohen Bekanntheitsgrad die kognitive Unsicherheit zu reduzieren. Zwar ist das für Abenteurer und Hedonisten in der Regel weniger wichtig, trotzdem sind die Zielgruppenausschläge bei diesen Marken nicht allzu hoch.

Geringe Zielgruppenausschläge zeigen sich oft bei Marktführern einer Kategorie, wie zum Beispiel Volkswagen. Zwar haben auch diese Marken einen Platz auf der Limbic® Map, aber der von ihnen eingenommene emotionale Raum ist viel, viel breiter. Marktführer bieten sowohl in Ihrer Kommunikation aber auch in ihrem Produktangebot für alle etwas. Volkswagen z. B. hat den Golf, der alle Emotionen bedient – mit leichtem Schwerpunkt in Richtung Offenheit/Balance. Da sitzt auch der Markenkern von VW

Der VW Beetle spricht die Hedonisten an, der Golf GTI die Abenteurer und Performer, der VW Van die Harmoniser usw. Schauen wir uns aus diesem Blickwinkel die Limbic Types®-Verteilung von VW an.

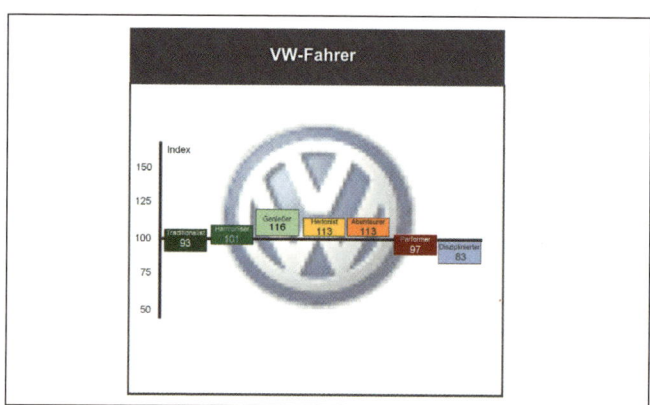

Abbildung 8.7:
Die Limbic® Types-
Käuferstruktur von
Volkswagen

(Quelle: Limbic® in TDWI
2006/2007)

Kleinere positive Ausschläge gibt es bei Genießern, Hedonisten und Abenteurern – dies liegt aber auch daran, dass vor allem der Golf für viele jüngere Menschen das Einstiegsmodell ist. Ähnliche Muster kann man auch bei anderen Marktführern beobachten. Diese Multiemotionalität der Marktführer wird auch durch verschiedene zielgruppenorientiertere Produktvarianten bewusst gepflegt, aber auch durch zielgruppenorientierte Sponsoringmaßnahmen. Allerdings führt dieses Überall-sein auch zu einem emotionalen „Markenflimmern", weil ein klares Profil fehlt. Marktführer bedienen oft die berühmte „Mitte".

Wer überall ist, ist überall angreifbar

Diese „Wir sprechen alle an"-Position vieler Marktführer hat Vorteile, weil damit eine breite Masse von Konsumenten erreicht wird. Sie hat aber auch Nachteile, weil Marktführer von Marken mit spitzer emotionaler oder funktionaler Fokussierung angreifbar sind. VW wird im Disziplin/Kontrollbereich (= Sparsamkeit) von den japanischen und koreanischen Herstellern attackiert, im Offenheit/Genuss-Feld von den französischen Konkurrenten, im sportlichen Bereich von BMW usw. Aber auch im breiten VW-Markenkern versuchen Massenmarken wie Ford oder Opel sich breit zu machen. Aus diesem Grund ist auch die Konzernstrategie richtig, durch eigene Segment-Marken gezielt gegen diese Angreifer vorzugehen. Audi kämpft gegen BMW und Mercedes, Skoda gegen die preiswerteren Importautos und Seat wird gegen die individualistischeren Franzosen in Stellung gebracht. Diese „Wir sprechen alle an"-Position führt aber auch zu strategischen Einschränkungen – gewinnbringende und hochrentable Exklusivitätsstrategien sind nämlich ausgeschlossen. Das ist der Grund warum VW mit dem Phaeton gescheitert ist. Obwohl es sich technisch um ein brillantes Auto handelt, dümpeln die Verkaufszahlen weit unter Plan. Wer sich ein teures Oberklasse-Auto kauft, macht dies, um Status zu zeigen und sich von der Masse abzuheben. Ein Volkswagen (= Wagen für das ganze Volk) kann aber nie einen Exklusivitätsanspruch erfüllen.

Der Irrweg des Kamels

Am Beispiel Radeberger und Beck's lässt sich zeigen, wie wichtig es für eine Marke ist, ein markentypisches Emotionsfeld zu besetzen und dieses Emotionsfeld nicht mehr zu verlassen. Welche ungeheuren Werte vernichtet werden, wenn man das mit der Marke verbundene Emotionsfeld verlässt, kann man am Beispiel der Zigarettenmarke „Camel" sehen. Die meisten von Ihnen werden sich noch gut an den legendären „Camel-Mann" erinnern, der meilenweit und mit einem Loch im Schuh für seine Camel durch den

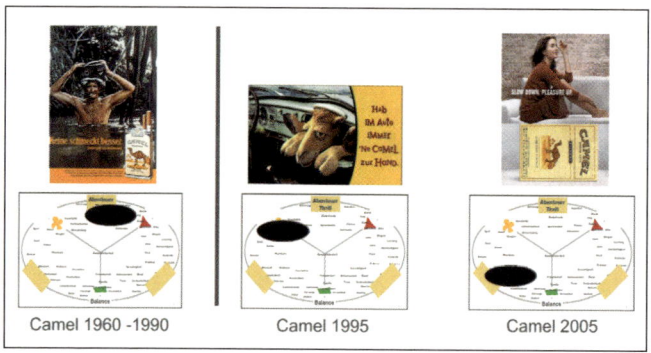

m Laufe der Kampagnen
hat Camel das Emotions-
feld mehrfach gewech-
selt. Verbunden mit
diesem Wechsel war ein
dramatischer Verlust
der Marktanteile

Urwald ging. Das von Camel besetzte Emotionsfeld lag im Bereich Abenteuer (siehe Abbildung 8.8) und sprach damit vor allem junge Männer an. Aber
offensichtlich war dieses große Marktsegment den Camel-Managern nicht
groß genug – sie wollten auch Frauen ansprechen. Deswegen wurde die
Kampagne und damit das Emotionsfeld verändert. Der „Camel-Mann" wurde in die Wüste geschickt und mehrere Kampagnen mit mehr oder weniger
witzigen Kamelen versuchten im Stimulanz-Bereich ein Emotionsfeld aufzubauen. Erfolglos. Nun wurde die Kampagne wieder geändert und noch
weiter von der Ursprungspositionierung entfernt. Mit dem Slogan „Slow
down. Pleasure up" zeigte man Frauen und Männer in genussreicher Entspannung. Mit dieser Veränderung war eine erneute Verlagerung des Emotionsfeldes verbunden. Der emotionale Markenkern saß jetzt zwischen Balance und Stimulanz. Betrachten wir zunächst das Ergebnis in Marktanteil-
zahlen. Von stolzen 9 % ist die Marke auf 2 % gefallen. Nun schauen wir uns
das Ganze aus Sicht der besetzten Emotionsfelder an. Von einer typisch
männlichen Position hat sich die Marke eher in die weibliche Seite des Gehirns abgesetzt. Für Männer hat Camel damit jede Faszination verloren.
Nun könnte man sagen, dass auf der weiblichen Seite mit dieser Positionierung ein großes Potenzial wartet und die Camel-Manager einfach etwas Geduld brauchten. Doch das ist ein Irrtum: Mit diesem Wertefeld sprach Camel vor allem Frauen an, die zwischen 30 und 40 Jahre alt sind. Marken-
wechsel findet bei Rauchern dieser Altersgruppe aber kaum noch statt. Inzwischen haben die Camel-Marketingverantwortlichen diesen Fehler erkannt. Aber wenn das Kind einmal in den Brunnen gefallen ist, ist es sehr
schwer, es dort wieder herauszuholen.

Die gekonnte Verjüngung von Jägermeister

Nach dem Camel-Desaster könnte man nun der Meinung sein, eine Veränderung des Emotionsfeldes einer Marke sei grundsätzlich falsch und auf jeden Fall zu unterlassen. Doch so einfach ist die Sache nicht. Manchmal
kann es richtig sein, genau dies zu tun. Allerdings muss man sich darüber
im Klaren sein, welche Konsequenzen mit einer Veränderung verbunden
sind.

Welche Zusammenhänge zwischen Emotionsfeldern und Zielgruppen bestehen, haben wir ja im Laufe dieses Buches ausführlich erklärt. Ein gelungenes Beispiel für eine solche Veränderung liefert die Spirituosenmarke Jägermeister. Bis vor ca. 30 Jahren war Jägermeister eine Kräuterschnaps-
Marke wie viele andere. Der traditionelle Name, die wuchtige Flaschenform
und Kräuter als Ingredienzien standen für Tradition, Heimat und Natur und
besetzten damit eindeutig das Balance-Emotionsfeld. Eine gute Positionierung, könnte man meinen, weil ja die Harmoniser und Traditionalisten, die
man damit anspricht, die größte Zielgruppe überhaupt sind. Diese Zielgruppen sind, wie wir wissen, aber eher älter. Leider hatte diese Positionierung
deshalb ein Problem: Der Spirituosenkonsum nimmt mit dem Alter erheblich ab. Alkohol macht sich im Gehirn nämlich sehr unterschiedlich bemerkbar. Er beeinflusst das Balance-System: Man fühlt sich enthemmt. Er
wirkt auf das Dominanz-System: Man fühlt sich stark. Er spricht das Stimulanz-System an: Man fühlt sich in gehobener und optimistischer Stimmung.
Genau das aber entspricht eher dem Motivfeld der Jugend, insbesondere
dem von jungen Männern. Sie möchten keine Angst im Umgang mit dem
anderen Geschlecht haben, sie möchten stark sein, sie möchten „gut drauf"
sein. Deswegen sind junge Männer auch die Zielgruppe mit dem höchsten
Alkohol- und Spirituosenkonsum. Ältere Konsumenten trinken zwar auch
Spirituosen, doch hier steht der seltenere, aber bewusste Genuss oder die
Gesundheit („zur Verdauung") im Vordergrund. Bei Kräuterschnäpsen ist
dieser gesundheitliche, verdauungsfördernde Aspekt von besonderer Bedeutung. Der Jägermeister-Inhaber Günther Mast hatte dieses Problem erkannt und befreite sein Getränk aus der Altersfalle. Seine legendäre Kampagne „Ich trinke Jägermeister, weil ..." war Ausdruck des zunehmenden Individualismus der achtziger und neunziger Jahre. Damit wurde das emotionale Wertefeld der Marke in Richtung Stimulanz verlagert. Die Reise durch
die Emotionsfelder der Konsumenten war damit aber noch nicht zu Ende.
Denn mit der Stimulanz-Position war Jägermeister zwar jünger, aber noch
nicht auf der Ideal-Position, die zwischen Abenteuer und Dominanz liegt.
Das letzte Stück dieser emotionalen Reise wurde in den vergangenen Jahren
zurückgelegt. Unter dem Slogan „Achtung Wild" und mit Hard-Rock-Events

usw. kommuniziert Jägermeister einen starken Schuss Dominanz und trifft damit verstärkt die (auch) angestrebte Zielgruppe der männlichen „Abenteurer".

Die innere Spannung von erfolgreichen Marken

An Jägermeister kann man studieren, wie man eine Marke gekonnt verjüngt, ohne die bisherigen Verwender zu verlieren und abzuschrecken. Zwar hat Jägermeister sein Emotionsfeld durch deutliche Dominanz- und Abenteuer-Signale erweitert, trotzdem hat die Marke ihre Herkunft, ihre Tradition und die alten Werte beibehalten. Dieses alte Emotionsfeld wurde zwar zugunsten der männlich-aggressiveren Emotionswelt etwas zurückgefahren – es ist aber nach wie vor noch vorhanden. Ältere Zielgruppen finden so Anschluss; aber auch „Abenteurer" lieben mitunter Tradition und Heimat, schließlich ist das Balance-System bei allen Konsumenten vorhanden. Die gekonnte Verknüpfung zwischen den bewahrenden und kämpferischen Elementen gibt der Marke mehr Tiefe und eine gewisse emotionale Spannung. Genau diese Spannung zwischen verschiedenen besetzten Wertefeldern ist es, die Marken noch interessanter und attraktiver macht. Erfolgreiche Marken haben immer ein Kernemotionsfeld, sprechen gleichzeitig aber auch andere Emotionsfelder an. Man kann das mit einer guten Suppe vergleichen. Ein guter Koch inszeniert einen klaren Grundgeschmack, das ist unser Kernemotionsfeld, gleichzeitig sorgt er durch eine gekonnte Gewürzmischung für raffinierte Feinheiten. Bleiben wir noch kurz beim Kochen: Geschmackliche Verfeinerung wird häufig durch die Kombination gegensätzlicher Geschmacksrichtungen erzeugt. Süßspeisen werden mit einer Prise Salz, salzige oder saure Speisen mit etwas Zucker zum Geschmackserlebnis. Dieses gekonnte Spiel mit den Nuancen und Gegensätzen unterscheidet einen guten Koch von einem Amateur. Ähnlich ist es bei Marken. Um dies zu verdeutlichen, werfen wir einen Blick auf die Zigarettenmarke Marlboro. Deren Kernemotionsfeld liegt eindeutig im Bereich Abenteuer/Freiheit. Lassen Sie sich nun einfach die vielen Marlboro-Motive durch den Kopf gehen. Vor dem inneren Auge erscheinen einerseits wilde Szenen, die von Dynamik und Abenteuer geprägt sind, andererseits ruhige Einstellungen. Man sitzt mit dem Protagonisten völlig entspannt und geborgen am Lagerfeuer. Diese Spannung zwischen Abenteuer (Kernemotionsfeld) und Geborgenheit (Würze) ist mit ein Grund für die Faszination dieser Marke.

Das gekonnte Spiel mit den Emotionen

Starke Marken sprechen, wie wir gesehen haben, mehrere Emotionsfelder an. Clevere Werber werden nun einwenden, dass dies angesichts der sinkenden Aufmerksamkeit und steigenden Werbekosten gar nicht möglich sei. Man könne sich nur auf eine Botschaft konzentrieren und ein Werbeetat wie der von Marlboro sei eine absolute Ausnahme. Doch dieser Einwand ist falsch. Die Inszenierung einer Marke geht nämlich weit über die klassische Werbung hinaus. In der klassischen Werbung muss man sich ohne Zweifel auf einen emotionalen Kern konzentrieren. Aber eine Marke kommuniziert über viele andere Kanäle, die ein differenzierteres Spiel mit Emotionen ermöglichen. Als Beispiele seien genannt: die eigenen Mitarbeiter, Events, Promotions, klassische PR, Internetauftritt, Produktausstattung, Präsentation im Handel, Bedienungsanleitungen und Hotlines. Durch alle diese Medien muss sich der Markenkern (Kernemotionsfeld) wie ein roter Faden ziehen. Diese Medien bieten unterschiedliche Möglichkeiten, das eine oder andere zur Marke gehörende Emotionsfeld aufzubauen.

Die vermeintliche Wiederkehr der Ratio

Es gibt aber noch einen weiteren Einwand in puncto Emotion und Marke: Die Zeit der Spaßgesellschaft sei vorbei und man müsse sich in der Markenpolitik stärker an die Ratio wenden. Gehen wir diesem Einwand einmal nach. Viele Markenmanager sind mit sich und ihrer Agentur zufrieden, wenn in Anzeigen oder TV-Spots der Genuss- oder Lifestyle-Aspekt eines Produktes schön inszeniert wurde. Dann sind Aussagen zu hören wie: „Wir haben unser Produkt bzw. unsere Marke emotionalisiert." Doch starke Marken emotionalisieren nicht nur durch schöne Bilder, sondern auch durch kommunizierte Transparenz sowie Qualität im Herstellungsverfahren und in den Rohstoffen. Wenn beispielsweise auf der Packungsrückseite oder auf der Homepage beschrieben wird, welche Anstrengungen das Unternehmen unternimmt, um eine gleich bleibend hohe Qualität des Produktes zu gewährleisten, ist auch diese Argumentation hochemotional. BSE und Gentechnik-Debatte haben den Konsumenten verunsichert. Der Hinweis auf Qualitätskontrollen befriedigt sein Bedürfnis nach Sicherheit. Die Argumentation ist also emotional – sie wendet sich an das Balance-System (inklusive Kontrolle).

Von der Marke zur Kultmarke

Milka, Ariel, Pampers und Co. sind sehr starke Marken – aber es sind keine Kultmarken. Was sind Kultmarken? In der Mode ist eine solche Kultmarke Ralph Lauren, beim Auto Porsche und Ferrari, bei Motorrädern Harley Davidson, im Konsumgüterbereich z. B. Illy Kaffee, Birkenstock und inzwischen auch Red Bull. Neben diesen internationalen und nationalen Beispielen gibt es aber auch regionale Kultmarken. Denken wir an das „Rothaus/Tannenzäpfle-Bier" aus dem Schwarzwald oder das Augustiner-Bier in München. Was haben diese Kultmarken gemeinsam? Worin liegt ihr Geheimnis? Sie haben einen Mythos. Sie erzählen eine Geschichte. Sie haben eine Vergangenheit. Besonders wichtig: Hinter ihnen stehen Menschen, deren Person und deren Handlungen, Ideen, Visionen untrennbar mit der Marke verknüpft sind. Ariel, Pampers und Co. verbindet eine Gemeinsamkeit. Es sind im Prinzip allesamt Marken, die mehr oder weniger internationalen Großkonzernen gehören und von wechselnden Markenmanagern nach strengen Regeln der Markentechnik geführt werden. Man hat diese Marken im Markenportfolio und betrachtet sie ähnlich einer Finanzanlage als wertvolle Cash-Cows. Zwar sind sie erfolgreich, trotzdem sind sie mehr oder weniger Avatare, also künstliche Ideal-Geschöpfe. Diese Avatare, obwohl sie sich gut verkaufen, machen durch ihre Allgegenwärtigkeit, Werbe- und Meinungsmacht, Gleichförmigkeit und Seelenlosigkeit auch Angst. Der reißende Absatz des Buches von Naomi Klein „No Logo" war dafür ein deutliches Zeichen.

Kultmarken hingegen sind Persönlichkeiten mit kleinen Eigenheiten. Sie sind lebendig. Um sie ranken sich faszinierende Geschichten und Mythen, die bis heute den Auftritt der Marke bestimmen und sich in den Produkten widerspiegeln. Wirksame Mythen sind übrigens hochemotional und basieren auf relativ einfachen psychologischen Strukturen.[(8.1)] Meist steht hinter diesen Marken ein Inhaber oder eine Inhaberfamilie, der oder die mit ihrem Namen der Marke Vertrauen gibt und sie greifbar macht. Kultmarken sind nicht clean, sondern eigenwillig. Gerade deswegen sind sie uns so sympathisch.

Die Kraft der Mythen und der Geschichten

Was können wir von Kultmarken lernen? Die Antwort: Marken brauchen eine Seele, einen Mythos, eine Geschichte. Einen Mythos, der Vergangenes beschwört und die Hoffnungen und Sehnsüchte der Menschen widerspiegelt.[(8.1)] Die Sehnsucht nach Spiritualität, Sinn und sinnvermittelnden Geschichten ist im Gehirn angelegt. Hier kommt nun der Neokortex ins Spiel. Genauer: der vordere, präfrontale Kortex. Eine seiner wichtigsten Aufgaben ist es, die verschiedensten Sinneseindrücke in Geschichten und Sinngestalten zusammenzubinden. Das Auge sieht etwas völlig anderes, als das Ohr hört. Und trotzdem erleben wir in unserem Bewusstsein etwas Ganzheitliches. Unsere Frage nach den Anfängen der Welt beantworten wir mit der Geschichte von Adam und Eva. Für viele Menschen ist das die wahre Schöpfungsgeschichte. Andere mögen Stephen Hawkings Geschichte vom Urknall lieber. Wir erzählen uns Geschichten von Göttern, von magischen Urkräften und von Helden. Wir lernen schon als Kind von den Märchen, dass das Gute über das Böse siegt. Wir lieben Stars erst dann, wenn wir in der Klatschpresse Geschichten über sie erfahren. Wir gehen ins Kino oder setzen uns vor den Fernseher, um uns von Geschichten unterhalten zu lassen. Unser Gehirn sucht Geschichten, die Ereignisse verknüpfen und uns emotional berühren. Starke Marken erzählen Geschichten. Das ist auch die Chance vieler mittlerer und familiengeführter Markenhersteller. Gegen die finanzielle Marktmacht der Multis können sie wenig ausrichten. Sie haben aber eine andere Waffe: Sie können eine glaubhafte Geschichte erzählen: Wie die Marke entstanden ist, von wem sie wie hergestellt wird und welche Werte und Vision mit der Marke verknüpft sind. In seinem lesenswerten Buch „Tausend und eine Macht" zeigt der Schweizer Marketingspezialist Werner Fuchs, welche Geschichten das Gehirn liebt und wie sie gemacht werden.[(8.3)]

Die Zerstörung der Markenseele

Viele der heute seelenlosen Marken in den Schaufenstern oder Regalen der Supermärkte haben zwar eine Geschichte, doch sie wurde einem falschen Rationalitätsdenken geopfert. „Moderne" Markenmanager lernen in Markenführungskursen, wie man eine Marke in formale Beschreibungsstrukturen presst, die auf einer DIN-A4-Seite Platz haben. Sie lernen, wie man mit Marktforschungszahlen Bekanntheitsgrad und Image misst. Wenn man sie nach der Marke fragt, zeigen sie stolz ihr DIN-A4-Blatt vor. Fragt man sie weiter, woher die Marke kommt, wer der Gründer war, mit welcher Idee dieser damals die Marke aufgebaut hat, welche Kämpfe, Siege und Niederlagen mit der Marke verbunden waren, ist da nur ein Schweigen. Genauso nichtssagend sind die Mitarbeiter, die Prospekte und die Internetseiten usw. Man freut sich gemeinsam an den schönen, aber austauschbaren Bildern, die von der Werbeagentur für teures Geld produziert wurden oder an den Stock-Fotos, die doch wirklich große Gefühle ansprechen. Doch diese Begradigung der Marke hat einen hohen Preis. Ihre Seele, das Eigentliche, die Spannung, die Persönlichkeit werden zerstört. Eternitverkleidungen zerstören den Charme von Fachwerkhäusern. Der reinigungsfreundliche Resopalbelag beraubt Holztische ihrer Gemütlichkeit. Begradigte Uferverbauungen verwandeln romantische Flusstäler in sterile Wasserautobahnen. Genau das Gleiche ist mit vielen Marken passiert und ein Ende ist nicht abzusehen.

Wie man den Kampf gegen Handelsmarken (nicht) gewinnt

Es sind übrigens die gleichen Markenmanager, die auf Marketing-Kongressen sitzen und sich gegenseitig vorjammern, wie ihre Marken von Handelsmarken kannibalisiert werden. Nur: Wenn der Konsument die Wahl zwischen einer seelenlosen und künstlichen Handelsmarke und einer genauso seelenlosen und künstlichen Herstellermarke hat, wird er zur billigeren Alternative greifen. Und wenn die eigentlich seelenlosen Handelsmarken von Aldi in den Mythos der sparsamen und bescheiden lebenden Albrecht-Brüder eingewoben werden, sind sie für Konsumenten nicht nur wegen ihres Preises attraktiv. Wer sich gegen seelenlose Handelsmarken durchsetzen will, tut also gut daran, seinen Marken ihre Seele zurückzugeben oder ihnen eine Seele einzuhauchen. Das bedeutet nicht, dass die DIN-A4-Blätter mit „Markensteuerrad", „Markenhaus" usw. vernichtet werden sollen. Sie sind ein wichtiges Skelett. Genauso wenig aber wie ein Architekt seinem Auftraggeber zumutet, im Rohbau zu leben, faszinieren Marken mit diesen formalen Strukturen den Konsumenten. Wer im Kopf des Konsumenten mit seiner Marke einen Logenplatz besetzen will, inszeniert die Marke als Geschichte und als Persönlichkeit. Diese Inszenierung der Marke ist mühsam. Die Mitarbeiter müssen eingebunden, die Unternehmenskommunikation integriert, der Internetauftritt verändert und die Verpackungen vielleicht neu gedruckt werden. Die Inszenierung einer Marke bedeutet auch, sich um das kleinste Detail, um jedes Signal, das von einer Marke ausgeht, zu kümmern. Aber denken wir daran: Die vielen kleinen Signale, die nicht einmal ins Bewusstsein kommen, nehmen auf das Kaufverhalten trotzdem einen starken Einfluss. Mit diesem Thema, dem sogenannten Cue-Management, werden wir uns im nächsten Kapitel beschäftigen.

Kapitel 9: Cue-Management: Die hohe Schule der Verführung

Was Sie in diesem Kapitel erwartet:

Eine Marke, ein Produkt, eine Dienstleistung strahlt viele Signale und Reize (Cues) aus, die oft nicht das Bewusstsein des Kunden und Konsumenten erreichen und trotzdem hochwirksam sind. Das Management dieser Cues ist die hohe Schule der Verführung. Gutes Cue-Management denkt an alle Sinne des Kunden und spricht sie gezielt an.

Lassen Sie uns kurz rekapitulieren. Wir wissen, welche Emotionen und Motivsysteme unser Denken und Handeln bestimmen. Wir haben gesehen, wie Kaufentscheidungen im Kopf des Konsumenten fallen und dass es im Wesentlichen unsere Emotionen sind, die diese Entscheidungen steuern. Besonders wichtig ist auch, dass das Gehirn viele Reize und Botschaften (engl. Cues) für den Kunden unbewusst verarbeitet und direkt in Kaufhandlungen bzw. Kaufablehnung umsetzt.

Diese Reize können, wie wir in Kapitel 4 gesehen haben, von sehr kurzer Dauer sein. Trotzdem beeinflussen sie das Verhalten des Kunden erheblich. Ein ärgerliches und bedrohliches Gesicht zum Beispiel, das während eines Films über ganz kurze Einblendungszeiten präsentiert wird, aktiviert im Gehirn die Amygdala, jenen Gehirnkern im limbischen System, der eine besondere Rolle bei der emotionalen Bewertung von Informationen spielt. Die Amygdala löst nun Reaktionen im Körper aus. Bei einem ärgerlichen Gesicht stellt sich der Körper auf Kampfbereitschaft oder Flucht ein. Körper und Gehirn reagieren also schon, bevor das Bewusstsein davon Kenntnis genommen hat. Im Alltag begegnen uns solche Kurzeinblendungen permanent. Ein Beispiel soll das verdeutlichen: Ein Kunde steht in einem Geschäft, um sich eine Hose oder ein paar Schuhe zu kaufen. Er spricht mit der Verkäuferin über Farben, Formen und modische Trends. In diesem Moment läuft nun der Filialleiter mit einem zornigen Gesicht vorbei, weil er sich über irgendetwas gerade geärgert hat. Zufällig, ohne dem Ganzen besondere Aufmerksamkeit zu schenken, schaut der Kunde kurz hin, um sich dann wieder der Verkäuferin zuzuwenden. Es ist ihm nicht bewusst, dass diese kurze Gesichtseinblendung genügt hat, um seine Stimmung vollständig zu kippen. Während er vor diesem kurzen Intermezzo in gehobener Stimmung war und eigentlich schon vorhatte, den Kauf abzuschließen, beginnt er nun plötzlich, kritische Fragen zu Qualität und Beschaffenheit des Produkts zu stellen. Auch die Attraktivität des Produkts hat stark nachgelassen. Das Ergebnis: Er kauft nicht. Seinem Bewusstsein blieb völlig verborgen, warum sich die Gefühlslage so dramatisch verändert hatte. Diese kurze Einblendung des ärgerlichen Filialleiter-Gesichts führte zur Ausschüttung von Stress- und Aggressionshormonen und löste damit die negative Stimmung aus. Übrigens: Gesichter sind von außerordentlicher Bedeutung für das menschliche Gehirn, weil die erfolgreiche Dechiffrierung der momentanen Gefühlsstimmung der Artgenossen für das Sozialwesen Mensch existenziell ist.

Alles ist eine Botschaft

Es sind aber nicht nur Gesichter und Körpersprache, die unbewusst, aber verhaltenswirksam vom Gehirn verarbeitet werden. Jedes Produkt sendet eine Vielzahl von Botschaften aus, die insbesondere im limbischen System bewertet werden. Produktnamen, Produktbeschreibung, Farben, Formen, Gerüche, Geschmack, weich oder knusprig, warm oder kalt – alles ist eine Botschaft. Und jede bewertete Botschaft hinterlässt mehr oder weniger tiefe Spuren im Gehirn. Aus diesen Spuren entstehen Präferenzen für oder gegen das Produkt – aber sowohl die Bewertung selbst als auch das Zustandekommen der Präferenzen oder Ablehnung bleiben dem Bewusstsein des Kunden verschlossen. Es ist deshalb ein verhängnisvoller Fehler zu glauben, nur jene Botschaften wären kaufentscheidend, die vom Konsumenten auch bewusst wahrgenommen werden und über die er auch berichten kann. Wir sollten immer daran denken, dass die Einkaufsentscheidung eines Kunden weitgehend von jenen Botschaften gesteuert wird, die nicht ins Bewusstsein gelangen!

Wer bei seinen Kunden erfolgreich sein will, glaubt nicht an den Mythos des bewussten Kunden, der seine eigenen Kaufentscheidungen und Kaufgründe kennt. Anstatt auf das vernünftige Bewusstsein zu vertrauen, kümmert er sich lieber sorgfältig um das kleinste Detail und die damit zusammenhängenden unbewussten Botschaften und Kaufsignale seines Produkts oder seiner Dienstleistung. Das gleiche Prinzip der unbewussten Botschaften gilt auch für die Werbung. Gute Werbefilmer unterscheiden sich von schlechten darin, dass sie penibel an das kleinste Detail denken, selbst wenn dieses Detail nur für den Bruchteil einer Sekunde zu sehen ist.

Das unbewusste Signal aus der Puppenwerkstatt

Ein Beispiel soll das verdeutlichen. In einem Werbefilm für ein Süßwaren-Produkt für die Zielgruppe „Frau um die 30" kommt ein Dialog mit einem Mann vor. Nur wenige Sekunden wird gezeigt, wie der Mann aus seiner Hobby-Werkstatt kommt, sich dann der Frau zuwendet und ihr das Produkt anbietet. An was arbeitet der Mann? An seinem Motorrad? Nein, er repariert Schaukelpferde und alte Puppen. Obwohl diese Szene bei Befragungen kaum erinnert wurde, hinterlässt sie trotzdem gewaltige Spuren. Dem Gehirn genügen nämlich ganz wenige Cues oder Hinweisreize, um unbewusst seine Bewertung zu treffen. Das weibliche Gehirn identifiziert in kürzester Zeit die Cues „Schaukelpferd/Kinderpuppe" als Fürsorge und verknüpft die ausgelösten Emotionen positiv mit dem Mann, der ihr das Produkt anbietet. Die Verknüpfung „Dieser Mann wird für deine Kinder sorgen" bleibt dem Bewusstsein verborgen. Trotzdem wird dieser Inhalt auf den Mann und damit auch auf das Produkt übertragen. Mit der Einfügung des Schaukelpferds und der Puppe hatte der Regisseur das Sexual- und Fürsorge-Modul im Gehirn aktiviert und damit entsprechende Emotionen ausgelöst.

Wir haben im Lauf des Buches gesehen, wie die Motiv- und Emotionssysteme das Verhalten des Konsumenten steuern. Wer mit seinen Produkten oder Dienstleistungen erfolgreich sein will, überlässt deshalb die feinen und kleinen Signale nicht dem Zufall. Durch Cue-Management werden die feinen Signale gestaltet, um damit die richtigen Emotionen bei der richtigen Zielgruppe zu erzeugen. Cue-Management beachtet und wendet sich an alle Sinne des Menschen, an die Augen, an die Ohren, an den Geschmack, an die Haut usw. Beispiele dafür werden wir im Laufe des Kapitels kennenlernen. Unseren Ausflug in das Cue-Management beginnen wir bei der Sprache. Sprache transportiert viele Informationen. Zum einen reines funktionales oder auch semantisches Wissen, wie z. B. „Paris ist die Hauptstadt von Frankreich". Doch Sprache löst auch Emotionen aus – mittels Wortklang.

Der Wortklang als unbewusste Botschaft

Machen wir dazu ein kleines Experiment. Lesen Sie die Worte „Maluma" und „Takete" ganz langsam und laut vor. Schließen sie nun die Augen und denken Sie zunächst an „Maluma". Welches Gefühl empfinden Sie dabei? Auch wenn man Gefühle kaum beschreiben kann, dürfte es ein Gefühl der Wärme, der Weichheit, der Geborgenheit sein. Nun machen wir das Gleiche mit „Takete". Welche Gefühle tauchen jetzt in Ihrem Bewusstsein auf? Wahrscheinlich eher das Gefühl der Kälte, der Schroffheit, der Härte, vielleicht sogar Aggressivität. Obwohl beide Worte sinnlos und künstlich sind, reicht offenbar allein schon der Wortklang aus, in unserem Gehirn verschiedene Emotionen zu erzeugen. Wo aber liegen diese Emotionswelten auf unserer

Emotions-Motivkarte, der Limbic® Map? Ihr Platz ist eindeutig (siehe Abbildung 9.1): „Maluma" liegt zwischen Balance und Stimulanz, etwas mehr bei Balance. „Takete" liegt eindeutig bei Dominanz (Kampf, Rebellion). Damit wird auch deutlich, welche Zielgruppen von diesen Wortklängen besonders angezogen werden. Maluma liegt mehr auf der weiblichen Seite des Motiv- und Emotionssystems. Ganz anders dagegen Takete. Hier wird das Dominanz-System aktiviert und damit eher Männer bzw. Konsumenten mit Performer-Profil.

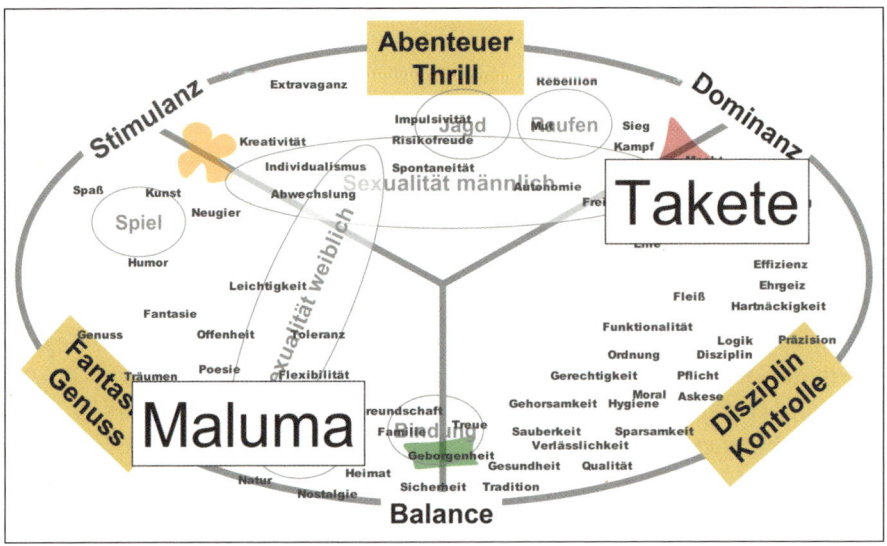

Abbildung 9.1: Die Emotion des Wortklangs
Maluma und Takete sind sinnlose Wörter. Trotzdem haben sie eine starke emotionale Bedeutung und sprechen entsprechende Emotionsfelder an

Die Erkenntnis, dass alleine der Wortklang schon ein wichtiger und kaufbeeinflussender Cue ist, macht sich das Marketing schon lange zunutze. Lautmalerische Produktnamen wie Astra (Opel), Raffaelo (Ferreo) sind dafür Beispiele. Doch nicht nur ganze Wörter, auch einzelne Buchstaben beinhalten schon ein Stück Emotion. Der Vokal „A" klingt klar und kühl, das „U" transportiert Schwere. Konsonanten wie „M" und „L" klingen weich, während „K" und „T" eher hart klingen. Unter dem Begriff „Phonetischer Symbolismus" gibt es eine ganze Forschungsrichtung, die sich damit beschäftigt.[8.2]

Die feinen Unterschiede im Ausdruck
Viele Wörter unserer Sprache sind nun, ohne dass wir das bemerken, untrennbar mit bestimmten Emotionswelten verknüpft. Schauen Sie sich dazu

einmal die Limbic® Map in Abbildung 9.1 genauer an. Auf der rechten Seite im Bereich Disziplin und Kontrolle stehen Begriffe wie „Präzision", „Effizienz", „Logik", während auf der linken Seite im Bereich Fantasie und Genuss, Begriffe wie „Träumen", „Sinnlichkeit", „Fantasie" zu finden sind. Eine besondere Aufgabe des Cue-Managements ist es nun, genau diesen emotionalen Hintergrund zu kennen und die Emotionen in der Sprache zielgerichtet zu steuern. Angenommen Sie wären in einer Fensterfabrik für Produktbeschreibungen verantwortlich und hätten die Aufgabe, die Vorzüge eines Fensters zu beschreiben. Folgende Möglichkeiten bieten sich an:

Möglichkeit 1:
Das XY-Fenster und die darin eingebaute elektronische Schließtechnologie wird auf Hightech-Präzisionsmaschinen produziert, die in ihrer Genauigkeit und Qualität weltweit unerreicht sind. XY-Fenster lassen sich mit Multi-Sensortechnik elektronisch öffnen und schließen und sind in ihrer Passgenauigkeit und Qualität einzigartig.

Möglichkeit 2:
WZ-Fenster werden in sorgsamer Handarbeit aus lange gelagertem und sorgfältig ausgewähltem, heimischem Naturholz gefertigt. WZ-Fenster schützen vor Wind und Wetter und sorgen für einen gesundes Raumklima – Sie und Ihre Familie fühlen sich geborgen und wohl.

Welche dieser beiden Varianten ist emotionaler? Die Antwort: Beide sind hochemotional. Während die verwendeten Begriffe der Variante 1 aus der Disziplin-/Kontroll-Effizienz-Emotions-Welt stammen, kommen Begriffe und Argumentation von Variante 2 aus der Balance-Fürsorge-Welt. Welche dieser beiden Varianten ist verkaufsstärker? Die Antwort: Es kommt darauf an, wen man ansprechen will. Während Variante 1 eher das männliche Gehirn anspricht, trifft Variante 2 eher das weibliche.

An diesem Beispiel wird klar, welche wichtige Rolle Sprache beim Verkauf spielt und dass echte Cue-Management-Profis kein einziges Wort dem Zufall überlassen – weder den Inhalt noch den Wortklang. Gleichzeitig überlegen Sie sich vorher, wen Sie ansprechen wollen: Ein junger Mann wird von einer anderen Sprache überzeugt als eine reife Frau. Das Gehirn eines Traditionalisten erwartet andere Botschaften als das Gehirn eines Hedonisten. Wir haben uns bisher mit der emotionalen Wirkung der Sprache beschäftigt. Es gibt noch eine Reihe anderer Erkenntnisse aus der Hirnforschung und Psycholinguistik, die dabei helfen, Sprache verkaufswirksamer einzusetzen.[9.1; 9.2; 9.3] Damit wollen wir uns jetzt beschäftigen.

Die richtigen Wörter für Ihre Werbebotschaft

Auch hier zur Einführung ein kleines Beispiel. Lesen Sie einmal kurz folgende Wortketten durch:

Wortkette 1: „Konfusion", „Fisch", „Hammer" „Kuss"
Wortkette 2: „redigieren", „vereinbaren", „gehen", „streicheln"

Welche Wörter aus welcher Kette haben die höchste Kommunikations- und Werbewirkung? Intuitiv werden Sie aus der ersten Kette „Kuss" und „Hammer" und aus der zweiten „streicheln" und „gehen" wählen.

Aber wie und warum kommen Sie zu dieser Wahl? Die Antwort: Weil Ihr Gehirn und das Gehirn Ihrer Kunden Wörter sehr unterschiedlich verarbeiten! Bis vor einigen Jahren unterschieden die Gehirnforscher lediglich zwischen einem Wernicke-Areal, in dem das Sprachverstehen stattfindet, und einem Brocca-Areal, das für die Sprachproduktion zuständig ist. Beide liegen auf der linken Seite des Großhirns. Im Laufe der Zeit wurde deutlich, dass die rechte Hälfte auch wichtig ist. Während auf der linken Seite Wörter und die Grammatik verarbeitet werden, ist die rechte Seite für die Sprachstimmung und Sprachmelodie zuständig. Man ging aber davon aus, dass die Wörter irgendwie im Wernicke- und Brocca-Areal gespeichert seien.

Untersuchungen mit bildgebenden Verfahren sorgten nun für eine Überraschung: Wörter werden an unterschiedlichsten Stellen im Gehirn verarbeitet und gespeichert. Und diese feinen Unterschiede in der Wortverarbeitung und Sprachverarbeitung sind es, die darüber entscheiden, ob eine Werbebotschaft oder ein Produktangebot wirkt oder nicht. Unser Gehirn ist seit jeher im Prinzip eine Objekterkennungs-Emotions-Handlungsmaschine.[9.1; 9.3] Auch die Sprache, so zeigt sich immer mehr, hat keinen Sonderstatus, sondern folgt der Millionen Jahre alten Grundlogik des Gehirns.[9.1] Berücksichtigen sollten wir, wie jung die Sprache entwicklungsgeschichtlich ist. Es wird angenommen, dass sie erst vor 50.000 bis 200.000 Jahren entstand. Das Sprichwort „Ein Bild sagt mehr als tausend Worte", kommt also nicht von ungefähr. Unser Gehirn liebt Bilder – auch Sprachbilder.

„Kuss" aktiviert das Gehirn stärker als „Fisch"

Deshalb werden Bild-Wörter wie „Fisch" wesentlich schneller verarbeitet als abstrakte Begriffe wie „Konfusion". Im Hirnscanner kann man das gut beobachten: Während bei „Konfusion" weite Teile des Großhirns längere Zeit aktiv sind, weil kein Gehirnbereich so richtig dafür zuständig ist, ist das beim Wort „Fisch" anders. Hier leuchtet für kurze Zeit der Bereich im hinteren Kortex auf, in dem konkrete Bilder verarbeitet werden. Bildhafte Wörter sind deshalb abstrakten Wörtern weit überlegen.

Vergleichen wir nun „Kuss" und „Fisch". Beide sind bildhafte Wörter. Bei „Kuss" werden Emotionen ausgelöst, bei „Fisch" nicht. Da Emotionen im Gehirn Vorfahrt haben, weil sie für eine schnelle Handlungsbereitschaft des Organismus sorgen, werden Wörter mit emotionalen Inhalten wie „Kuss" besonders schnell verarbeitet. Bildhafte Wörter mit emotionalen Inhalten sind deshalb die eindeutigen Favoriten des Gehirns!

Bleibt noch das Wort „Hammer". Zum einen ist es ein bildhaftes Wort. Zum anderen ist es aber auch ein Werkzeug, mit dem man Nägel einschlägt. Auch hier zeigte sich im Tomographen eine Überraschung. Auch „Hammer" wird im „Bildgehirn" verarbeitet. Weil „Hammer" mit der Tätigkeit des „Schlagens" verbunden ist, ist aber noch ein weiterer Gehirnbereich mit aktiv – dieser liegt genau an der Stelle unsers Gehirns, an der die Bewegung des Schlagens gesteuert wird (motorisches Feld in der Großhirnrinde). Die doppelte und klare Speicherung im Bild- und Bewegungsgehirn sorgt für eine schnelle Verarbeitung und gibt dem Wort eine hohe funktionale Bedeutung. Die Reihenfolge der kommunikativen Wirksamkeit lautet deshalb: 1.Kuss, 2. Hammer, 3. Fisch, 4. Konfusion.

Abbildung 9.2 zeigt die Abfolge der Wirksamkeit.

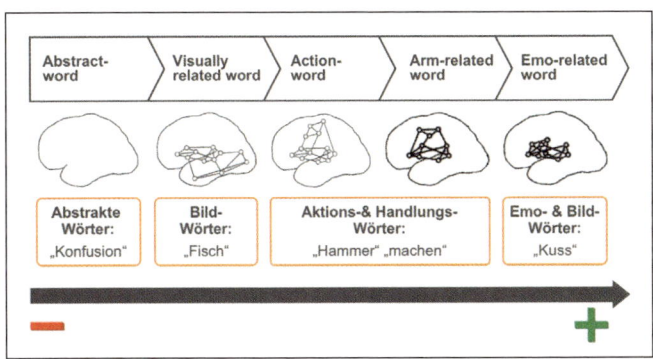

Abbildung 9.2:
Die Schnelligkeit und Wirkung der Sprachverarbeitung im Gehirn

Eine ähnliche Logik ergibt sich auch für die Verben. „Redigieren" ist für unser Gehirn verwirrend, weil kein Gehirnbereich so richtig zuständig ist. „Vereinbaren" ist zwar schon etwas konkreter, trotzdem aber noch eher abstrakt. Ganz anders dagegen „gehen". Bei der Verarbeitung dieses Wortes werden im Kortex auch jene Bereiche aktiviert, die für die Bewegung des „Gehens" zuständig sind. „Gehen" wird deshalb schnell und sicher verarbeitet. Bleibt noch „streicheln". Zum einen ist es mit einer konkreten Bewegung verbunden und zum anderen weckt „streicheln" Emotionen. Damit ist klar, wie sich die Reihenfolge der kommunikativen Wirkung der Verben aus Sicht des Gehirns darstellt: 1. streicheln, 2. gehen, 3. vereinbaren, 4. redigieren. Emotional, bildhaft, bewegungsnah/aktiv – das ist das Grundprinzip einer gehirngerechten Sprache, wenn es um die verkaufsfördernde Vermittlung von Produkt- und Werbebotschaften geht. Ein weiteres Grundprinzip wäre zu ergänzen: Sparsamkeit und Einfachheit. Das Gehirn liebt nämlich kurze Wörter und einfache Sätze ohne Verschachtelungen mit maximal zwölf bis fünfzehn Wörtern. Und: Das Gehirn arbeitet im 3-Sekunden-Takt. Botschaften, die innerhalb von 3 Sekunden erfasst werden können, sind die absoluten Lieblinge des Gehirns.[8.3]

Die große Chance der Verpackungsrückseite

Nach unserem kurzen Ausflug in die Neurolinguistik wollen wir uns nun damit beschäftigen, wie man mit einem Cue-Management der Sprache den Wert und die Attraktivität eines Produktes erheblich steigern kann. Wie fast immer im Cue-Management, geht es um die scheinbaren Nebensächlichkeiten, die aber eine ungeheure Wirkung haben: die Rückseite des Produkts oder der Verpackung.

Viele Produkt- und Marketingverantwortliche denken am liebsten in großen Dimensionen. Ist die Packung auf den ersten Blick attraktiv? Zeigt der Fernsehspot Abverkaufswirkung? Vergessen oder wenig beachtet wird, wie der Kunde und Konsument ein Produkt kauft und wie er es verwendet. Zweifellos ist die vordere Seite der Verpackung von herausragender Bedeutung – sie signalisiert aus dem Regal des Super- oder Fachmarkts heraus „Kauf mich!". Doch mit dem Kauf beginnt der eigentliche Konsum- und Kommunikationsprozess erst. Zu Hause nämlich, wenn das Produkt dem Einkaufskorb entnommen wird, kommen Fragen auf, wie z. B.: „Wie soll das Produkt verwendet werden?". Oft meldet sich aber auch das Balance-System mit Gewissens- und Absicherungsfragen: „Musste ich denn so viel Geld dafür ausgeben?", „Wie viele Kalorien hat das Produkt?", „Aus welchen gesunden und gesundheitsschädlichen Bestandteilen besteht das Produkt?".

Um auf diese Fragen eine Antwort zu bekommen, nimmt der Konsument das Produkt zu Hause in die Hand, schaut auf die Rückseite und erhält sehr oft nur folgende Information: „Inhaltsstoffe: Lecithin, Emulgatoren, Glucose, Stabilisierungsstoffe 405, 407, 408 ..." Weil viele Hersteller ihre Produkte in mehrere europäischen Länder verkaufen und Sparsamkeit Trumpf ist, finden sich diese Zutatenhinweise kleingedruckt in mehreren Sprachen. Untersuchungen der Gruppe Nymphenburg zeigen: Nur 0,1% aller Konsumenten schauen z. B. direkt beim Lebensmittelkauf genauer auf die Verpackungsrückseite. Zu Hause sind es aber 15 bis 20 %, die sich mit der Rückseite beschäftigen, weil sie mehr über das Produkt wissen wollen. Wer dieser riesigen Konsumentengruppe dann nur eine Bleiwüste aus rein funktionalen Begriffen vorsetzt, hat die Chance vertan, sein Produkt aufzuwerten.

Zwei Beispiele für ein professionelles Cue-Management zeigen, um was es geht. Beginnen wir bei einem ganz profanen Massenprodukt – einer haltbaren Milch.

Wie aus einer profanen H-Milch ein wertvolleres Produkt wird

Während sich auf den H-Milch-Packungen vieler Molkereien nur das Nötigste befindet, nach dem Motto „Was soll man über H-Milch auch schon sagen!", nutzen die Weihenstephan-Manager die Chancen eines Cue-Managements. Ein Auszug aus der Produktbeschreibung, die wir auf der Seitenfläche der Weihenstephan-H-Milch finden:

„Verantwortungsvoll geführte Bauernhöfe in den herrlichen Landschaften des Alpenvorlandes sind die Heimat unserer Milchkühe. Saftiges Gras und gesunde Wiesenkräuter bilden die Futtergrundlage für die Kühe, von denen wir täglich frisch unsere gute Milch bekommen."

Durch diese wenigen Sätze in emotionaler und bildhafter Sprache wird die enthaltene Milch aus der industriellen Gleichgültigkeit gehoben. Ihr Wert im Gehirn und damit für den Konsumenten wird erheblich gesteigert. Das Frische- und Naturversprechen wird durch ein zusätzliches Qualitätsversprechen verstärkt:

„Schon die Königliche Akademie Weihenstephan produzierte mit dem Anspruch höchster Qualität. Seit 1877 hat sich an diesem Grundsatz nichts geändert. Heute garantiert unser strenges Qualitätssystem die stets gleichbleibende hohe Güte unserer haltbaren Alpenmilch".

Der Aufwand für die Erstellung dieser Texte ist minimal im Vergleich zu dem, was für TV-Werbung investiert wird. Einmal mit Sorgfalt erstellt, erreichen diese Texte über Jahre hinweg viele Millionen Konsumenten. Sie folgen einem wichtigen Prinzip des Cue-Managements: Es sind oft die nicht oder kaum beachteten Kleinigkeiten, die Werte im Kopf und Gehirn des Konsumenten schaffen.

Ähnliche Perfektion im Cue-Management erreicht auch der italienische Süßwarenhersteller Ferrero. Die Rückseite des Pralinen-Produkts Raffaelo (man erinnere sich an den Maluma-Abschnitt und beachte die Namensgebung!) liest sich wie folgt:

„Raffaelo ist eine einzigartige Komposition mit erlesenen Zutaten: Eine weiße Mandel, eingebettet in feine Milchcreme mit dem Besten aus entrahmter
Milch, umhüllt mit knuspriger Waffel und zartem Kokos."

Man schmeckt schon beim Lesen die kleinen weißen Kugeln. Das Produkt
wird mit diesem kurzen Text stark aufgewertet. Jedes Wort wirkt.

Kostbar oder erlesen? Kleine Unterschiede mit großer Bedeutung

Oft sind es übrigens nur kleine Bedeutungsveränderungen eines Wortes,
die im Kopf des Konsumenten zu verschiedenen Reaktionen führen. Ferrero
beispielsweise hat im Text die Formulierung „erlesene Zutaten" verwendet.
Auf den ersten Blick wäre die Formulierung „kostbare Zutaten" genauso geeignet gewesen. Doch zwischen diesen beiden Formulierungen liegen Welten, die sich auf den Umsatz auswirken können. Bei „erlesene Zutaten" hat
der Konsument das Gefühl des besonderen Genusses, den er sich gerne öfters gönnt. Bei „kostbare Zutaten" dagegen gewinnt das Produkt ebenfalls
an Wert. Aber weil es kostbar ist, ist es nichts für den Alltag, sondern nur
für ganz besondere Anlässe. Die Folge: Die Kaufhäufigkeit sinkt, weil das
Produkt zu hohe Verwendungsbarrieren aufbaut. Auf diesen Fehler trifft
man in der Praxis häufig. Das Produkt wird in Werbung und Produktbeschreibung so edel und exklusiv gemacht, dass es sich allenfalls als Ge-
schenk eignet oder nur zu wenigen speziellen Anlässen verwendet wird.
Genau unter diesem „Kostbar-/Exklusiv-Problem" leiden beispielsweise die
französischen Champagner-Hersteller. Mit neuen Produkten, wie zum Beispiel einem Champagner mit Namen „Pop" in blauer Flasche, versucht Pom-
mery der Kostbar-/Exklusivitätsfalle zu entrinnen. „Pop" soll den spontanen Champagner-Genuss in jeder Situation und zu jeder Tages- und Nacht-
zeit ankurbeln. Exklusivität kann durchaus gewünscht sein – aber sie darf
nicht dazu führen, dass Kunden nur selten zu einem Produkt greifen. Gutes
Cue-Management kennt und beachtet solche Zusammenhänge.

Wie Formensprache und Emotionssysteme verknüpft sind

Wenden wir uns nun einem weiteren, extrem wichtigen Bereich des Cue-
Managements zu: dem Design und der Formensprache. Erinnern wir uns an
das obige Maluma- und Takete-Experiment. Wir haben gesehen, wie Maluma eher die Emotionswelt Balance/Stimulanz anspricht, während Takete
stärker die Dominanz-Emotionswelt aktiviert. Schon Wortklänge allein lösen demnach Emotionen aus. Nun gehen wir einen Schritt weiter: Schließen
Sie kurz die Augen und überlegen Sie, wie eine Maluma-Form/Figur und

wie eine Takete-Form/Figur aussehen könnte. Abbildung 9.3 zeigt, welche ungefähren Form-Assoziationen im Bewusstsein der meisten Menschen auftauchen. Maluma ist eine harmonische geschlossene Figur mit vielen weichen Rundungen, während Takete eine zackige und eckige Figur mit großer innerer Spannung ist. Offensichtlich ist auch unser Form- und Designempfinden eng mit unserem Emotionssystem verknüpft.

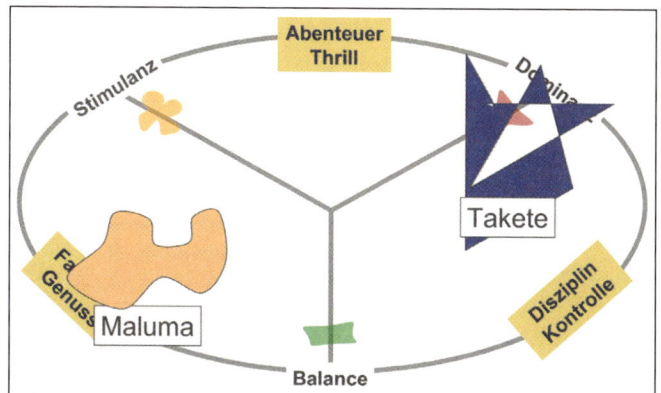

Abbildung 9.3:
Die Emotion der Form
und des Designs

Mit Maluma und Takete werden unterschiedliche Formen assoziert

Kritiker werden einwenden, dass Formen und Design in erster Linie kulturell geprägt seien. Damit haben sie Recht und Unrecht zu gleich. Tatsächlich hat jede Kultur ihre eigene Formensprache, die sich oft über viele Jahrtausende gebildet hat.[(2.19)] Diese Grundmuster entwickeln sich weiter und unterscheiden sich von Kultur zu Kultur. Bei unserer Betrachtung nehmen wir unsere westlichen Grundmuster als gesetzten Rahmen hin. Das Spannende ist allerdings (und hier haben die Kritiker Unrecht): Innerhalb dieser kulturell geprägten Grundmuster regieren unsere Motiv- und Emotionssysteme. Balance-, Stimulanz- und Dominanz-Design.
Am besten lässt sich das an Einrichtungs- und Wohnstilen verdeutlichen. Um die emotionale Sprache des Designs zu demonstrieren, haben wir die Limbic® Map auf Wohnstile übertragen. Betrachten wir die Einrichtung einmal aus den Augen des Balance-Systems in Abbildung 9.4. Die Balance-Kraft gibt uns vor, möglichst nichts zu verändern und das Bewährte und Gewohnte zu behalten. Wie könnte nun ein solcher Einrichtungsstil aussehen? Eben so, wie ein deutsches Wohnzimmer aussieht – gemütlich und traditionell. Eine Formensprache, die das Balance-System und damit Harmoniser und Traditionalisten erreichen will, bewegt sich in bekannten und gewohnten Farb- und Formwelten, die Sicherheit und Geborgenheit vermitteln.

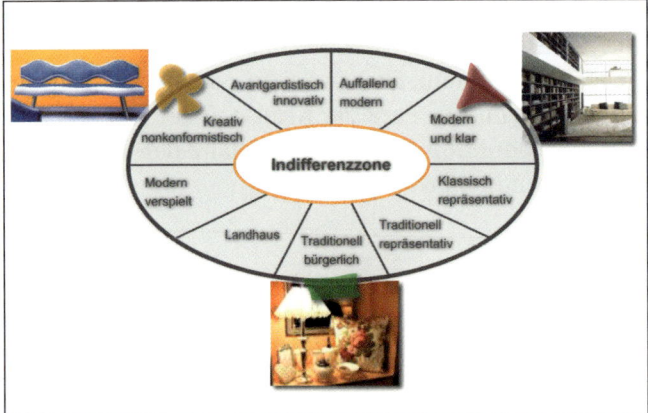

**Abbildung 9.4:
Limbic® Design: Die
Emotion des Designs
und der Wohnstile.**

Auch Design- und Wohn-
stile haben einen klaren
Platz im Motiv- und Emo-
tionssystem des Gehirns

Nun gehen wir einige Schritte weiter in Richtung Offenheit/Genuss. Das Balance-System verhindert zu viel Veränderung und ruft nach Sicherheit und
Geborgenheit, während das Stimulanz-System Abwechslung braucht. Wie
sieht die passende Design- und Formensprache aus? Beispielsweise gibt es
da den Landhausstil mit warmen Farben, Naturholz und kleinen, verspielten Accessoires. Wird der Stimulanz-Anteil stärker, werden traditionelle
Farb- und Formensprachen verlassen, die Ordnung löst sich auf; Farben,
Formen und Stile werden kreativ gemixt. Je stärker der Einfluss des Stimulanz-Systems, desto schriller werden die Farben und Formen und desto un-
gewöhnlicher auch die verwendeten Materialien. Hier ist die Welt des Neu-
en und der Kreativität. Hier entstehen auch völlig neue Wohntrends.
Wechseln wir nun auf die andere Seite des Motiv- und Emotionsraums zum
Dominanz-System mit einem kleinen Schritt in Richtung Disziplin und Kontrolle. Wie sieht ein Design-Stil aus, der dieses Motiv- und Emotionsfeld anspricht? Hier erwartet das Gehirn Effizienz und Berechenbarkeit. Die De-
signsprache ist geprägt von klaren geometrischen Formen ohne verspielte
Schnörkel. Im Wohnstil dominieren hochwertige Materialen, die formal,
quadratisch-reduziert und berechnet sind. Nichts Verspieltes und Verrück-
tes – keine Abweichung von der Minimal-Form. Form follows function. Eine
Welt, die über die reduzierte Form beherrscht und kontrolliert wird.

Weibliches und männliches Design

In Kapitel 6 haben wir die Unterschiede im männlichen und weiblichen Gehirn kennen gelernt. Wir haben das Design der Mineralwasserflaschen Vöslauer und Römerquelle miteinander verglichen und gesehen, dass Vöslauer
mit einer weiblichen Flaschenform die Konkurrenz abgehängt hat. Verknüpfen wir diese Erkenntnisse mit den Erkenntnissen des letzten Ab-

schnitts, wird noch deutlicher, warum sich männliches und weibliches Formempfinden oft unterscheiden. Männer mit ihrem Schwerpunkt im Dominanz-System bevorzugen „Dominanz-Formen" ohne Schnörkel, auf die Funktion reduziert und mit einem Ausdruck der Kraft und der Macht. Frauen dagegen mit ihrem Schwerpunkt im Balance-/Stimulanz-Bereich suchen eher weichere, rundere und verspieltere Formen.

Altes und junges Design

Der Design-Geschmack hängt auch vom Alter ab. Ältere Menschen bevorzugen eher traditionelle Formen, traditionelle Farben und Materialien, während jüngere Menschen laute, schrille, starke Formen, Farben und Materialien lieben. Im „Mittelalter", also mit etwa 40 bis 45 Jahren, sind Misch-Stile besonders attraktiv, die versuchen, traditionelle Formen mit neueren Formen und Farben unter einen Hut zu bekommen.

Die Sprache der Farben und Materialien

Übrigens: Auch Materialien haben für das Motiv- und Emotionssystem des Kunden eine wichtige Bedeutung. Unbehandeltes Naturholz vermittelt Geborgenheit und Wärme, Plastik und Kunststoff in schrillen Farben und ausgefallenen Formen sprechen das profane und schnelllebige Stimulanz-System an und matt-glänzendes Metall ist der Liebling des Dominanz-Systems. Auch Farben sind eng mit den Motiv- und Emotionssystemen verknüpft: Rot/Schwarz stehen für Dominanz, Blau für Disziplin und Kontrolle, Gelb für Stimulanz und Grün/Braun eher für Balance. Abbildung 9.5 zeigt diesen Zusammenhang auf.

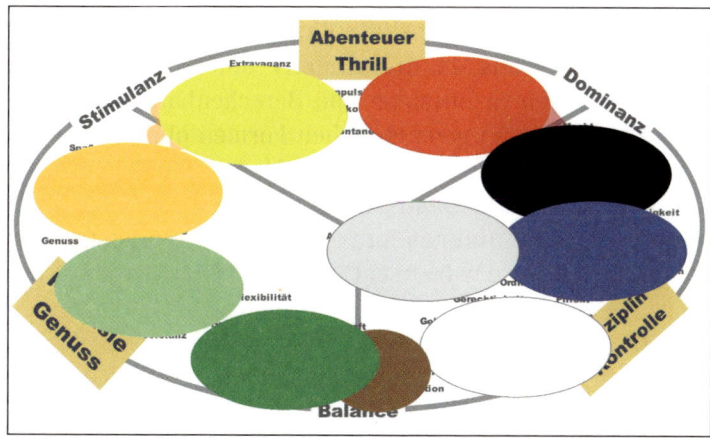

Abbildung 9.5:
Die emotionale
Bedeutung von
Farben

Natürlich handelt es sich hier um prototypische Fälle. Im Alltag des Produkt- und Einrichtungsdesigns kommen meist Mischformen vor. Oft versuchen die Designer, viele Form- und Emotionswelten unter einen Hut zu bekommen und produzieren damit ein kaum erkennbares formales Mischmasch, das eine breite Masse anspricht. Genauso oft wird die unbewusste Sprache des Designs nicht beachtet. Kreative Entwürfe, die den Designern gefallen, treffen nicht den Geschmack der Kunden. Der Grund: keine zielgruppenorientierte Formensprache.

Kaufen geht durch die Nase

Wir verlassen nun unser visuelles Sinnsystem und gehen weiter zur Nase, zum olfaktorischen Sinnsystem. Säugetiere wie Hund oder Katze hilft vor allem der Geruch, sich in der Welt zurechtzufinden. Für uns sind die Augen und die Ohren von größerer Bedeutung als die Nase. Daraus zu schließen, der Geruchssinn hätte ausgespielt, ist ein Trugschluss. Während Sprache, Töne und Bilder einen vergleichsweise hohen Bewusstseinanteil haben, ist das beim Geruch zwar nicht der Fall. Aber: Gerüche nehmen auf das Verhalten des Kunden Einfluss, ohne dass er sich dessen bewusst ist.

Gerüche werden nämlich oft unter Ausschaltung des Bewusstseins direkt vom limbischen System verarbeitet und in Verhalten umgesetzt. Weil Gerüche einen hohen unbewussten Anteil haben, fällt es uns auch schwer, Gerüche zu beschreiben und uns an Gerüche zu erinnern. In der Geruchsforschung spielen beispielsweise die Pheromone eine besonders wichtige Rolle. Diese Sexual-Duftstoffe tragen dazu bei, dass es zwischen beiden Geschlechtern funkt. Die Pheromon-Forschung bei Menschen steht erst am Anfang. Der Spruch, „Liebe geht durch die Nase", wird aber von den neueren Forschungsergebnissen bestätigt. Uns interessiert jedoch viel mehr, wie Gerüche das Kaufverhalten des Kunden beeinflussen. Die Antwort lautet: Erheblich, doch ihren wahren Einfluss bemerkt er meist nicht!
In einem Versuch wurden Toilettenpapierrollen, die in ihrer Stoffzusammensetzung und Produktqualität identisch waren, unterschiedlich behandelt. Ein Teil der Papierrollen wurden mit einem kaum wahrnehmbaren frischen, sanften Geruch versehen, der andere Teil blieb unbehandelt. Das Ergebnis des Tests: In 65 % aller Fälle zogen die Versuchspersonen die geruchsveredelten Rollen den unbehandelten vor. Nur ein kleiner Bruchteil der Versuchspersonen (5 %) bemerkte den Unterschied.
In den Forschungs- und Produktentwicklungslaboren arbeiten heute zunehmend Geruchsdesigner, die Produkte, gleich ob Nahrungsmittel, Putzmittel bis hin zu Innenräumen von Autos, mit Gerüchen versehen. Die Herausforderung besteht darin, solche Gerüche zu erzeugen, die knapp unter der

Wahrnehmungsschwelle bleiben oder nur knapp darüber liegen. Natürliche Gerüche, wie z. B. der Geruch von frischem Brot, entfalten auch über der Wahrnehmungsschwelle eine positive Wirkung, weil sie viele Nuancen haben. Eindimensionale künstliche Gerüche dagegen, die deutlich wahrgenommen werden, werden oft als störend und aufdringlich erlebt. Der angestrebte verkaufssteigernde Effekt verkehrt sich ins Gegenteil.

Alles eine Frage des Geschmacks

Ähnlich komplex wie Gerüche sind der Geschmack und die Konsistenz von Nahrungsmitteln. Wie wir in Kapitel 2 gesehen haben, gibt es in unserem Gehirn ein eigenes Appetit-/Ekelsystem, das über Präferenz oder Ablehnung von Geschmackswahrnehmungen entscheidet. Eine besondere Rolle in der Geschmacksverarbeitung scheint neben dem vorderen Kortex, ein Gehirnbereich mit Namen „Insula" zu spielen, der direkt unterhalb der vorderen Großhirnrinde sitzt. Die Bewertung der geschmacklichen Qualität ist eng mit dem Stimulanz- und dem Balance-System verknüpft. Positive und belohnende Geschmackserlebnisse aktivieren das Stimulanz-System, negative und abstoßende Erlebnisse das Balance-System.

Unsere grundlegenden Geschmacks- und Speisepräferenzen, die eine hohe kulturelle Prägung haben, erlernen wir in den ersten drei bis vier Lebensjahren. Einen Geschmack so zu beschreiben, dass ein anderer ungefähr nachvollziehen kann, was man selber schmeckt, ist so gut wie unmöglich. Dieses Schicksal teilt der Geschmack mit Gerüchen und Gefühlen. Da unsere Sprache erst spät entstanden ist und eher bewusst verarbeitet wird, kann sie die ungeheuer wichtigen emotionalen Dimensionen unseres Gehirns nicht wiedergeben. Doch nur weil wir es nicht beschreiben können, dürfen wir nicht glauben, der Geruchs- oder der Geschmackssinn hätte keinen Einfluss. Hier sind wir wieder einmal in der Benutzer-Illusion gefangen. Wenn man aber hinter die Kulissen der Lebensmittelhersteller schaut, erkennt man die große Bedeutung dieses Sinnesbereichs. Hochspezialisierte Aromenhersteller entwickeln in Hightech-Labors immer neue und feinere Geschmacksvarianten und Geschmacksdimensionen. Ob Schokolade, Joghurt oder Nudelsauce – es gibt fast kein Produkt mehr in den Regalen des Lebensmittelhandels, das nicht durch ein chemisches Geschmackstuning aufgemöbelt wurde.

Das Knacken des Bahlsen-Keks

Unser Mund und unser Gaumen liefern unserem Gehirn nicht nur Geschmacksinformationen. Auch die Konsistenz der Nahrungsmittel, in der Fachsprache orale Textur genannt, hat einen großen, meist unbewussten Einfluss. Denken Sie einmal an die unterschiedlichen Erlebnisse, die Sie unabhängig vom Geschmack haben, wenn Sie in ein elastisches Gummibärchen, eine weiche Nougatpraline oder ein knuspriges Knäckebrot beißen. Diese Sinnesdimension nehmen wir nur am Rande wahr, trotzdem ist sie ein wichtiger Teil des Cue-Managements. Ein schönes Beispiel dafür ist der Leibniz-Keks von Bahlsen. Er hat inzwischen fast Kultstatus. Neben dem Geschmack und der Form ist es das unbeschreibbare Knacken beim Hineinbeißen, das für dieses Produkt typisch ist. Dieses Knacken ist multisensual. Es wird über den Mundraum erlebt, gleichzeitig wird der Schall durch den Kopf und über die Ohren ins Hörzentrum übertragen. Doch dieses Knacken verändert sich leicht, wenn die Packung längere Zeit geöffnet bleibt und die Kekse etwas Feuchtigkeit aufnehmen. Auch wenn der Geschmack nicht leidet, ist die „Erlebnisgestalt", das ganzheitliche Erlebnisbild des Kekses, gestört. Im Unterbewusstsein des Konsumenten sind für bestimmte Produkte, meist solche, die man schon aus der Kindheit kennt, prototypische Erlebnisgestalten in neuronalen Netzwerken verankert. Im Fall unseres Kekses genügt schon eine kleine Abweichung im Knackerlebnis, um dem Produkt zu schaden. Im Gehirn harmoniert das aktuelle Erlebnis nicht mit der prototypischen Erlebnisgestalt.

Bahlsen hat die große Bedeutung der oft vernachlässigten Sinnesdimension erkannt. Deshalb wurde ein Projekt „Multisensuale Markenkommunikation" ins Leben gerufen. Das Ziel aufwändiger Forschungen und Rezeptveränderungen heißt: das typische Knacken des Bahlsen-Butterkeks zu gewährleisten, aber auch die anderen Bahlsen-Produkte mit einem produkttypischen Knacken auszurüsten. Auch der Cerealienhersteller Kellogg's hat die Bedeutung dieser Erlebnisdimension längst erkannt: Er ließ sich sogar das typische Knacken seiner Cornflakes patentieren. Selbst beim Knacken gibt es übrigens zielgruppentypische Unterschiede. Jüngere Kunden lieben den hellen Knack, der kurz und „crunchy" ist. Ältere Kunden dagegen bevorzugen eher das schwache und weichere Knacken.

Der Klang des Bieres

Bleiben wir noch etwas bei den Tönen. Stellen Sie sich vor, es wäre ein schöner warmer Sommerabend und Sie hätten Durst auf ein kühles Bier. Sie gehen zum Kühlschrank, holen sich ein Bier, öffnen es und schenken es ein. Nun, werden Sie sagen, was soll daran Besonderes sein? Was Ihnen vielleicht nicht bewusst ist: Sowohl das Zischen beim Aufmachen des Bieres als auch das Geräusch beim Einschenken ist für Ihr Gehirn, aber auch für das Gehirn jedes Konsumenten eine wichtige und unbewusste Botschaft. Diese akustischen Botschaften verstärken oder schwächen unbewusst das Produkt- und Geschmackserlebnis des Bieres. In einem Interview mit der „Süddeutschen Zeitung"[9.4] verrät der Psychoakustiker und Sound-Designer Friedrich Blutner sein Geheimnis:

„Je schroffer, je weniger fließend der Übergang vom Flaschenbauch zum Flaschenhals ist, desto harmonischer, süffiger und erotischer klingt das Bier beim Einschenken."

Der Klang des bayerischen Bieres sei zwar sympathischer als der von obergärigem Kölsch, aber, so Blutner: „Würde es den Brauern jedoch gelingen, tiefe, langsame Vibrati zu erzeugen wie sie beim tschechischen Pilsener zu hören sind, so könnte ihr Bier noch erfolgreicher werden."
Man sieht, es sind die unbeachteten Signale, die eine große Wirkung haben. In der Autoindustrie übrigens ist die Wichtigkeit des Klangs längst bekannt. Allein bei Porsche arbeiten über 80 Sound-Designer und Akustiker am guten Ton. Man denke an das typische „Kreischen" des 911er-Motors oder an das „Blubb" beim Zufallen der Porsche-Tür. Jeder Ton und Klang ist eine Botschaft, die den Wert des Produkts erhöht oder abschwächt.

Wie man die Finger umschmeichelt

Die alte Veltins-Bierflasche[9.5] war über Jahre der Star auf vielen Baustellen. Sie war dick, rund und bullig und lag gut in der Hand. Im Zuge einer Marken-Umpositionierung wurde die Flasche verändert, sie wurde schlanker und leichter. Obwohl das Bierrezept das gleiche blieb, ging der Umsatz stark zurück. Die neue Flasche lag einfach nicht mehr so in der Hand wie die alte Flasche. Damit sind wir beim nächsten Sinn im Cue-Management angelangt: Beim Tastsinn, bei der Haptik. Offensichtlich sprechen auch die Nervenzellen auf Fingerkuppen und auf der Haut ein starkes Wort bei der Einkaufsentscheidung mit. Während sich das Design eines Produktes relativ leicht kopieren lässt, kann man mit einem Cue-Management des Tastsinns deutliche Wettbewerbsvorteile erzielen. Die Haptik ist nach Optik, Geschmack und Geruch nämlich das wichtigste Kriterium bei einer Kaufentscheidung. Eine Reihe von Unternehmen hat dies erkannt – sie richten inzwischen Haptik-Labors ein. Die Erkenntnisse sollen helfen, den Tastsinn des Kunden zu umschmeicheln. DaimlerChrysler hat in Berlin ein eigenes Forschungslabor eingerichtet, in dem jährlich mit über 1600 Versuchspersonen Tastversuche durchgeführt werden: „Welche Oberflächen fühlen sich gut an?", „Wie wird das Drehen von Knöpfen empfunden?", „Wie müssen

Schalter gebaut sein, dass sie gerne angetippt werden?". Das Ergebnis dieser Forschung findet man in vielen kleinen Details in einem Mercedes wieder: Weiches Leder und warmes Holz am Lenkrad schmeicheln den neuronalen Rezeptoren in der Handfläche und den Bewertungszentren im limbischen System. Drehschalter, die sich präzise und genau einstellen lassen, sprechen das Motiv- und Emotionsfeld „Disziplin/Kontrolle" an. Soft-Touch-Lackierung sorgt für einen weicheren Griff und vermittelt ein Gefühl der Weichheit und Geborgenheit. Abgestufte Druckwiderstände in Knöpfen signalisieren ein genaues Einrasten der Schalter. Der Hersteller von hochwertigen Hi-Fi-Anlagen, Mark Levinson, lässt Drehschalter aus einem Metallblock fräsen. Der Effekt: Die Drehschalter laufen extrem ruhig und fühlen sich satt und mächtig an. Damit trifft Levinson genau das Motiv- und Emotionsfeld Disziplin und Kontrolle inklusive Balance und Dominanz. Das ruhige Laufen begeistert das Balance-System, das satte und mächtige Gefühl das Dominanz-System.

Gutes Cue-Management optimiert die Signale und Reize im gesamten Konsum- und Kaufprozess und nicht nur am Produkt selbst. Ein gutes Beispiel dafür ist die Brauerei Beck & Co. Sie versah ihre Bierkisten mit Soft-Touch-Griffen, so dass der Kunde nicht mehr beim Bierkauf durch harte, schmerzhafte Kanten für seinen Kauf bestraft wurde. Der Effekt: eine Umsatzsteigerung von 10 %.

Cross-modales Cueing

An diesen Beispielen sieht man, wie wichtig und erfolgreich ein Cue-Management ist, das alle Sinne anspricht. Viel zu wenig wird meist beachtet, wie das Gehirn des Kunden diese Informationen verarbeitet. Sein Gehirn generalisiert nämlich gerne. Die Sinneseindrücke eines Sinneskanals werden auf andere Bewertungsdimensionen unbewusst übertragen (Cross-modale Beeinflussung). Ein Schokoladenriegel, der mit einer schaumigen Creme gefüllt ist, wird vom Konsumenten als kalorienärmer empfunden als ein Riegel mit einer zähen Karamellfüllung. Auch wenn beide objektiv den gleichen Nährwert haben, wird das leichte „Beiß-Erlebnis" der Creme mit der zähen Karamell-Bearbeitung im Mund verglichen und auf die Kalorienbewertung übertragen. Ähnlich verhält es sich mit dem Gewicht einer Packung oder der Größe einer Packung. Wird zum Beispiel ein Genussmittel in einer großen Packung mit viel Luft angeboten, vermutet das Gehirn weniger Kalorien, als wenn dasselbe Produkt, nur von einer Plastikfolie umgeben, direkt auf der Hand lastet. Zusätzlich wird der Wert des Produkts in der aufwändigeren Verpackung weit größer eingeschätzt.

Multisensory Enhancement: Die Wirkungsexplosion im Kopf

Von herausragender Bedeutung für multisensorisches Marketing und Branding ist ein Phänomen, das man Multisensory Enhancement oder multisensorische Verstärkung nennt[9.6] Was ist darunter zu verstehen und was ist die Ursache für dieses Phänomen? Wenn zeitgleich über unsere unterschiedlichen Wahrnehmungskanäle die gleiche Botschaft in unser Gehirn dringt, gibt es einen neuronalen Verstärker-Mechanismus. Dieser Mechanismus führt dazu, dass wir in unserem Bewusstsein das Ereignis bis zu 10-mal so stark erleben, als man dies aus der summierten Stärke der einzelnen Sinneseindrücke erwarten könnte. Die Verstärkerzentren in unserem Gehirn addieren die Sinnesstärken also nicht nur, sondern verstärken sie um ein Vielfaches. Dieses Phänomen nennt man „Superaddivität". Ein kleines Beispiel verdeutlicht das: Ein Eingeborener der durch den Urwald läuft, bemerkt zeitgleich ein leises Knacken, einen etwas strengen Geruch und er sieht eine leichte Bewegung im Gebüsch: In seinem Bewusstsein erscheint explosionsartig das Bild des Tigers. Genau daher kommt nämlich das Multisensory-Enhancement-Phänomen. Aus den tausenden Eindrücken, die in jeder Sekunde auf uns eindringen, ohne dass wir das in unser Bewusstsein bekommen, versucht unser Gehirn nur Überlebenswichtige herauszufiltern. In vielen Millionen Jahren hat unser Gehirn gelernt, dass eine hohe und zeitgleiche Sinneskongruenz von Ereignissen von extremer Bedeutung ist und deswegen werden solche Ereignisse extrem verstärkt.

Anders herum funktioniert das allerdings auch: Wenn eine hohe Inkongruenz zwischen den Sinneseindrücken vorliegt, werden diese Ereignisse unterdrückt. Ein kleiner Versuch macht sowohl die multisensorische Verstärkung als auch die Unterdrückung deutlich. Zunächst gibt man Versuchspersonen einen kuschelig-weichen Softball zum Tasten, spielt gleichzeitig eine schöne, sanfte Musik und lässt in den Raum einen sanften Lavendelduft eintreten. Nun werden die Versuchsbedingungen verändert. Die Probanden bekommen nun einen harten Ball, eine sanfte Musik und einen gewöhnlichen Geruch vorgesetzt. Das Ergebnis: Die erste Versuchsbedingung wird um ein Vielfaches stärker erinnert. Im ersten Fall war das multisensuale Erlebnis auf den verschiedenen Wahrnehmungskanälen konsistent und kongruent – im zweiten Fall nicht. Wo findet die multisensorische Verstärkung im Gehirn statt? Im Prinzip schon bei vielen Millionen Nervenzellen, die auf Multisensorik spezialisiert und im ganzen Gehirn verteilt sind. Diese Multisensorik-Nervenzellen nennt man Interneurone, weil sie gleichzeitig den Input aus verschiedenen Sinneskanälen verarbeiten. Von besonderer Bedeutung ist eine Struktur, die tief innen im Gehirn ungefähr auf der Achse zwischen den beiden Ohren liegt, und die man in der Fachsprache „Superiorer Colliculus" nennt. Hier findet sich eine extrem starke Konzentration der Interneurone und hier werden Tasten, Sehen und Hören auf höherer Ebene zusammengeführt. Auch im limbischen System gibt es eine Reihe solcher Verstärkerzentren, die insbesondere auf dem Zusammenspiel der Amygdala mit dem orbitofrontalen Kortex beruhen.

Das gute Ende inszenieren

Am Beispiel des Beiß-Erlebnisses und der subjektiv empfundenen Kalorienzahl haben wir gerade erfahren, wie das Gehirn des Kunden Sinneserfahrungen unbewusst generalisiert. Sein Gehirn ist keine sture Rechenmaschine, die Äpfel nur mit Äpfeln und Birnen nur mit Birnen vergleicht. Aufgrund evolutionärer Prägung schafft das Gehirn Verbindungen. Ein Beispiel: Wenn mir morgens eine schwarze Katze über den Weg gelaufen ist und ich mir an diesem Tagen zufällig den Kopf stoße, eine Beule ins Auto fahre oder im Stau stecken bleibe, verbindet mein Gehirn die Katze kausal mit den negativen Ereignissen. Ich selber bin in meinem Bewusstsein nun fest davon überzeugt, dass mir die Katze Unglück bringt.

Doch diese „Fehlerhaftigkeit" in der Verrechnung erfolgt nicht nur zwischen verschiedenen Sinneserlebnissen, sondern auch zwischen Erlebnissen, die in einer Zeitfolge stattfinden. Während Ersteres für das Produktmarketing von großer Bedeutung ist, ist Letzteres für das Dienstleistungsmarketing und für den Verkaufsprozess wichtig. Wer Service-Prozesse optimieren möchte, sollte jeden kleinen Schritt im Sinne des Cue-Managements überprüfen und fragen, inwieweit er den Emotions- und Motivprogrammen in unserem Kopf Rechnung trägt.

Kommen wir zu einem weiteren wichtigen Punkt, der für den Verkauf und den Service eines Unternehmens wichtig ist: Das Gehirn hat die Gewohnheit, sich an die zuerst und zuletzt erlebten Ereignisse in einer Reihe von Ereignissen besser zu erinnern. Mit anderen Worten: Was ein Kunde in einer bestimmten Situation zuerst und besonders wichtig: als Letztes! erlebt hat, bleibt haften. Dazu ein Beispiel: Nehmen wir an, Sie sind Hoteldirektor und tun alles, damit sich Ihr Gast wohlfühlt. Der Kunde betritt das Hotel und wird persönlich mit ausgesuchter Höflichkeit bedient, zudem findet er beim Betreten seines Zimmers auf einem kleinen Tisch frisches Obst, die Zimmer sind geräumig und sauber. Der erste Eindruck ist also perfekt. Im Laufe des Aufenthalts bietet das Restaurant beste Küche und die Mitarbeiter sind „auf Zack". Aber nun kommt das dicke Ende: Bei der Abreise will der Kunde zahlen. Leider stehen nicht nur er allein, sondern auch viele andere Gäste an der Rezeption an, sodass es zu einer langen Warteschlange kommt. Der Kunde muss einige Minuten warten, wird am Ende von einer leicht gestressten Empfangsdame abgefertigt und reist ab. Wäre sein Gehirn ein Computer, der angenehme Erlebnisse aufsummiert und negative Erlebnisse abzieht, sähe die Bilanz für Sie als Hoteldirektor ganz gut aus. Im Laufe des Besuchs hat Ihr Kunde viele Annehmlichkeiten erfahren, sodass der kleine Ärger am Ende wohl nicht so sehr ins Gewicht fällt. Leider rechnet das Gehirn Ihres Kunden aber nicht so. Das tatsächliche Rechenergebnis wäre für Sie als Hoteldirektor unerfreulich.

Ein interessanter psychologischer Versuch zeigt, wie das Gehirn rechnet. Freiwillige Versuchspersonen wurden zunächst gebeten, ihre Hand ca. 4 Minuten in sehr kaltes Wasser zu halten. Diese Prozedur ist extrem unangenehm. Im zweiten Versuchsdurchgang wurde das Ganze verändert. Jetzt mussten die Versuchspersonen ihre Hand zunächst 8 Minuten ins eiskalte Wasser halten. Nach diesen 8 Minuten durften Sie nun die ausgekühlte Hand noch 2 Minuten im lauwarmen Wasser baden. Am Ende der beiden Versuchsdurchgänge wurden die Versuchspersonen danach befragt, an welcher Versuchsanordnung sie wieder teilnehmen würden. Das Ergebnis war eindeutig: Versuch Nr. 2. Obwohl die objektive „Qualzeit" im kalten Wasser doppelt so lang war, wurde diese Qualzeit vom angenehmen Enderlebnis überdeckt. Inzwischen gibt es viele Folgeversuche, die dieses Ergebnis auch in der Gegenrichtung bestätigten: Eine lange positive Erfahrung wird durch einen kurzen negativen Schluss am Ende eines Erlebnisprozesses fast zerschlagen. Im Gehirn bleibt ein negatives Gesamtgefühl zurück.

Aber nun wieder zu unserem Hoteldirektor: Das negative Erlebnis am Ende des Besuchs verändert die Bewertung der gesamten Aufenthaltsdauer. Alle Qualitäts- und Service-Erlebnisse im Laufe einer langen Aufenthaltszeit des Gastes wurden so in wenigen Minuten zerstört. Ein Ärger innerhalb eines Serviceprozesses ist zwar nicht gut, aber seine Folgen sind lange nicht so verheerend wie am Ende. Leider wird diese Regel in der Praxis nicht beachtet: Denken wir an das Auschecken im Hotel, an die unfreundliche Kassenkraft im Supermarkt oder die oft gleichgültige Behandlung, wenn wir unser Auto von der Inspektion abholen.

Cues auf Zielgruppen ausrichten

Gutes und erfolgreiches Cue-Management beachtet auch die unterschiedlichen Wünsche der angestrebten Zielgruppe und setzt die Botschaften, die mit Marken-positionierung zusammenhängen, bis ins kleinste Detail um. Alle gesetzten Signale und Reize sind aus einem Guss: Sprache und Produktdesign stimmen überein, Service-Prozesse setzen die Wünsche und Bedürfnisse der Zielgruppe bis ins kleinste Detail um und beachten das scheinbar unwichtigste Signal. Cue-Management ist die hohe Schule des Verkaufens. Es ist zweifellos mit viel Arbeit verbunden – aber einer Arbeit, die sich lohnt. Werbebotschaften können schnell kopiert werden. Wer aber seine Produkte und Verkaufsprozesse bis ins kleinste Detail mit konsequentem Cue-Management aufwertet, erzielt einen schwer einholbaren Vorsprung, weil viele Konkurrenten genau diese feinen, aber hochwirksamen Signale übersehen.

Kapitel 10:
POS & POP: Der Ort der Entscheidung

Was Sie in diesem Kapitel erwartet:

Neben der Werbung und dem Produkt selbst spielt der POS, der Point of Sale, eine entscheidende Rolle für den Verkaufserfolg. Die Gesetze des Gehirns gelten auch hier: Beispielsweise wenn sich Kunden in Verkaufsräumen bewegen und orientieren oder wenn sie sich durch die Warenpräsentation verführen lassen. Wir werden sehen, welchen enormen Einfluss Licht, Geruch und Musik auf ihr Kaufverhalten haben.

Wir untersuchen nun den letzten Schritt im Kaufprozess: den eigentlichen Einkauf im Super- oder Verbrauchermarkt. Wie sich der Kunde oder Konsument in der tatsächlichen Einkaufssituation im Laden, im Verbraucher-, Super- oder Fachmarkt verhält, beschäftigt uns in diesem Kapitel. In der Fachsprache wird dieser Ort der Entscheidung auch Point of Sale (POS) oder Point of Purchase (POP) genannt. Beide Begriffe meinen den gleichen Ort, sie betrachten diesen aus unterschiedlichen Perspektiven. POS, der Ort des Verkaufs, spiegelt die Sicht des Herstellers und Handels wider. POP, der Ort des Kaufes dagegen, betrachtet den Laden und alles, was sich darin ereignet, aus Sicht des Kunden. Da viele Kaufentscheidungen erst am POS fallen, ist es ungeheuer wichtig, sich damit zu beschäftigen, was im Kopf und im Gehirn des Kunden wirklich vorgeht. Anders formuliert: Was erwarten eigentlich Kunden beim Einkaufen?

Easy, Experiential, Efficient & Exclusive Shopping

Von besonderer Bedeutung für erfolgreiches Handelsmanagement ist die Beachtung der Wünsche unserer 3 großen Emotionssysteme, Balance, Dominanz und Stimulanz. Warum? Weil diese 3 Systeme zum Teil völlig gegensätzliche Erwartungen an die Verkaufsraumgestaltung, die Warenpräsentation, ja selbst an die Preisstellung haben.

Easy Shopping

Beginnen wir mit dem Balance-System. Was sind seine Wünsche und Bedürfnisse beim Einkaufen? Ganz einfach: Sicherheit, Stressfreiheit, Ordnung und Überschaubarkeit. Das Balance-System fordert also einfaches und bequemes Einkaufen. Funktionale Warenpräsentation und möglichst eine einfache Wegeführung die schnelle Orientierung ermöglicht. Das Balance-System bevorzugt einfache Produkte mit verlässlicher Qualität zu berechenbaren niedrigen Preisen (Dauer-Niedrigpreis). Zudem verunsichert eine große Artikel-Auswahl das Balance-System im Gehirn. Das Balance-System wünscht deshalb keine große Auswahl!

Experiential Shopping:

Genau entgegengesetzt sind die Wünsche des Stimulanz-Systems. Es ist die treibende Kraft für „Experiential Shopping". Das Stimulanz-System wird durch genuss- und erlebnisorientierte Warenpräsentation wie z. B. Bedieninseln angesprochen. Zudem kann die Auswahl gar nicht groß genug sein. Und während das Balance-System mit Handelsmarken zufrieden ist, bevorzugt das Stimulanz-System Herstellermarken mit starker Genuss-/Erlebnis-Betonung.

Efficient Shopping:

Hier ist das Dominanz-System die treibende Kraft. Sie wünscht sich schnelles und hocheffizientes Einkaufen bei Bedarfs- und Alltagsprodukten, ohne Wartezeiten. Die Selbstbedienung wird der Bedienung vorgezogen, weil Selbstbedienung die eigene Autonomie stärkt und die Abhängigkeit von einer Bedienungskraft reduziert. Erwartet wird ebenfalls eine gewisse Auswahl – aber nicht, um wie beim „Experiential Shopping" zu entdecken, sondern um Zeit zu sparen. Aggressive Kampfpreise und Rabatte sprechen das Dominanz-System im Gehirn besonders an

Exclusive Shopping

Auch hier hat das Dominanz-System das Sagen – allerdings sind hier seine Wünsche etwas anders als beim „Efficient Shopping", wo es schnell das Tagesgeschäft erledigen möchte. Das Dominanz-System wünscht sich aber auch Status und Exklusivität – insbesondere bei Produkten, die eine hohe soziale Außenwirkung wie Mode, Autos oder Wohneinrichtungen haben. Diese Produkte müssen vom Handel genauso inszeniert werden. Exklusives Ambiente, exklusive Auswahl hochwertigster Produkte und von besonderer Wichtigkeit: exklusiver Service.

Betrachtet man nun die drei Erwartungswelten genauer, spürt man deutlich, dass offensichtlich starke Widersprüche im Gehirn des Konsumenten vorhanden sind. Was also soll der Handel tun? Des Rätsels Lösung liegt darin, dass man diese emotionalen POS-Welten konsequent mit Zielgruppen verknüpft. Hedonisten, Genießer – teilweise auch Harmoniser bevorzugen eher Shops mit „Experiential Shopping", Traditionalisten und Disziplinierte dagegen fühlen sich in „Easy Shopping"-Welten besonders wohl. Performer schließlich lieben „Exclusive Shopping". Gemeinsam mit Abenteurern sind sie auch für „Efficient-Konzepte" leicht zu begeistern. Nachdem wir jetzt die drei großen Shopping-Welten kennengelernt haben, begleiten wir nun einen Kunden bei seinem Einkauf, um weitere unbewusste POS-Mechanismen kennenzulernen.

Spontan- und Impulskäufe

Die Art und Weise, wie ein Einkauf vom Kunden vorbereitet wird, hängt sehr stark von der Art des Produkts, aber auch vom Einkaufsort ab. Wenn eine Konsumentin durch die Einkaufsstraßen einer Großstadt bummelt, im Schaufenster ein paar modische Schuhe sieht und diese kauft, hat sie weder den Kauf selbst noch die Art der Ware geplant. Die Einkaufsentscheidung fiel spontan und ohne Vorplanung. Ganz anders sieht das aus, wenn beispielsweise der Ehemann dieser Kundin gerade dabei ist, das Dach im eigenen Haus auszubauen und im Baumarkt ein Dachfenster kaufen will. In diesem Fall hat er die genaue Größe des Fensters abgemessen. Zudem hat er schon eine ziemlich genaue Vorstellung von dem Fenster, das er einbauen will. Und weil der Baumarkt 30 Kilometer entfernt liegt, hat er schon eine Woche vorher die Zeit für den Einkauf eingeplant. In diesem Fall spricht man von Plankauf. Einkaufsanlässe und Einkaufsverhalten können, wie wir sehen, also sehr unterschiedlich sein. Bildet man aber nun den Durchschnitt von mehreren Branchen, Produktgruppen und Einkaufsanlässen, dann zeigt sich folgender Zusammenhang (siehe Abbildung 10.1): Ca 35 % aller Einkäufe sind fest geplant. Der Kunde weiß also ganz genau, welchen Artikel und welche Marke er einkaufen will. Die verbleibenden 65 % erfolgen spontan. Allerdings muss man auch hier etwas genauer hinschauen. Bei der Hälfte dieser Spontankäufe weiß der Kunde, dass er ein Produkt aus einer bestimmten Kategorie kaufen wird, zum Beispiel ein Waschmittel. Er weiß bewusst aber noch nicht, für welche Marke er sich entscheidet, also ob z. B. Ariel oder Persil in seinem Einkaufskorb landet.

Trotzdem kann eine unbewusste Präferenz für eine Marke längst gebildet sein. Die verbleibende andere Hälfte sind Spontankäufe. Nicht selten wundert er sich, warum und wieso er diese Artikel eingekauft hat.

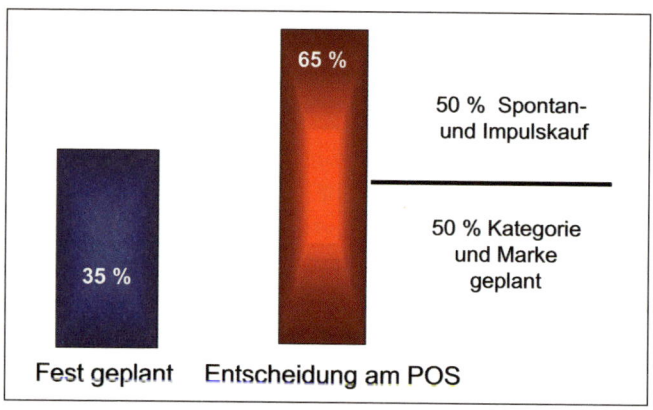

Abbildung 10.1:
Die Entscheidung fällt
oft erst am POS

Der Eingangs-Stress

Wenn der Konsument zum ersten Mal ein Geschäft betritt, bedeutet dies für seine Motiv- und Emotionssysteme: „Achtung, unbekanntes Territorium!" Das Balance-System wird aktiviert. Konsumenten bleiben in der Eintrittszone deshalb kurz stehen, um sich Orientierung und Sicherheit zu verschaffen. In kleineren Boutiquen reicht dazu ein kurzer Blick; in großen Verkaufsräumen dauert diese Orientierungsphase bis zu 15 Sekunden. Findet sich der Kunde nicht gleich zurecht, entsteht Stress. Dieser Stress wird verstärkt, wenn der Eingangsbereich mit Sonderaktionen zugestellt wird. Im Gehirn des Kunden erhöht sich die Konzentration der Nervenbotenstoffe Noradrenalin und Cortisol. Diese Stressreaktion im Körper und Gehirn ist dem Kunden oft selbst nicht bewusst. Das Problem dabei: Unter Stress und den damit verbundenen negativen Gefühlen kauft der Kunde weit weniger. Seine Kaufbereitschaft geht zurück, er wird vorsichtiger und meidet jedes Risiko. Noradrenalin und Cortisol haben einen zusätzlichen negativen Effekt. Sie verändern die Wahrnehmung des Kunden, weil sie seinen Blick sehr stark einschränken. Diese Phänomen wird in der Fachsprache „Tunnelblick" genannt. Obwohl sie direkt vor seiner Nase stehen, nimmt der Kunde die verlockenden Angebote nicht wahr. Oft dauert es einige Minuten, bis das Gehirn wieder vom Stress-Zustand in den Normal-Modus umgeschaltet hat. In dieser Zeit hat der Kunde aber oft schon weite Strecken im Verkaufsraum mit sehr stark eingeschränkter Einkaufsbereitschaft hinter sich gebracht. Wertvolle Umsatzchancen werden so oft schon im Eingang verspielt. Verkaufsförderung im Handel beginnt am POS mit einer orientierungsfreundlichen Eingangssituation. Die Orientierung wird durch eine klare und unverstellte Wegeführung, durch ein gut sichtbares Fernleitsystem und durch eine strukturierte Raumaufteilung unterstützt. Inzwischen wissen wir, dass das Balance-System und damit die Stressbereitschaft bei

Frauen stärker als bei Männern ist und mit dem Alter stark zunimmt. Handelsunternehmen sollten dies berücksichtigen, wenn sie diese Kundengruppen gcwinnen wollen.

68 % aller Kunden wählen rechts

Kunden haben ein inneres Programm, nach dem sie sich im Verkaufsraum orientieren. Unmerklich zieht es die meisten Konsumenten am POS stärker nach rechts (siehe Abbildung 10.2). Im Blick, im Greifverhalten und in der Bewegung. Woher kommt das? Auch hier gibt ein Blick ins Gehirn Auskunft. Wie wir wissen, haben rechte und linke Gehirnhälfte unterschiedliche Funktionen und unterschiedliche Zuständigkeiten. Wenn es darum geht, den Gesichtsausdruck eines Menschen zu analysieren, ist die rechte Seite stärker involviert, bei anderen Funktionen dagegen die linke. Wenn es nun um Bewegung geht, ist die linke Seite aktiver. Aber warum bewegen sich die Kunden dann nach rechts? Ganz einfach deshalb, weil bei der Bewegungssteuerung die entgegengesetzte Gehirnhälfte zuständig ist. Die linke Gehirnhälfte steuert also die Bewegungen der rechten Körperhälfte und die rechte Gehirnhälfte die der linken Körperseite. Bei den meisten Menschen ist, zumindest was die Bewegung betrifft, die linke Gehirnhälfte die stärkere, die dominierende.

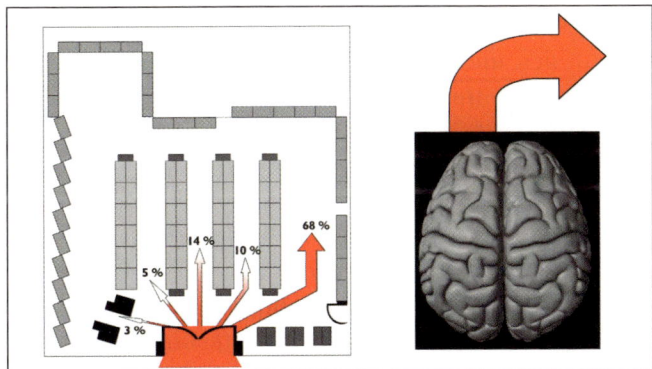

Abbildung 10.2:
68 % der Kunden
wählen rechts

Insbesondere die höhere Dopamin-Konzentration in den sogenannten Basalganglien im Gehirn gibt Kunden einen Rechtsrdrall

Wichtig für die Bewegungssteuerung des Kunden sind neben dem Großhirn die sogenannten Basalganglien, die unter dem Großhirn liegen. Aus Tierversuchen weiß man inzwischen, dass dieser Gehirnbereich den Rechtsdrall von Kunden auslöst.[1.5] Hier kommt der Nervenbotenstoff Dopamin ins Spiel. Er ist in der linken Gehirnhälfte in stärkerer Konzentration vorhanden. Spritzt man beispielsweise Ratten Dopamin in die linken Basalganglien, drehen sie nach rechts. Werden die rechten Basalganglien unter Dopamin gesetzt, dreht unser Säugetierchen flugs nach links ab. Welche Konsequenzen hat dies für den Handel? Die erste Konsequenz liegt in der Gestaltung der Wegeführung. Damit sich Kunden wohlfühlen, wird ein Hauptweg angeboten, der nach dem Eingang im Winkel von 45 Grad nach rechts zeigt und die Kunden gegen den Uhrzeigersinn durch den Verkaufsraum führt.

Warum auch Briten einen Rechtsdrall haben

Auf meinen Vorträgen werde ich öfters von Zuhörern gefragt, ob dieses Prinzip auch für Briten gelte, die ja bekanntlich auf Linksverkehr programmiert sind. Da Gene bekanntlich sehr langsam lernen, ist das Gehirn eines Engländers dasselbe wie das eines Kontinentaleuropäers. Auch die wenigen Jahrzehnte Linksverkehr haben zu keiner Veränderung der „Links-Rechts-Gene" geführt. Der Versuch einer bekannten englischen Supermarktkette, durch eine Veränderung der Wegeführung von Rechtsdrall auf Linksdrall Patriotismus zu beweisen, endete kläglich. Das Geschäft wurde von den englischen Kunden nicht angenommen. Wie stark diese inneren Programme sind, musste auch eine deutsche Drogeriemarktkette schmerzlich erfahren. Der Grundriss nebst Lage des Eingangs eines angemieteten Ladens ließ einen sinnvollen „Rechtsweg" ohne teure Umbauten nicht zu. Die Architekten waren davon überzeugt, dass sich der Kunde im Laufe der Zeit schon an eine Linkswegeführung im Uhrzeigersinn gewöhnen würde. Das war ein Irrtum. Die Kunden mieden den Laden und kauften woanders. Durchgeführte Kundenbefragungen brachten keine Erkenntnisse, weil die Kunden keine Gründe für ihr Unwohlsein im Laden angeben konnten. Erst als für teueres Geld und entsprechende Umbauten natürliche Verhältnisse hergestellt wurden, entwickelte sich die Filiale erfolgreich.

Die unbewussten Landkarten im Kopf des Kunden

Wir haben gesehen, wie wichtig eine schnelle und gute Orientierung für einen entspannten und stressfreien Einkauf ist. Leitsysteme und Wegeführung können erheblich dazu beitragen. Im Gehirn des Kunden sind aber noch andere Programme aktiv, deren Kenntnis und Nutzung die Kundenzufriedenheit und damit den Umsatz steigern. Es sind die sogenannten Mental-Maps. Im Unterbewusstsein des Kunden sind nämlich Landkarten gespeichert, die vorgeben, in welcher Abfolge bestimmte Sortimente auf der Verkaufsfläche erwartet werden. Diese Landkarten im Gehirn des Kunden sagen aber nicht nur, wann die Fleischabteilung nach Meinung des Gehirns kommen soll. Sie sind so detailliert, dass sie selbst den Platz von Joghurt oder Frischkäse im Milchregal vorgeben. Wenn ein Geschäft nach diesen Mental-Maps aufgebaut ist und die Artikel in den Regalen entsprechend platziert sind, steigt der Umsatz im Geschäft erheblich an.

Doch was läuft im Gehirn ab? Das Gehirn des Konsumenten versucht, wie wir in Kapitel 8 über Marken gesehen haben, die Welt, die Objekte und die gemachten Erfahrungen in neuronalen Netzen abzulegen, auf die bei Bedarf zugegriffen werden kann. Es versucht außerdem, unsere Handlungen und Reaktionen zu beschleunigen.[10.1; 10.2] Auf Grund des Sparsamkeitsprinzips gilt aber: So wenig neuronale Netzwerke wie möglich. Jeder zusätzliche und neue Speicherplatz im Gehirn kostet Energie. Genauso wie es Energie kostet, wenn das Bewusstsein in Aktion treten muss, weil irgendwo etwas nicht stimmt und ein Problem gelöst werden muss. Deshalb versucht das Gehirn möglichst viele Gewohnheiten in für den Konsumenten unbewussten Programmen abzuspeichern und diese möglichst oft in allen Situationen anzuwenden.

Einer der für den Konsumenten wichtigsten zeitlichen Abläufe ist sein normaler Tagesablauf mit Frühstück, Mittagessen und Abendessen. Die Mahlzeiten bilden die Eckpunkte seines Tages, weil Mahlzeiten einen belohnenden Charakter haben. Im limbischen System gibt es einen Gehirnbereich, den Hippokampus, der insbesondere für das Lernen dieser Abläufe zuständig ist und diese im Neokortex abspeichert. Weil der Kunde den oben geschilderten Tagesablauf tausende Male durchläuft, ist er fest als Programm im Kopf einprogrammiert. Wenn er nun Lebensmittel einkauft, versucht sein Gehirn dieses Grundprogramm als Orientierungshilfe einzusetzen. Wenn die Lebensmittel in der Reihenfolge „Frühstück-Mittagessen-Abendessen" angeordnet sind, fühlt sich der Kunde entspannt und kauft mehr ein. Zuerst kommen das Brot und die Marmelade, dann das Milchregal, dann das Fleischregal – gegenüber die Nudeln und Saucen, den Abschluss bilden die Getränke, insbesondere Wein, und gegenüber das Regal mit dem Knabberzeug.

Die Warenabfolge nach den inneren Landkarten hat noch weitere umsatzsteigernde Effekte. Da nur ein geringerer Teil der Kunden mit einem Einkaufszettel einkauft, ahnt das Unterbewusstsein des Kunden beim Durchgang schon, welches Sortiment ungefähr als Nächstes kommt. Es bereitet den Kunden zum Einkauf vor. Wie von selbst fliegen die Waren in seinen Einkaufskorb, seinem Bewusstsein bleiben diese Vorgänge fast alle verborgen. Eine weitere wichtige Eigenschaft dieser neuronalen Maps und Netzwerke: Sind sie aktiviert, werden Produkte, die zum Netzwerk gehören, häufiger gekauft. Steht beispielsweise ein Konsument vor dem Weinregal, ist die gesamte Konsumsituation als Netzwerk unbewusst aktiviert. Steht nun das Knabbergebäck-Regal in unmittelbarer Nähe des Weinregals, ist sein Abverkauf ca. 20 % höher, als wenn es beispielsweise gegenüber von Nudeln oder Suppen steht.

Das Gehirn bildet solche Mental-Maps nicht nur nach zeitlichen Abläufen. Verschiedenste Kriterien werden benutzt, um die Welt sparsam in Netzwerke und Maps zu ordnen, zum Beispiel die gemeinsame Verwendung von Lebensmitteln, ein ähnlicher Geschmack, gleiche Farben usw. Für fast alle Warengruppen und Sortimente gibt es solche geheimen Strukturen im Kopf. Wenn ein Patient beispielsweise in eine Apotheke kommt, hat sein Gehirn schon eine relativ genaue Vorstellung davon, wie die Arzneimittel-Gruppen in den Regalen hinter dem Bedienungsteich des Apothekers angeordnet sein sollen. Mit dieser Reihenfolge ist sein Gehirn am glücklichsten: 1. Haut, 2. Vitamine/Mineralien, 3. Husten/Erkältung, 4. Schmerz, 5. Magen/Darm, 6. Herz/Kreislauf.

Massenpräsentation: Das unbewusste Billigsignal

Wir haben bei den Mental-Maps gesehen, wie das Gehirn des Kunden versucht, auf Automatik zu schalten und gelernte Programme anzuwenden. In jedem Konsumenten-Gehirn ist nun fest gespeichert, dass eine Warenplatzierung des gleichen Artikels in großen Mengen Preisnachlass bedeuten muss. Hier lautet die Rechnung des Gehirns wie folgt: Da viele Artikel vorhanden sind, gibt es sie im Überfluss; ihr Wert ist nicht sonderlich hoch – sie sind billig. Ein Artikel, der einzeln gezeigt wird, bedeutet für das Gehirn: Dieser Artikel ist exklusiv und damit wertvoll.

In einem Live-Test, den die Gruppe Nymphenburg vor einiger Zeit in verschiedenen Verbrauchermärkten für einen großen Markenartikelhersteller durchführte, galt es herauszufinden: Wie viel Prozent Preisnachlass führt zu wie viel Prozent Umsatzsteigerung? Die Warenpräsentation wurde konstant gehalten, es war die typische und oben beschriebene Massenplatzierung. Die Arbeitshypothese lautete: Je mehr Preisnachlass, desto größer der Abverkauf. Nun passierte Folgendes: Durch einen Übermittlungsfehler wurde in einigen Filialen, die am Test teilnahmen, der Aktionspreis nicht wie geplant um 10 % gesenkt, sondern um 10 % erhöht. Die Überraschung war groß, als wir das Ergebnis sahen: Der Abverkauf in den Filialen, in denen der Preis irrtümlich erhöht wurde, steigerte sich auch erheblich! Die Umsatzzuwächse lagen nur wenig unter den Filialen, in denen der Preis gesenkt wurde. Allein die Anordnung der Ware als Massenpräsentation hatte also genügt, um im Konsumentengehirn eine starke Kaufautomatik auszulösen. Der Preis hatte einen weit geringeren Einfluss als die Art der Präsentation. Mit diesem Prinzip arbeiten heute viele Discounter: Sie bieten ihre Waren fast immer in Massenplatzierung an. Obwohl die Preise oft gleich oder sogar teurer sind als im Fachgeschäft, ist der Kunde davon überzeugt, dass alles billig ist und kauft.

Rotes Preisschild – große Wirkung

Eine ähnliche Kaufautomatik-Wirkung wie Massenplatzierungen haben Preisschilder in aggressiver Gestaltung. Auch hier das Ergebnis eines Tests, den die Gruppe Nymphenburg in mehreren Verbrauchermärkten durchgeführt hat: Der vorherige gleiche Preis wurde auf rote Preisschilder gedruckt, ansonsten wurde nichts verändert. Die Abverkäufe stiegen dramatisch an, teilweise bis zu 700 %! Wie wir wissen, ist die Farbe „Rot" die Farbe des Kampfes und der Aggression. Allein der Einsatz dieser Farbe reicht offensichtlich aus, um „Preisaggressivität" zu signalisieren. Es ist die preisaggressive Wirkung dieser Farbe in der Werbung und im Verkaufsraum von Media Markt, die dafür sorgt, dass dieses Handelskonzept vom Konsumenten als preiswert empfunden wird, obwohl die meisten Artikel nicht billiger als anderswo sind.

Auch die Preisstellung löst beim Konsumenten unbewusst verschiedene Assoziationen aus. Wird ein Artikel für 24,99 Euro angeboten, erscheint er wesentlich billiger, als wenn derselbe Artikel mit 25,00 Euro ausgezeichnet wird. Genau anders herum verhält es sich mit dem Qualitätsempfinden. Beim Artikel für 25,00 Euro wird eine höhere Qualität vermutet als bei einem Artikel, der 24,99 Euro kostet.

Die Wirkung von reduzierten Preisen

Bleiben wir noch etwas beim Preis. Clevere Verkäufer präsentieren dem Kunden immer zuerst den teureren Artikel von einer Reihe von Artikeln der gleichen Art. Der Grund liegt darin, dass das Gehirn des Kunden in unbekannten (Entscheidungs)-Situationen die ersten Informationen als Anker und Vergleichsmaßstab für die folgenden Informationen benutzt. Legt der Verkäufer als Nächstes einen mittelpreisigen Artikel auf den Tisch, erscheint dieser dem Käufer weniger wertvoll und damit weniger attraktiv. Außerdem findet er den mittelpreisigen Artikel nun billig, weil der hohe Preis des zuerst gezeigten Produkts unbewusst den Bezugspunkt bildet. Hätte der Verkäufer dagegen mit dem billigsten Artikel sein Beratungsgespräch begonnen, hätte dieser den Preisanker für die ganze Artikelgruppe gesetzt. Denselben mittelpreisigen Artikel hätte der Kunde in diesem Fall als teuer empfunden und lieber den billigsten gekauft.

Dieser Ankermechanismus zeigt auch in der Preisschildgestaltung hohe Wirkung. Die Abverkäufe eines Artikels steigen oft über 200 % an, wenn auf dem Preisschild ein hoher Fantasiepreis („Früherer Preis") rot durchgestrichen wird und darunter ein wesentlich niedrigerer Preis steht („Unser Aktionspreis"). Dass dieser Aktionspreis der eigentliche Normalpreis ist und ihm sein Gehirn einen Streich gespielt hat, bleibt dem Kunden verborgen.

Zusätzlich verstärkt wird dieser Mechanismus durch unser Stimulanz-System, das die Preisreduzierung als unerwartete Belohnung erlebt.
In der Trickkiste des Handels finden sich aber noch andere Aktionsformen, die das Bewusstsein des Kunden unterlaufen. In Kapitel 2, in dem wir uns mit den Kaufmotiven im Kopf beschäftigt haben, lernten wir auch das Jagd- und Beute-Modul kennen. Wenn beispielsweise Aldi einen sehr preiswerten Computer in begrenzten Stückzahlen anbietet und manche Kunden im Schlafsack schon die Nacht vor der Ladenöffnung auf ihre Beute lauern, wird genau dieses Motivsystem aktiviert. All diese kleinen und großen Tricks mit den Preisen werden insbesondere von den Fachmarktketten meisterlich beherrscht. Betrachtet man deren Sortimente genauer, werden über 96 % aller Artikel zu sehr komfortablen Kalkulationen verkauft. Allein durch die Preis-Inszenierung weniger Artikel durch Massenplatzierung und durch Slogans wie „Geiz ist geil" glaubt der Kunde, alles sei günstig.

Warum die Obst- und Gemüseabteilung an den Eingang gehört

In fast allen Supermärkten steht die Obst- und Gemüseabteilung inzwischen in der Eingangszone. Als die Gruppe Nymphenburg vor vielen Jahren genau dies dem Lebensmittelhandel geraten hatte, war der Widerstand groß. Die damalige Meinung war, man müsse diese Abteilung in den hintersten Winkel stellen, weil Obst und Gemüse Mussartikel seien und die Kunden damit nach hinten in den Verkaufsraum gezogen würden. Zudem, so die Händler, würden die Kühl- und Lagerräume für das Obst hinten liegen und rein aus psychologischen Gründen komme eine Umstellung nicht in Frage. Inzwischen wird der Standort vorne in der Eingangszone nicht mehr in Frage gestellt und findet sich in fast allen Lebensmittelgeschäften. Warum gehört die Obst- und Gemüseabteilung nach vorne? Wir haben gerade bei der Beschäftigung mit den kleinen oder großen Preistricks den Ankermechanismus kennengelernt. Kommt der Kunde in eine unbekannte oder unvertraute Situation, nimmt sein Gehirn die ersten Reize und Informationen, die es bekommt, als Anker oder Bewertungsrahmen für die folgenden Reize. Was aber signalisiert eine gut gemachte Gemüse- und Obstabteilung im Eingang wie keine andere? Frischeste, reine und gesunde Natur. Genau das aber ist für den Kunden von zentraler Bedeutung bei allen Lebensmitteln. Dieses Frische-Erlebnis als Bezugsanker im Eingangsbereich wird unbewusst auf alle weiteren Lebensmittel im Verkaufsraum übertragen. Es gibt aber noch weitere Gründe. Die bunten Farben und vielfältigen ursprünglichen Genüsse insbesondere von Obst aktivieren neben dem Appetit-Modul vor allem auch das Stimulanz-System. Es ist im Gehirn der Gegenspieler des Balance-Systems. Das Balance-System ist ja für den

Einkaufsstress zuständig, der oft im Eingangsbereich entsteht, wenn der Kunde sich nicht zurecht findet. Durch das Stimulanz-Signal der Obst- und Gemüseabteilung wird Dopamin ins Gehirn gepumpt, die Stressreaktion wird verringert oder aufgehoben. Der Kunde wird fröhlicher und kauft in besserer Stimmung ein. Ein letzter Grund für diese Platzierung: Die meisten Kunden sind Stammkunden in ihrem Lebensmittelgeschäft. Wenn sie das Geschäft betreten, rennen sie oft schnell durch den Laden zur Ware, die sie benötigen. Eine wie ein Marktplatz gestaltete Obst- und Gemüse-Abteilung bremst diese Rennkäufer wie eine Tempo-30-Zone ab.

Die 30-cm-Kontaktregel

Die vom Kunden wahrgenommene Auswahl wird aber nur teilweise von der Anzahl der im Regal vorhandenen Artikel bestimmt. Genauso wichtig ist die Art und Weise der Warenpräsentation. Zunächst einmal muss nämlich ein Artikel gesehen werden. Werden Artikel so ins Regal gestellt oder gehängt, dass nur die Seitenflächen zu sehen sind, nimmt das Auge des Kunden den Artikel nicht wahr. Aber auch wenn man den einzelnen Artikel mit der Schokoladenseite zum Kunden dreht, hat man die Wahrnehmungsschwelle noch nicht übersprungen. Ein Artikel wird gut gesehen, wenn er im Regal mindestens in einer Breite (in der Fachsprache: Kontaktstrecke) von ca. 30 cm präsentiert wird. Wird die Kontaktstrecke noch erhöht, steigt der Abverkauf dennoch kaum weiter an. Ist das einzelne Produkt bzw. seine Verpackung schmal, müssen mehrere gleiche Verpackungen nebeneinander gestellt werden. Um für die breitere Präsentation Platz zu machen, müssen einige Artikel ihren Regalplatz verlassen. Geht dadurch der Umsatz zurück? Das Gegenteil ist der Fall: Untersuchungen der Gruppe Nymphenburg zeigen, dass Regale mit weniger, aber prominenter präsentierten Artikeln dem Kunden mehr Auswahl suggerieren. Obwohl die tatsächliche Artikelanzahl um ca. 30 % reduziert wurde, stieg der Umsatz um 10 %.

Marken als Wegweiser im Regal

Es gibt aber noch weitere wichtige Punkte, die dem Kunden das Gefühl der Auswahl geben und seinen Suchstress reduzieren. In einem POS-Experiment wurden auf der Verkaufsfläche zwei Regale aufgebaut, die ein identisches Sortiment enthielten. Das eine Regal wurde nach Markenblöcken aufgebaut. Innerhalb der Marken wurden dann die verschiedenen Produkte nach Funktionen angeordnet. Im anderen Regal wurde auf Marken keine Rücksicht genommen, das alleinige Ordnungskriterium war die Funktion. Bei der Funktionspräsentation wurden beispielsweise alle Schokoladenpuddings verschiedener Marken zu einem Schokoladenpudding-Block zusammengestellt. Die Kunden wurden gebeten, an verschiedenen Such- und Beurteilungstests teilzunehmen. Ergebnis: Das nach Marken geordnete Regal wurde von fast allen Kunden als das Regal mit mehr Auswahl eingeschätzt, obwohl beide Regale die gleiche Anzahl von Artikeln enthielten. Auch bei Suchaufgaben schnitt dieses Regal in puncto Schnelligkeit und leichtes Zurechtfinden deutlich besser ab als die Funktionspräsentation. Auch an der Kasse zeigte sich der Vorteil: Das Markenregal erreichte ein Umsatzplus von 7 % gegenüber dem Funktionsregal. Dieses Experiment zeigt übrigens, wie wichtig starke und bekannte Marken auch für die Orientierung des Kunden am POS sind. Starke und visuell prägnante Marken, die in Markenblocks präsentiert werden, dienen dem Kunden unbewusst als Leitsystem.

Die goldene Umsatzzone

Die Warenpräsentation am POS hat einen entscheidenden Einfluss darauf, ob ein Artikel oder eine ganze Warengruppe zum Renner oder zum Penner wird. Wir haben auch gesehen, dass sowohl der Körper, die Wahrnehmung, aber auch das Gehirn des Kunden nach dem Sparsamkeitsprinzip arbeiten. Ein für Umsatzsteigerung und Warenpräsentation wichtige Konsequenz des Sparsamkeitsprinzips ist die Erkenntnis, dass auch das visuelle Wahrnehmungssystem versucht, in seinen Bewegungen (Augen und Kopf) so sparsam wie möglich zu arbeiten. Wenn der Kunde durch den Verkaufsraum geht und vor Regalen verweilt, nimmt er nicht, wie viele glauben, das ganze Regal wahr. Was vom Regal ins Bewusstsein kommt, ist meist nur ein kleiner Ausschnitt. Das liegt zum einen daran, dass das menschliche Auge nur auf einer kleinen Fläche relativ scharf sieht, zum anderen am Sparsamkeitsprinzip, dem auch die Augen- und Kopfbewegungen unterworfen sind. Der Effekt: Geschäfte und Regale werden nur in Augenhöhe, also in einer Zone von ca. 175 bis 150 cm Höhe, genauer und detaillierter wahrgenommen. Alles, was sich darüber oder darunter tut, wird zwar auch gesehen, aber lange nicht in der Intensität wie in der sogenannten „Goldenen Zone". „Goldene Zone" wird diese Zone deshalb genannt, weil Regale in dieser Höhe den größten Umsatz bringen. Wird derselbe Artikel alternativ in der „Goldenen Zone" oder in der „Bückzone" (60 bis 90 cm Höhe) präsentiert, verkauft er sich in Augenhöhe zwischen 50 und 80 % häufiger als in der „Bückzone".

Das Sparsamkeitsprinzip des Gehirns in der Warenpräsentation

Bleiben wir noch etwas beim Sparsamkeitsprinzip des Gehirns und bei der Warenpräsentation. Schon die Gestaltpsychologen hatten vor ungefähr 70 Jahren erkannt, dass der menschliche Denkapparat bestimmte Wahrnehmungsformen als angenehm, andere als unangenehm empfindet. Zudem versucht das Gehirn Objekte, die man ihm zeigt, in größere Gestalten zusammenzufassen und zu gliedern. Dass das Gehirn auf diese Weise seinen Energiebedarf bei der Verarbeitung und Speicherung minimiert, war zu damaliger Zeit noch unbekannt. Viele damals gefundenen Gesetze haben bis heute noch hohe Relevanz, wenn es um gehirn- und damit kundenfreundliche Warenpräsentation geht. Abbildung 10.3 zeigt, wie eine Warenpräsentation aussieht, die das Gehirn des Kunden ablehnt. Abbildung 10.4 macht deutlich, was das Gehirn des Kunden schätzt.

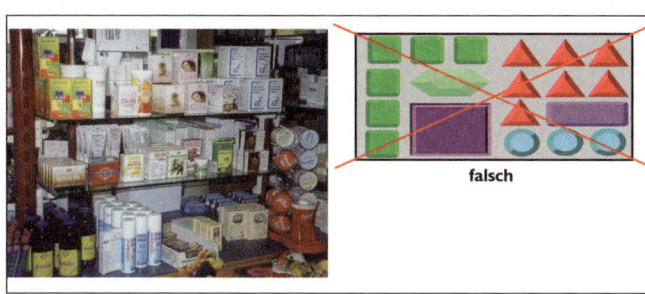

falsch

Abbildung 10.3: Informations-Überlastung des Gehirns

Die hohe Informationskomplexität des Regals führt zur Überlastung des Kunden-Gehirns. Der Effekt: Er schaut weg und die Ware bleibt liegen.

richtig

Abbildung 10.4: Gehirngerechte Warenpräsentation

Das Gehirn liebt einfache und schnell verarbeitbare Strukturen. Mit wesentlich weniger Artikeln wird ein wesentlich höherer Umsatz erzielt

Die Macht des Geruchs

Mit dem unbewussten Einfluss von Gerüchen haben wir uns im Laufe des Buches kurz beschäftigt. Doch auch im Handel wird die Nase immer stärker entdeckt und umschmeichelt. Mit Erfolg: So stieg der Umsatz einer Bäckerei um über 30 %, als sie den frischen Brotgeruch aus der Backstube mittels Ventilatoren auf die Straße blies. Die gleichen Leute, die Wochen und Tage zuvor gleichgültig vorbeiliefen, strömten plötzlich wie magisch angezogen hinein.

Inzwischen gibt es einige Klimaanlagenhersteller, die bei ihren Produkten die Möglichkeit bieten, spezielle Gerüche beizumischen. Gleichzeitig stellen Firmen, die sich auf Geruchsdesign spezialisiert haben, eine Palette von über 30.000 Gerüchen zur Auswahl. Das wichtigste Ziel des „Geruchsmanagements" im Handel ist heute, den Kunden möglichst lange im Laden zu halten. Je länger ein Kunden im Laden verweilt, desto mehr kauft er.

Bei der Entscheidung über die Verweildauer spielt aber die Nase eine ungeheuer wichtige Rolle. Verbrauchte, miefige Luft oder störende Gerüche aktivieren das Balance-System und führen zu einem Gefühl der Unlust. Das veranlasst den Kunden, das Geschäft schneller zu verlassen. Deshalb wird heute oft die Luft aus Klimaanlagen mit leichten Gerüchen der Frische und der Natur maskiert. Der Kundennase wird so suggeriert, sie stünde in einer gesunden frischen Umgebung. Auf diese Weise kann die Verweildauer um bis zu 5 % gesteigert werden, das klingt zwar nach nicht viel, macht sich aber im Laufe eines Jahres trotzdem im Umsatz erheblich bemerkbar. Allerdings mussten hier besonders forsche Händler schon teures Lehrgeld bezahlen: Nach dem Motto „je mehr, desto besser" mischten sie Geruchsessenzen in einer so starken Konzentration bei, dass man sie bewusst riechen konnte. Von den Kunden wurde dies als Störung und Belästigung empfunden, was zum frühzeitigen Verlassen des Geschäfts führte.

Aber nicht nur der Geruch des ganzen Geschäfts wirkt auf die Kaufentscheidung ein, auch der Duft einzelner Warengruppen oder Artikel zeigt Wirkung. Ein Beispiel dafür sind Sportschuhe, denn diese haben von Haus aus ein Problem. Bei ihrer Produktion werden übelriechende Kleber eingesetzt und im Transport-Container in Fernost, wo die meisten Schuhe produziert werden, erhalten sie noch einen Extraschuss stinkendes Mottenpulver für die lange Reise. Was hier ankommt, hat dann für die Nase wenig mit Fitness und Wellness zu tun. Deswegen werden die Schuhe zunächst einer längeren, intensiven Geruchsbehandlung unterzogen. In den Regalen des Sporthandels finden sich oft noch zusätzliche Geruchsspender, die einen Ledergeruch ausstrahlen, um die Fernost-Chemie-Gerüche zu überdecken und die Schuhe wertvoller erscheinen zu lassen.

Die Macht der Musik

Einen ähnlichen Effekt hat auch die Musik in Geschäften. Ihr Einfluss ist etwas geringer als der von Licht, Geruch und Klima. Das liegt daran, dass Musik „Geschmackssache" ist. Geschmacksunabhängig wirkt dagegen der Rhythmus der Musik. Schnelle Musik führt zu einer leichten Beschleunigung der Bewegung. Der Kunde verlässt das Geschäft auf diese Weise früher als geplant. Langsamere Musik bremst dagegen den Kundenlauf. Der im Laden gespielte Musikstil beeinflusst unbewusst auch die „Teuer-/Billig-Wahrnehmung" des Geschäfts. Untersuchungen zeigen beispielsweise, dass beim Abspielen von getragener klassischer Musik das Geschäft um ca. 5 bis 10 % teurer erlebt wird als ohne Musik.[1,12]

Einen sehr gemischten Effekt haben häufige Werbebotschaften im Ladenfunk. Unsere Untersuchungen brachten folgendes Ergebnis: Steht der Kunde unmittelbar vor dem Regal, wenn der entsprechende Werbespot für das Produkt ertönt, steigt der Umsatz um ca. 15 % an. Da dies aber meist nicht der Fall ist, weil die Kunden im ganzen Laden verteilt sind, dreht sich die Wirkung des Ladenfunks ins Gegenteil. Die häufigen Werbespots werden als Belästigung empfunden, sie erzeugen Stress. Der Effekt: Der Kunde verkürzt seine Einkaufszeit unbewusst, um dem Stress zu entgehen.

Der letzte Eindruck zählt besonders: Die Kasse

Im vorhergehenden Kapitel haben wir gesehen, warum dem Ende von Service- und Dienstleistungsprozessen eine besondere Bedeutung zukommt. Das Gehirn des Kunden bewertet diese letzte Erfahrung um ein Vielfaches stärker als alle anderen Erfahrungen, die im Verlauf des Serviceprozesses gemacht werden. Auch Einkaufen ist ein Serviceprozess und das Ende dieses Prozesses markiert die Kasse. Lange Wartezeiten, unfreundliche und überforderte Kassierkräfte, die die Ware genervt weiterschieben, aber auch enge Kassentische, die ein sorgsames Einpacken der Ware verhindern, lösen beim Kunden erheblichen Stress und Aggression aus. Dieser letzte Eindruck bleibt im Kopf des Kunden nachhaltig haften und zerstört alle Anstrengungen, die vorher mit einer kundenfreundlichen Warenpräsentation und Bedienung gemacht wurden. Kundenorientierte Handelsunternehmen haben die ungeheure Bedeutung der Kasse für die Kundenbindung erkannt: Sie tun alles dafür, den an sich negativen Vorgang des Bezahlens so angenehm wie möglich zu machen. Sie investieren in ergonomische Kassenanlagen, die den Mitarbeitern das Sitzen und jede Bewegung erleichtern und dem Kunden genügend Platz geben, seine Waren in Ruhe zu verstauen. Sie achten darauf, dass keine Wartezeiten entstehen. Das Allerwichtigste aber: Sie lieben und achten ihre Kassenkräfte, schulen sie und vermitteln ihnen ihre ungeheure Bedeutung für das Geschäft.

Bisher haben wir uns mehr oder weniger mit allgemeinen Brain View am POS beschäftigt; sie gelten für alle Kunden mehr oder weniger gleich. Nun wenden wir uns speziellen Kundengruppen zu: Männern, Frauen und älteren Konsumenten.

Warum Frauen das Frischedatum kontrollieren

Dass Männer und Frauen höchst verschieden sind im Fühlen, Denken und Kaufen, hat sich im Handel noch nicht so richtig herumgesprochen. Frauen betrachten Produkte mit ganz anderen Augen als Männer. Diese allgemeinen Unterschiede haben wir ja schon detailliert erörtert. Aber auch am POS zeigen sich diese Unterschiede, z. B. in der Regalwahrnehmung (erinnern wir uns an die Eyetracking-Studie in Kapitel 6). Sie zeigen sich aber auch in der Produktentnahme. Beispielsweise bei der Überprüfung des Haltbarkeitsdatums: Frauen kontrollieren das Haltbarkeitsdatum eines Produktes um ca. 30 % häufiger als Männer; sie nehmen sich auch wesentlich mehr Zeit für den Preisvergleich. Unter dem Strich brauchen Frauen deshalb ca. 20 bis 30 % mehr Zeit als Männer für ihren Lebensmitteleinkauf (bei gleicher Artikel-Anzahl). Der Grund für diese unterschiedlichen Einkaufsgeschwindigkeiten ist das stärker ausgeprägte Balance- und Fürsorge-System der Frau, das insbesondere bei Lebensmitteln zur Vorsicht mahnt. Es gibt noch einen weiteren Grund: das stärkere Dominanz-System des Mannes. Hier führt Testosteron die Regie: Aufgrund des inneren Antriebs sind Männer ungeduldiger und haben keine Zeit für die Untersuchung von Details.

Geschlechtsspezifische Verkaufsraumgestaltung

Genauso unterschiedlich wie Frauen und Männer einkaufen, genauso unterschiedlich bewerten sie Verkaufsräume, Warenpräsentation und Beratungs- und Bedienungsgespräche. Während bei Männern harte Effizienz, Ordnung und Leistung im Vordergrund stehen, sind Frauen für Ästhetik, Fantasie und sinnlicheres Erleben empfänglich. Das gilt für Mode- und Möbelgeschäfte, aber auch für Baumärkte. Ein Fallbeispiel aus der Praxis soll das unterstreichen. Das Management einer großen Baumarktkette bestand ausschließlich aus Männern. Schließlich war alles, was mit Bauen zu tun hat, doch in erster Linie Männersache. Dieser männlichen Logik folgte die Warenpräsentation aller Sortimente: Ob Bohrmaschine, Hammer, Waschbecken, Leuchten, Vorhänge oder Gartenpflanzen – alle Artikel hatte man wie Zinnsoldaten aufgereiht. Zudem waren die verschiedenen Abteilungen nach männlicher Logik angeordnet: Die Lampenabteilung lag bei den Bohrmaschinen, die Waschbecken in der Nähe der Baustoffe. Die männliche Logik war klar: Die Leuchten gehörten in die Nähe der Bohrmaschine, weil beides „Elektro" ist, die Waschbecken zu den Baustoffen, weil beides weiß und schwer ist.

Durch einen Limbic® POS-Check, bei dem die Gruppe Nymphenburg den Verkaufsraum bis ins kleinste Detail aus Sicht des Kunden analysierte, wurde dem Management klar, dass mehr als die Hälfte der Konsumenten nicht erreicht wurden: die Frauen. Inzwischen werden und wurden alle Baumärkte mit großem Erfolg umgebaut. Jetzt gibt es einen großen Bereich, in dem alle eher weiblichen und ästhetischen Sortimente (Lampen, Teppiche, Vorhänge, Ziergarten) zusammengefasst wurden, und einen anderen großen Bereich, in dem alle männlichen Sortimente eine Einheit bilden (Baustoffe, Werkzeuge etc.). Zwischen beiden Bereichen liegen die Abteilungen, die sowohl eine ästhetische als auch eine funktionale Aussage haben, z. B. Waschbecken, Bäder, Türen usw.

Dass die Beachtung von Geschlechtsunterschieden gerade auch bei kleinen Details große Wirkung auf Kundenzufriedenheit und Umsatz haben kann, zeigte die Umstellung der Warenpräsentation einer Schuhfilialkette. Seit Jahren diskutierte man darüber, welche Form der Warenpräsentation die richtige sei: entweder die Schuhe in Regalen nach Modestilen zu präsentieren oder nach Größen. Beides wurde ausprobiert, aber immer mit mehr oder weniger Erfolg. Die Schuhfilialisten machten aber immer den gleichen Fehler. Ob Herren- oder Damenabteilung, immer wurde in beiden Abteilungen das gleiche Prinzip verfolgt. Die optimierte Präsentationslogik sah so aus: In der Damenabteilung 70 % nach Stil und Mode und 30 % nach Größen (Bequemschuhe, traditionelle Stilrichtungen usw.). In der Herrenabteilung dagegen lautete die Zauberformel 80 % nach Größe und nur 20 % nach Mode/Stil.

Ältere Konsumenten am POS

Im Kapitel 7 haben wir uns intensiv mit den Veränderungen im Alter beschäftigt. In diesem Abschnitt gehen wir auf die Frage ein, wie man ältere Konsumenten am POS für sich gewinnt. Mit dem Alter machen sich neben der Veränderung der Emotions- und Motivsysteme zunehmend körperliche Beschwerden bemerkbar. Die Bewegungsfähigkeit wird genauso eingeschränkt wie die Sehfähigkeit. Regale werden fast nur noch in Augenhöhe wahrgenommen, wobei sich diese bei älteren Konsumenten um ca. 10 bis 15 cm nach unten absenkt. Der Grund liegt in einer zunehmend gebückteren Haltung, dem Erschlaffen der Hals- und Nackenmuskulatur und in einer Abnahme der Körpergröße. Dadurch sehen ältere Konsumenten auch die Leitsysteme oft nicht mehr, die als Ferninformation über die Lage von Abteilungen und Warengruppen informieren. Weil auch die Verarbeitungsgeschwindigkeit im Gehirn abnimmt, sind sie zudem weniger in der Lage, Orientierungshinweise usw. zu verarbeiten. Der Effekt: Ältere Menschen finden sich wesentlich schlechter am POS zurecht. Kleingedruckte Preisschilder und Warenbeschreibungen können nicht oder kaum gelesen werden. Da schlechtere Orientierung und Unsicherheit am Regal bei älteren Konsumenten wesentlich mehr Stress auslösen als bei Jüngeren, vermeiden sie das Einkaufen bzw. lassen die Ware im Regal, um diesen Stress zu vermeiden. Auch Sortimente mit überquellender Auswahl (für junge Konsumenten eine Lust) sind für ältere Konsumenten durch verlangsamte Verarbeitungsprozesse im Gehirn eine Last. Junge, ungeduldige Verkäufer, die das wiederholte Nachfragen als Störung betrachten, und ungeduldige Kassiererinnen, die zur Eile drängen, verstärken die Stressreaktionen zusätzlich. Viele ältere Konsumenten haben viel Geld. Sie geben nicht nur deshalb weniger davon aus, weil die Konsumtreiber Stimulanz und Dominanz zurückgehen, sondern auch, weil ältere Kunden in vielen Handelsgeschäften als Störung betrachtet und ihre besonderen Bedürfnisse missachtet werden.

Retail Brands – der Handel als Marke

In den vorhergehenden Abschnitten haben wir viele unbewusste Mechanismen kennengelernt, die den Konsumenten am POS beeinflussen. Ein Aspekt fehlt noch: Was bringt den Konsumenten überhaupt dazu, sich für ein Geschäft zu entscheiden? In Westeuropa, insbesondere in Deutschland, herrscht ein absolutes Überangebot an Verkaufsflächen. Wenn ein Kunde etwas kaufen will, gleich in welcher Produktgruppe oder Kategorie, kann er zwischen verschiedensten Handelsunternehmen wählen. Während bis vor einigen Jahren Handelsunternehmen ihr Marketing auf den Preis reduziert haben, erkennen immer mehr Händler, wie wichtig es ist, das Handelsunternehmen selbst zur Marke zu machen.

Da die Sortimente immer austauschbarer und die Preise vergleichbar sind, wählt der Kunde oft das Handelsgeschäft, das in seinem Kopf und Gehirn die meisten positiven Emotionen (inklusive Preis) und ein klares Vorstellungsbild auslöst. Er wählt zunehmend Handelsgeschäfte, die selbst eine Marke sind. Handelsgeschäfte, die bereits eine Marke sind oder zur Marke werden wollen, verknüpfen konsequent den POS-Auftritt mit ihrer Werbung und Kommunikation zu einem einheitlichen und stimmigen Vorstellungsbild.

Wie man mit konsequentem Retail Branding Erfolg schafft, kann man an den beiden sehr erfolgreichen Elektrofachmärkten Media Markt und Saturn studieren. Beide Fachmarktketten gehören dem Metro-Konzern, was den wenigsten Kunden bewusst ist. Sie glauben, es handle sich um erbitterte Konkurrenten. Die Sortimente und Preise der beiden Ketten unterscheiden sich kaum. Der einzige Unterschied liegt im Markenauftritt und im Image. Zwar sind die Verkaufsorganisationen getrennt. Die Markenpolitik beider Unternehmen wird aber von der gleichen hauseigenen Marketingagentur

mit Namen redblue gemacht, die im Münchner Norden sitzt. Die Agentur ist in zwei Gruppen aufgeteilt. In einem Stockwerk sitzen die „Roten", das sind die, die das Marketing von Media Markt machen, im Stockwerk darüber sitzen die „Blauen", sie sind für Saturn verantwortlich. Allein der unterschiedliche Marktauftritt sorgt für eine hohe Differenzierung zwischen beiden Ketten, obwohl faktisch kein Unterschied vorhanden ist. Auch die Markenpositionierung beider ist konsequent auf die wichtigen Zielgruppen ausgerichtet. Unterhaltungselektronik wird überwiegend von jungen, vor allem männlichen Konsumenten eingekauft. Die „Ich bin doch nicht blöd"- und „Ich liebe Technik – Ich hasse teuer"-Kampagnen verbunden mit einer mehr oder weniger aggressiven Tonalität, sprechen genau diese Zielgruppe an.
In Abbildung 10.5 sehen wir, wo beide Unternehmen positioniert sind. Es gibt aber noch viele Beispiele für erfolgreiche Retail Brands, die genau in das Herz ihrer Zielgruppe treffen. Einige davon wollen wir uns kurz auf der Limbic® Map ansehen.

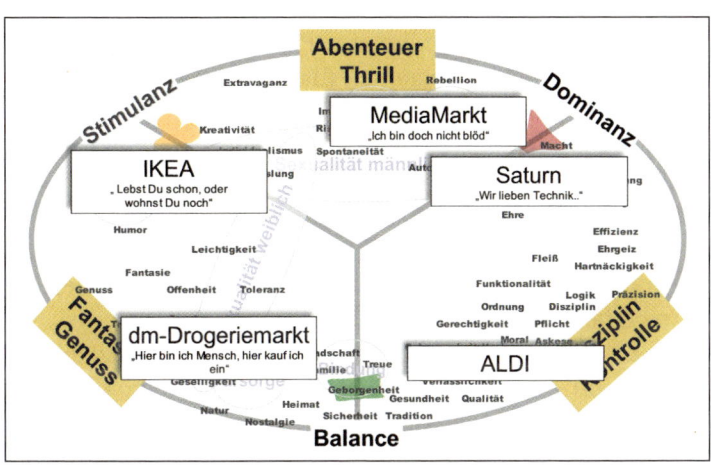

Abbildung 10.5:
Erfolgreiche
Retail-Brands
sprechen die
Emotionsfelder
ihrer Kern-
zielgruppen
genau an

Aldi: Kontrolle und Disziplin

Wo ist Aldi positioniert? Eindeutig im Bereich Disziplin, Kontrolle, Sparsamkeit, Ehrlichkeit. Und diese Positionierung wird perfekt inszeniert: Ein eng begrenztes Sortiment, einfachste funktionale Ladenausstattung und Produktpräsentation, kontrollierte und absolut gleich bleibende Produktqualität sowie elementare Abläufe kennzeichnen dieses Handelsunternehmen. Sparsamkeit pur. Aldi ist mit dieser Positionierung nicht rational, sondern extrem emotional. Kernzielgruppe sind zunächst alle, die sparen müssen, weil ihr Einkommen begrenzt ist. In Deutschland sind das fast 15 Millionen Menschen. Aldi spricht darüber hinaus Harmoniser, Traditionalisten und Disziplinierte an, aber auch Performer, die mit dem Aldi-Einkauf ihre

Cleverness beweisen wollen. Mit seinem erweiterten Non-Food-Sortiment und den damit verbundenen Preis-Aktionen aktiviert Aldi aber auch das Beute- und Jagd-Modul im Kopf der Kunden. Dadurch erhält die Marke Aldi eine gewisse Spannung, gleichzeitig werden auch jüngere Käuferschichten erreicht.

dm-Drogeriemarkt: Vertrauen und Offenheit

Bewegen wir uns auf der Limbic® Map in den Sektor der Offenheit und des sanften Genusses, in die Wellness-Position. Perfekt positioniert hat sich hier das Karlsruher Unternehmen dm-Drogeriemarkt. Mit dem Slogan „Hier bin ich Mensch, hier kauf ich ein" drückt das Unternehmen seine Philosophie aus. Obwohl dieses Marktsegment von ungeheurer Verdrängung und von Preiskampf bestimmt wird, wächst dm-Drogeriemarkt schneller und liegt auch in der Rendite weit über dem Markt. Vom Warenangebot über die Gestaltung der Verkaufsräume bis hin zur Werbung wird diese besondere Stimmung erlebbar gemacht. Wen spricht dm mit dieser Philosophie besonders an? Eindeutig Frauen im Alter von 30 bis 35 Jahren mit dem „Harmoniser- und Genießer-Profil". Genau diese Zielgruppe gibt am meisten Geld für Drogeriemarkt-Produkte aus.

Ikea: Wohnst du noch oder lebst du schon?

Etwas weiter oben in der Limbic® Map in Richtung Stimulanz treffen wir auf Ikea. Der Slogan: „Wohnst du noch oder lebst du schon?" hat den Slogan „Entdecke die Möglichkeiten" abgelöst. Auf den ersten Blick scheint der Unterschied nicht groß, aber nachdem wir im Kapitel Cue-Management gelernt haben, dass es auf jedes Wort und feinste Nuancen ankommt, spüren wir den Unterschied. „Entdecke die Möglichkeiten" lag etwas mehr zwischen Stimulanz und Abenteuer, während „Wohnst du noch oder lebst du schon?" etwas ruhiger und harmonischer klingt. Mit dieser kleinen Veränderung in Richtung Balance ist auch eine Veränderung der Kernzielgruppe verbunden. Mit „Entdecke die Möglichkeiten" sprach Ikea junge Frauen, aber auch junge Männer im Alter zwischen 20 und 30 Jahren an. „Wohnst du noch ..." dagegen ist etwas weiblicher und richtet sich mit einem Schuss Balance an Frauen und Männer, die ca. drei bis vier Jahre älter sind.

Durch ein konsequentes Retail Branding wird der Kunde also zum Besuch des Handelsunternehmens motiviert. Doch Voraussetzung dafür ist, dass der POS und seine vielen Signale stimmig sind und die Mitarbeiter die Strategie verstehen und leben. Nur ein perfektes Retail Branding sichert Unternehmen einen Logenplatz im Gehirn des Konsumenten.

Der erfolgreiche Relaunch von RENO

Der Schuhhändler RENO hatte in den neunziger Jahren eine wahre Odysee hinter sich. Immer neue Personen mit immer neuen Ideen führten am Schluss dazu, dass RENO im Kopf der Konsumenten keinen festen Platz mehr hatte. Dementsprechend sah auch die gesamte Kommunikation aus. Während in der Imagewerbung extrem modische Anzeigen dominierten, war die parallel laufende Verkaufswerbung auf „Kartoffeldruck-Niveau". Auch die Geschäfte vermittelten nur „Billig". Die Schuhe waren von geringer Qualität und die Shops in die Jahre gekommen. Ebenso waren die Umsatz- und Renditezahlen alles andere als rosig. Abbildung 10.6 zeigt auf der Limbic® Map wie extrem diffus und widersprüchlich der Unternehmensauftritt war. Die änderte sich nachhaltig, als sich die Osnabrücker Hamm-Gruppe unter der Regie von Dr. Matthias Händle Anfang 2000 an RENO beteiligte. Dieser hatte den Limbic® Ansatz kennengelernt und sofort erkannt, wo das Problem lag: RENO hatte keine Positionierung und keine klare Zielgruppenausrichtung.

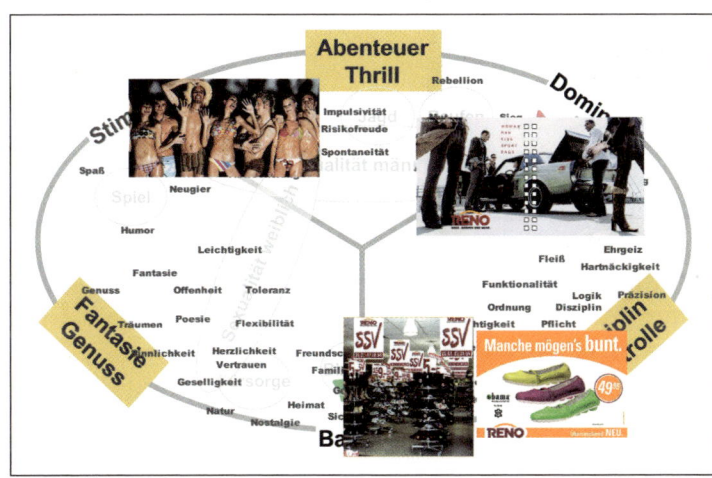

Abbildung 10.6:
RENO (Alt):
Emotionale Verwirrung in Kommunikation und
Ladenauftritt

Eine Analyse der damaligen Haupt-Käuferstruktur erbrachte, dass vormalige RENO Käufer, weiblich, über 50 und vom Typ her eher traditionalistisch und wenig Mode orientiert war. Mit Limbic® wurde schnell klar, dass RENO ein ernstes Problem hatte. Werbung, Shops, Sortimente – alles passte nicht zusammen. In einem Strategie-Workshop mit dem gesamten Top-Management wurde die neue „trading-up Marschrichtung" entwickelt: Kernzielgruppe von RENO sollten zukünftig die modernen „Harmoniser" sein. Die Wünsche dieser Zielgruppe waren tragbare Mode, gute Qualität und gute Schuhe für die eigenen Kinder und die Familie. Auf diese Zielgruppe wurde RENO konsequent ausgerichtet. Der Einkauf nahm nur noch solche Produkte ins Sortiment, die den Anspruch auf gute Qualität und zugleich auf gute Preise erfüllten. Der gesamte kommunikative Unternehmensauftritt wurde neu entwickelt. Mit „Mode, Marken und mehr" (= Hedonisten-Ansprache) kommunizierte RENO bis dahin völlig an den existierenden Käufern (=Traditionalisten) vorbei, aber auch die zukünftige Zielgruppe „Harmoniser" wurde nicht erreicht. Heute heißt der RENO Slogan „Die behalte ich gleich an" – ein Volltreffer ins limbische System der Harmoniser. Abbildung 10.7 zeigt den neuen Unternehmensauftritt.

Abbildung 10.7:
RENO (Neu): Durch konsequente Positionierung auf dem Erfolgsweg

Wer als Kunde heute ein RENO Geschäft betritt, spürt die neue Welt sofort – von der Ladengestaltung über die Warenpräsentation und POS-Werbung bis hin zur Kundenansprache wurde alles konsequent auf die neue Positionierung ausgerichtet. Mit der neuen Positionierung veränderte sich auch die Unternehmenskultur dramatisch. Während die Mitarbeiter früher als Kostenstellen betrachtet und genauso behandelt wurden, leitete Dr. Händle eine Kulturrevolution ein. „Harmoniser" brauchen emotionale Nähe – Nähe kann aber nur von engagierten und motivierten Mitarbeiten kommen. Das gesamte Führungs- und Ausbildungskonzept wurde deshalb auf diese Zielsetzung ausgerichtet. Das Ergebnis dieser konsequenten Neupositionierung: Die Umsätze liegen über dem Branchendurchschnitt und RENO expandiert in über 20 Ländern. Und auch die Umsatzrendite sorgt bei der Hamm-Reno-Gruppe für Freude.

Kapitel 11:
Warum auch das B2B-Geschäft
hochemotional ist

Was Sie In diesem Kapitel erwartet:

Im Business-to-Business-Geschäft, so heißt es, spielten Emotionen keine Rolle. Hier herrsche ausschließlich die Ratio. Warum sich auch das B2B-Geschäft nicht der Vormacht der Emotionen entziehen kann, sehen wir in diesem Kapitel.

Bisher haben wir uns mit Konsumgüter-Zielgruppen beschäftigt. Manche Leser werden jetzt die berechtigte Frage stellen, welche Relevanz diese Erkenntnisse für das B2B-Geschäft haben. Die Antwort: Die Relevanz ist groß, weil Einkaufsentscheidungen auch im B2B-Bereich von Menschen getroffen werden. Diese Menschen werden an der Eingangstür zum Unternehmen keiner Gehirnwäsche unterzogen. Sie behalten ihr Motiv- und Emotionssystem und deshalb laufen die Kaufentscheidungen im Kopf nach dem gleichen Muster ab. Trotzdem sind einige Unterschiede zu beobachten. Während im Konsumbereich die meisten Kaufentscheidungen spontan von einer Person getroffen werden, sind im B2B-Bereich mehrere Menschen und Abteilungen involviert. Über den Kauf einer neuen Maschine und die Einführung eines neuen Verfahrens entscheiden der Geschäftsführer, der Einkaufsleiter, der Produktionsleiter sowie der Leiter der Forschung & Entwicklung gemeinsam. Diese Funktionen haben spezifische Aufgaben in der Einkaufsentscheidung. Die unterschiedlichen Aufgaben spielen sich aber ebenso im Rahmen unserer Motiv- und Emotionssysteme ab wie alle anderen menschlichen Entscheidungen. Der Geschäftsführer prüft, ob die neue Maschine die Wettbewerbsfähigkeit des Unternehmens steigert, hier hat eindeutig das Dominanz-System das Sagen. Der Einkaufsleiter möchte den günstigsten Preis und das beste Preis-/Leistungsverhältnis. Das ist der Bereich „Disziplin/Kontrolle". Der Produktionsleiter ist am sicheren und reibungslosen Funktionieren der Maschine interessiert und wünscht sich eine gleichbleibende Qualität seiner Produkte. Hier führt das Balance-System die Regie. Der Leiter der Forschung & Entwicklung dagegen achtet auf die mit der Maschine verbundene Innovation und auf die neuen Möglichkeiten. Man ahnt: Dieser Wunsch ist vom Stimulanz-System getrieben. Und man sieht: Allein die berufliche Funktion führt schon zu bestimmten Entscheidungspräferenzen. Bedeutet dies, dass die individuellen Persönlichkeitsunterschiede vernachlässigbar wären? Mit dieser Frage wollen wir uns jetzt beschäftigen

Zielgruppen im B2B-Geschäft

Aus der psychologischen Forschung wissen wir, dass die Menschen ihre Berufe und damit ihre Funktionen nicht zufällig ausgewählt haben, sondern entsprechend ihrem individuellen Motiv- und Emotions-Mix. Ein besonders kreativer und innovativer Mensch mit einer hohen Ausprägung des Stimulanz-Systems kauft nicht nur Produkte, die seinem Emotionsschwerpunkt entsprechen, er wählt auch wenn immer möglich, den entsprechenden Beruf. Zum Beispiel wird er Leiter Forschung & Innovation in einem Unternehmen. Ein Mensch mit Emotionsschwerpunkt im Bereich Disziplin/Kontrolle dagegen hat großen Spaß an den Aufgaben eines Einkaufsleiters oder Buchhalters. Dieser Mechanismus heißt in der Fachsprache „Selbstselektion".[5.4] Er bezeichnet die Tendenz des Menschen, sich unbewusst Berufe und Umwelten zu wählen, die seinem Emotions-Mix entsprechen. Während der Konsument meist über die Werbung und über die Verpackung erreicht wird, ist im B2B-Bereich das Verkaufs- und Beratungsgespräch von besonderer Bedeutung. Auch hier gilt: Das Persönlichkeitsprofil des Ansprechpartners bestimmt die Argumentation. Je mehr es gelingt, die Argumentation auf das Persönlichkeitsprofil des Kunden zuzuschneiden, desto wahrscheinlicher ist der Verkaufserfolg. Inhaltlich mögen die Argumente andere sein als im Konsumbereich, die angesprochenen und aktivierten Motive und Emotionen dagegen bleiben gleich. Dazu einige kurze Beispiele:

Für einen Performer (Dominanz) ist ein Produkt oder eine Dienstleistung dann attraktiv, wenn es oder sie ihm einen Wettbewerbsvorsprung verschafft und/oder seiner Karriere nutzt. Ein guter Verkäufer betont also diesen Aspekt in seinem Verkaufsgespräch besonders und immer wieder. Argumente sind:

„Das verschafft Ihnen uneinholbaren Vorsprung."
„Ich kann Ihnen dafür ein Exklusivrecht einräumen."
„Das ist die stärkste und leistungsfähigste Maschine, die es gibt."

Der Disziplinierte (Disziplin/Kontrolle) wird anders überzeugt. Ihn fasziniert das Produkt oder die Leistung, wenn Modellrechnungen bis hinter die dritte Stelle nach dem Komma die Wirtschaftlichkeit beweisen. Er möchte auf Nummer sicher gehen und alles in der Hand behalten. Argumente sind:

„Das amortisiert sich in X Monaten."
„Wir haben das bis ins kleinste Detail für Sie durchgerechnet."
„Unser Service-Techniker ist spätestens nach 75 Minuten bei Ihnen."

Beim Traditionalisten und Harmoniser (Balance) gewinnt das Produkt, wenn seine Standfestigkeit und Problemlosigkeit herausgestellt werden. Auch wird er davon überzeugt, wenn viele andere das Produkt oder die Dienstleistung schon nutzen. Argumente sind:

„Damit gehen Sie auf Nummer sicher."
„Da brauchen Sie sich um nichts mehr zu kümmern."
„Da müssen Sie in Ihrer Organisation nichts verändern."
„Das Produkt nutzen X zufriedene Kunden schon seit vielen Jahren.

Den Hedonisten (Stimulanz) interessiert diese Argumentation überhaupt nicht. Er ist begeistert, wenn man ihm die einzigartigen, neuen Seiten eines Produkts aufzeigt. Auch fasziniert ihn als Individualist die Aussicht, der Erste und Einzige zu sein, der dieses Produkt verwenden wird. Argumente sind:

„Dieses Produkt bietet völlig neue, bis heute nicht gekannte Möglichkeiten."
„Sie sind der Erste, dem wir dieses Produkt anbieten."
„Das ausgefallene Design unterstreicht den innovativen Anspruch."

Obwohl es sich immer um das gleiche Produkt oder die gleiche Dienstleistung handelt, fällt also die Nutzen-Argumentation je nach Persönlichkeitstyp des Kunden oder Interessenten höchst unterschiedlich aus. Gerade für Verkaufstrainings ist das sehr wichtig. Diese Form der Argumentation setzt natürlich andere Regeln, wie z. B. Fragetechniken, Abschlusstechniken und Körpersprache, nicht außer Kraft, sondern ergänzt diese wesentlich und füllt sie mit den richtigen Inhalten. Erfolgsentscheidend ist, dass man sich auf das Verkaufs- oder Beratungsgespräch vorbereitet und seine Kunden und ihr Persönlichkeitsprofil erfasst. Merkmale wie Hobbys, Funktion, Kleidung, Überzeugungen, Geschlecht und Alter geben dafür wichtige Hinweise. Interessant ist auch die Zusammensetzung der Limbic Types® im oberen Management wie Abbildung 11.1 zeigt. Sie unterscheidet sich enorm vom deutschen Bevölkerungsdurchschnitt. Insbesondere der Anteil der Performer hat sich vervielfacht – während die Harmoniser dramatisch verloren haben.

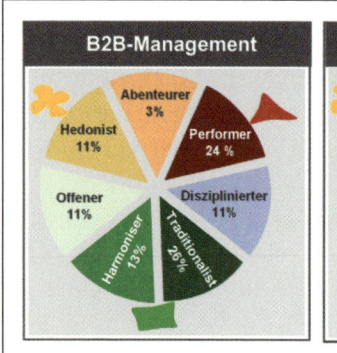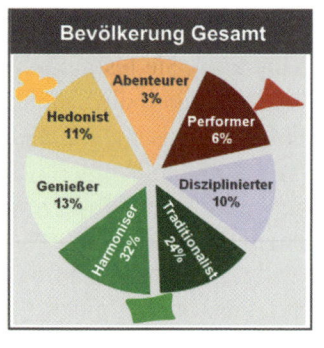

Abbildung 11.1:
Limbic® Types Vertei-
lung mittleres und
oberes Management
(Quelle: Limbic® in TdWI
2006/2007)

Auch Ärzte werden unbewusst gesteuert

Ein schönes Beispiel für die Wirksamkeit und Nützlichkeit einer Zielgruppen-Segmentierung auf Basis der Limbic Types® kommt aus der Pharmabranche. Nur in wenigen Bereichen wird so viel Aufwand betrieben und Geld eingesetzt, um Kunden, in diesem Fall Ärzte, von den Vorzügen neuer Präparate zu überzeugen. Ein teurer, weil gut ausgebildeter Außendienst, Kongresse, die kleinen und größeren Zuwendungen an die Ärzte – all das summiert sich zu enormen Beträgen. Doch am Ende des Jahres zeigt sich oft, dass nur ein Teil der Ärzte für das neue Präparat dauerhaft zu gewinnen war. Für einen der weltweit größten Pharmakonzerne war und ist es deshalb von großer Wichtigkeit zu erkennen, ob es bestimmte Ärzte-Typen gibt, bei denen sich der Aufwand mehr lohnt als bei anderen, und wie diese Typen angesprochen wurden. Um diesem Geheimnis auf die Spur zu kommen, wurden 1200 Internisten im Rahmen einer größeren Umfrage mit dem Limbic Types®-Test befragt, der in den Begriffen speziell auf diese Zielgruppe ausgerichtet wurde. Diese Ergebnisse wurden dann mit konkreten Verschreibungsdaten, Kongressbesuchen, Außendienstbesuchen und Informationsverhalten in Zusammenhang gebracht. Wie zu erwarten, zeigte sich folgendes Muster:

● *Harmoniser-/Traditionalisten-Ärzte* waren und sind kaum bereit, bewährte und bekannte Medikamente zu wechseln. Auch ihr Informationsverhalten ist sehr eingeschränkt, die Praxisgröße ist unterdurchschnittlich. Sie besuchen Fachkongresse mit „gemütlichem Beiprogramm".

- *Performer-Ärzte* wechseln die Medikamente, wenn ein konkreter Wirksamkeits- und Effizienznachweis vorhanden ist, und behalten dieses Verschreibungsverhalten bei. Sie lesen überdurchschnittlich viele englische Fachzeitschriften und haben die größten und bestorganisierten Praxen. Sie besuchen Fachkongresse mit hoher Effizienz oder hohem VIP-Status.

- *Innovator-Ärzte* wechseln die Medikamente oft, bleiben ihnen aber nicht treu. Sie besuchen viele Kongresse und lesen zahlreiche Zeitschriften. Bei ihnen ist es vergleichsweise einfach, einen Außendiensttermin zu bekommen. Die Praxisgröße ist eher unterdurchschnittlich.

Eine Überraschung zeigte sich allerdings auch. Durchschnittlich gleich große Praxen wie die Performer hatten die Harmoniser. Während der Performer-Arzt seine Patienten mit medizinisch-wissenschaftlicher Effizienz heilt und überzeugt, liegt ein wesentlicher Teil der Heilkraft und Patientenbindung des Harmonisers in der persönlichen Bindung zum Patienten. Zwar hatte diese Gruppe mit am meisten Patienten, bei ihr lag aber die Verschreibungsquote besonders teurer Medikamente am unteren Ende der Vergleichsskala. Aufgrund dieser überzeugenden Ergebnisse hat das Unternehmen diese Ärzteklassifikation in sein Marketing- und Vertriebssteuerungssystem als festen Bestandteil integriert. Aber nicht nur der persönliche Verkauf, auch das B2B-Marketing ist hochemotional

Selbst Werkzeugmaschinen sind emotional

Vor einiger Zeit wurde ich vom Vorstand einer großen Maschinenfabrik zu einem Vortrag eingeladen. Ich sollte der Vertriebsmannschaft vermitteln, wie man den Maschinenverkauf emotionalisieren kann. Offensichtlich hatten alle damit gerechnet, dass ich von schönen bunten Bildern, kreativen und ungewöhnlichen Prospekten reden würde. Genau das tat ich nicht. Zur Vorbereitung meines Vortrags schaute ich mir die Kataloge und die Verkaufsunterlagen der Vertriebsmitarbeiter genauer an. Das Erscheinungsbild war in die Jahre geraten und seine Elemente wurden völlig willkürlich benutzt. Von Design konnte man bei den Maschinen nicht sprechen; Farben und Formen waren plump und altmodisch – im Gegensatz zum technischen Innenleben, das Weltspitze war. Die Produktfotos wurden ohne großen Aufwand gemacht. Die Produktbeschreibungen stellten die Funktionen dar und in Tabellen waren die Leistungswerte als reiner Zahlenfriedhof abgebildet. Nach einer Einführung in die Motiv- und Emotionsprogramme im Gehirn zeigte ich auf, wo Werkzeugmaschinen im Wesentlichen ihren Platz haben. Nämlich ziemlich genau zwischen Dominanz und Disziplin/Kontrolle. Die damit zusammenhängenden Werte und Emotionen sind: „Präzision, Leistung, Perfektion, Kraft, Klarheit, Fortschritt" usw. Nun stellte ich den Unternehmensauftritt dagegen: Nirgends wurde diese Emotionswelt auch nur im Entferntesten angesprochen. Das Chaos im Erscheinungsbild war das Gegenteil von Präzision und Perfektion. Auf den Produktfotos sahen die Maschinen aus wie müde alte Elefanten – keine Spur von Kraft und Leistung. Die funktionalen Beschreibungen und Zahlentabellen verbreiteten allenfalls Langeweile. An einigen Beispielen zeigte ich, wie man auch Zahlen emotionalisieren kann, nämlich indem man mit Begriffen aus der „Präzisions-, Leistungs-, Perfektions- und Kraft-Welt" beschreibt, was diese Zahlen bedeuten und was der Kunde davon hat. Der kleine Ausflug in den Kopf der Kunden hat in diesem Unternehmen zum Umdenken geführt. Ein einheitlicher Unternehmensauftritt signalisiert heute auf den ersten Blick, für was diese Maschinen stehen: Perfektion, Präzision und Kraft.

Die Limbic® Map im B2B-Geschäft

Die Limbic® Map leistet auch im B2B wertvolle Dienste – wir müssen sie nur etwas an die B2B-Welt anpassen. Auch wenn Sex, wie jeder weiß, im Business ebenfalls eine große Rolle spielt, für institutionelle B2B-Entscheidungen ist dieses Emotionssystem weniger wichtig. Wir können die Sexualität deshalb genau wie die anderen Submodule im Gehirn vernachlässigen. Auch die Achsen-Bezeichnungen werden etwas verändert und begrifflich stärker der B2B-Welt angepasst. Aus Balance wird „Sicherheit", aus Kontrolle „Perfektion", aus Dominanz „Performance", aus Abenteuer „Technische Revolution", aus Stimulanz „Innovation" und aus Offenheit/Genuss „Evolution". Auch wenn diese B2B-Begriffe etwas andere Inhalte haben, sie treffen doch den Kern des jeweiligen Emotionsfeldes. Nun versuchen wir einmal für typische Begriffe der B2B-Welt einen Platz auf der B2B-Limbic® Map zu finden. Abbildung 11.2 zeigt das Ergebnis. Man sieht, dass alle wichtigen B2B-Begriffe eindeutig zuzuordnen sind.

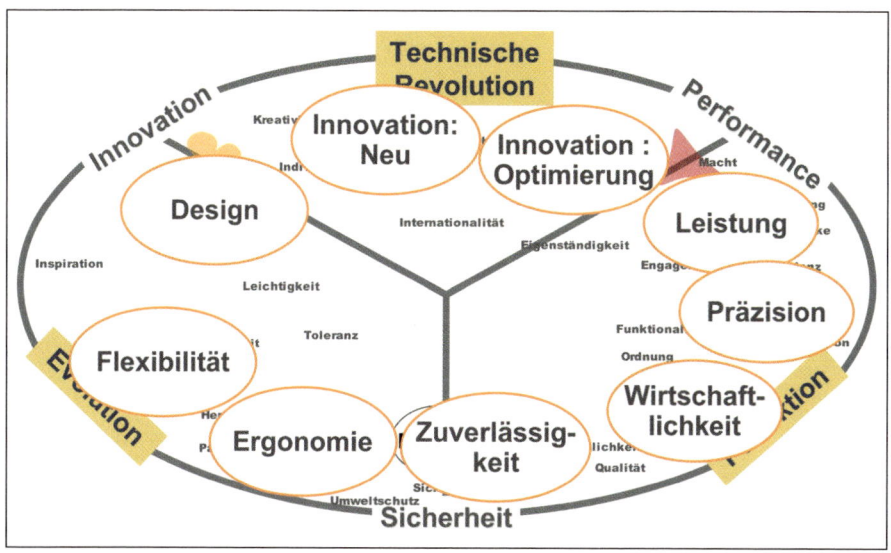

Abbildung 11.2:
Die Limbic® Map für das B2B-Geschäft

Kapitel 12:
Hirnscanner: Der Blick in die tiefste Seele des Kunden?

Was Sie in diesem Kapitel erwartet:

In der Fach- und Publikumspresse wird von den faszinierenden Möglichkeiten berichtet, die Hirnscanner bei der Erforschung des Kunden- und Konsumentenverhalten bieten. Doch so schön und spannend die bunten Gehirnbilder auch sind – es bleiben viele offene und ungelöste Fragen zurück. Hirnscanner & Co. werden klassische Marktforschungsmethoden nicht ersetzen, sondern ergänzen.

Im Laufe des Buches haben wir eine Reihe von Marktforschungsuntersuchungen kennengelernt, die mit neuesten Methoden der Gehirnforschung insbesondere der funktionellen Magnet-Resonanz-Tomografen (fMRI) durchgeführt wurden:

- Die Coca-Cola-Studie, die nachgewiesen hat, dass sich Coca-Cola anders im Gehirn darstellt, als Pepsi Cola.[12.7]

- Die Sportwagen-Studie, die an der Universität Ulm für DaimlerChrysler durchgeführt wurde und die Unterschiede zwischen Sportwagen und Kleinwagen im Gehirn zeigte.[12.2]

- Die Markenstudie der Universität Münster deren Ergebnis war, dass eine bekannte Marke im Gehirn zu einer Deaktivierung des vorderen Großhirns führt.[12.4]

Mit ihnen wollen wir uns im Folgenden nochmals beispielhaft beschäftigen, um die Chancen und Grenzen dieser Forschungsrichtung aufzuzeigen. Inzwischen gibt es eine ganze Reihe weiterer Gehirn-/Konsumenten-Untersuchungen mit unterschiedlichsten Fragestellungen. Wie bei allem Neuen stürzt sich auch die Publikumspresse auf diese Themen und suggeriert in ihren Berichten, dass mit Hilfe dieser Techniken das Zeitalter des gläsernen Konsumenten angebrochen sei. Wie heute üblich, werden solche Artikel immer mit den schönen bunten Gehirn-Bildern versehen, die einem staunenden Publikum scheinbar tiefe Einsicht in das große Geheimnis des Menschen, sein Gehirn, suggerieren.

Genau diese Hoffnungen sind heute in vielen Konzernzentralen mit diesen neuen Geräten verbunden: Man will genau wissen, was der Konsument denkt und wie er fühlt. Man will seine unbewussten Wünsche und Motive erkunden und das ohne die Gefahr der Verfälschung, die mit klassischen Marktforschungstechniken verbunden ist. Kein Problem also. Man lege den Konsumenten kurz unter einen Hirnscanner und schon zeigt sich am Bildschirm alles, was man wissen will. Hat also die klassische Marktforschung ausgedient? Müssen Daten- und Verbraucherschützer in ihre Kampfanzüge zum großen Gefecht steigen? Entwarnung ist angesagt. Auch wenn durch diese neuen Methoden zusätzliche spannende Erkenntnisse zu erwarten sind, vom gläsernen Konsumenten sind wir Lichtjahre entfernt. Warum das so ist, werden wir in den folgenden Abschnitten etwas genauer betrachten.

Was ein Hirnscanner sichtbar macht

Viele Laien glauben, dass Hirnforscher auf den schönen bunten Scanner-Bildern genau sehen können, was der Mensch gerade während der Untersuchung denkt und fühlt. Doch das ist ein Irrtum. Auf dem Bild sieht man zunächst nichts anderes als den unterschiedlichen Sauerstoffverbrauch von bestimmten Gehirnregionen. Die Grundannahme beim Hirnscanner (fMRI) lautet, dass ein erhöhter Sauerstoffverbrauch auch mit einer stärkeren Aktivierung einer Gehirnregion verbunden ist; ein geringerer Verbrauch entspräche damit einer Deaktivierung.[12.1; 12.9; 12.10] Da die meisten Denkvorgänge mit Energieverbrauch im Gehirn verbunden sind und Sauerstoff in diesem neurochemischen Prozess eine wichtige Rolle spielt, zeigen die Bilder also nur, welche Gehirnregionen an einem Denkvorgang beteiligt sind. Sie zeigen nicht, was der Inhalt des Denkens ist.

Die alte Phrenologie

Nun könnte man doch, wenn man weiß, welche Gehirnregion aufleuchtet, darauf rückschließen, was darin verarbeitet wird. Genau diese Hoffnung bestand in der Frühzeit der Gehirnforschung: Dass es einen Gehirnbereich für die Liebe, einen anderen für Gott, wieder ein anderen für Sinn und einen nächsten für Witz gäbe. Abbildung 12.1 zeigt, wie sich die Urväter der Gehirnforscher das Gehirn und seine Funktionen vorgestellt haben. Diese Zuordnung und Lokalisierung von scheinbaren Funktionen insbesondere im Großhirn wird in der Gehirnforschung als Phrenologie bezeichnet. Inzwischen weiß man, dass es so nicht funktioniert. Zwar gibt es Gehirnbereiche, die an bestimmten Funktionen mehr und an anderen weniger beteiligt sind, aber das „Gehirn für ..." gibt es so nicht. Bei der Vorstellung von einem Fisch sind fast identische Gehirnregionen aktiv, wie beim Gedanken an einen Lastwagen. Man kann mit dem Hirn-Tomografen lediglich erkennen, dass das Gehirn wohl gerade mit der Bildverarbeitung beschäftigt sind. Und wenn man jetzt einen Plan aufstellt, wie man einen Fisch fängt bzw. wie man den Lastwagenführerschein macht, leuchten im Hirnscanner wieder fast die gleichen Gehirnregionen, in diesem Fall der vordere Kortex auf.

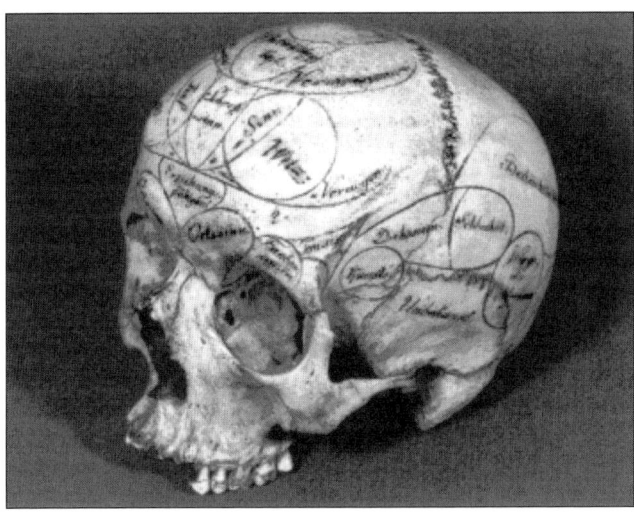

Abbildung 12.1:
Die alte Phrenologie

Menschliche Wünsche, Eigenschaften und Denkvorgänge wurden fälschlicherweise genauen Plätzen im Gehirn zugeordnet

Die neue Phrenologie

Nach wie vor ist der Wunsch nach phrenologischen Einfachsterklärungen groß. Insbesondere die Publikumspresse bedient diese Hoffnungen mit bunten Gehirnbildern. Abbildung 12.2 zeigt eine Darstellung aus einer Illustrierten, die mit „Wo ist die Erotik im Kopf" übertitelt ist. Im Text wird suggeriert, dass man mit diesen Bildern auch die Geschlechtsunterschiede in puncto Sex erklären könne. Würde man nun verschiedenen Gehirnforschern nur diese Bilder zeigen und sie bitten uns zu sagen, welcher Denkvorgang da gerade abläuft, hätten diese ein großes Problem. Die Forscher kämen zu höchst unterschiedlichen Ergebnissen, zum richtigen aber wahrscheinlich kein einziger. Aus den Gehirnbildern allein lässt sich also nicht ablesen, was gerade im Gehirn verarbeitet wird. Nur wenn man die genaue Aufgabe kennt, die verarbeitet wird, geben die Gehirnbilder bestimmte Aufschlüsse. Wie immer bei neuen Technologien ist die Euphorie groß. Aber eine Reihe von philosophisch, psychologisch und methodologisch weniger ausgebildeten Gehirnforschern erkennt diese Probleme nicht. Das ist auch der Grund dafür, warum viele Kritiker vor dieser „New Phrenology" warnen.[12.6]

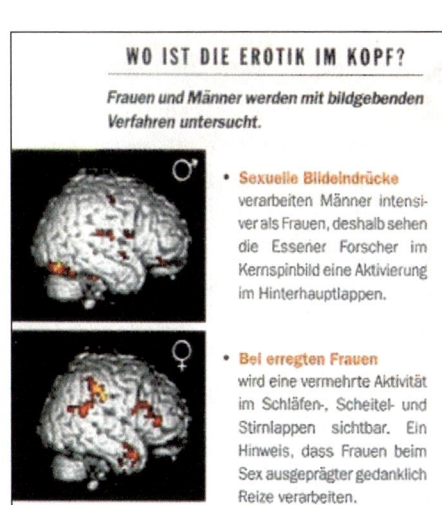

WO IST DIE EROTIK IM KOPF?

Frauen und Männer werden mit bildgebenden Verfahren untersucht.

♂
- **Sexuelle Bildeindrücke** verarbeiten Männer intensiver als Frauen, deshalb sehen die Essener Forscher im Kernspinbild eine Aktivierung im Hinterhauptlappen.

♀
- **Bei erregten Frauen** wird eine vermehrte Aktivität im Schläfen-, Scheitel- und Stirnlappen sichtbar. Ein Hinweis, dass Frauen beim Sex ausgeprägter gedanklich Reize verarbeiten.

Abbildung 12.2:
Die neue Phrenologie

Illustrierte suggerieren in ihren Berichten, dass es beispielsweise spezielle Gehirnbereiche für Erotik gäbe

Die ungeklärten Funktionszusammenhänge

Kennt man nun die Aufgaben, die man dem Konsumenten vorlegt und bekommt man schließlich ein schönes Gehirn-Bild, sind auch dann die Probleme bei Weitem nicht gelöst. Ein Hirnscanner zeigt in der Regel nur, welche Gehirnbereiche aktiv sind, aber nur mit erheblichem Aufwand, wie diese Gehirnbereiche zusammenspielen.[12.1] In der kommerziellen Forschung wird dieser Aufwand nicht betrieben, Es kann nämlich sein, dass bei einer Aufgabe ein Gehirnbereich vom anderen verstärkt wird. Genauso ist es aber auch möglich, dass der andere Gehirnbereich hemmend wirkt. In beiden Fällen erfolgt eine Aktivierung; das Gehirnbild ist in beiden Fällen das gleiche, doch die funktionalen Zusammenhänge im Kopf sind völlig unterschiedlich. Auch extrem schnelle zeitliche und elektrische Abläufe zwischen den Gehirnbereichen erfasst der Scanner nicht, weil es Sekunden dauert, bis sich die Sauerstoffkonzentration verändert. Auch viele kleine automatisierte, extrem energiesparende Denkprozesse, und das sind die meisten, erkennt der Scanner kaum.[12.3]

Schauen wir uns in diesem Zusammenhang die Marken-Untersuchungen der Uni Münster und von Coca-Cola an. Beide Male wurden den Versuchspersonen Marken vorgelegt. Allerdings mit extrem unterschiedlichen Ergebnissen. Während bei der Uni Münster bekannte Marken zu einer Deaktivierung des vorderen Kortex führten, passierte bei der Coca-Cola-Studie das genaue Gegenteil. Bei Präsentation der bekannten Coca-Cola wurde der gleiche Bereich im Kortex erheblich stärker aktiviert! Das ist ein gewaltiger Unterschied. Der eigentliche Grund dafür liegt in der unterschiedlichen

Aufgabenstellung. Bei Coca-Cola mussten die Versuchspersonen eine bewusste Entscheidung zwischen Pepsi und Coke treffen. In der Untersuchung der Universität Münster dagegen wurden Marken ohne Entscheidungsaufgabe präsentiert. Genau darum geht es aber: Schon eine kleine Veränderung der Aufgabe kann das funktionale Zusammenspiel verschiedenster Gehirnregionen dramatisch verändern.

Das große Problem: Die Emotionen

Bleiben wir noch kurz bei den technischen Problemen. Während die Verarbeitung von Denkvorgängen und Wahrnehmungen in unserem Großhirn eher großflächig und unspezifisch erfolgt, sind die Emotions- und Motivationssysteme in den unteren Gehirnbereichen extrem differenziert und bestehen aus komplexen Netzwerken kleinster Kerne. In der kaum Daumennagel großen Amygdala sitzen allein fast 10 Kerne mit höchst unterschiedlichen Aufgaben. Diese Kerne sind sowohl untereinander als auch mit anderen Gehirnbereichen in komplexen Schaltkreisen verbunden Ähnlich hohe Komplexität herrscht im Hypothalamus und im Gehirnstamm. Beide spielen, wie wir wissen, eine enorm wichtige Rolle in unserem Emotions- und Motivationssystem. Leuchtet beispielsweise die Amygdala auf dem Computerbild auf, kann ein Gehirnforscher nicht darauf schließen, welche Emotionen gerade verarbeitet werden. Die Amygdala ist nämlich an fast allen Emotionen beteiligt. Zudem erfolgen die Abläufe extrem schnell. Auch die Auflösung des Scanners sorgt für Probleme. Die meisten Geräte können Gehirnbereiche nur bis ungefähr 2 bis 3 mm Größe abtasten. Die Sub-Kerne und Strukturen im Motiv- und Emotionssystem sind aber oft kleiner und weit komplexer. Zwar kann man am Scanner-Bildschirm extrem starke Emotionen wie Depressionen oder Panik erkennen. Im Marketing kann man damit aber weniger anfangen, weil es um ein viel nuancierteres Spiel der Emotionen geht. Aus diesem Grund freuen sich die Gehirnforscher über den Lustkern, den Nucleus Accumbens, der zum Stimulanz- und Belohnungs-System gehört. Er ist erstens ziemlich groß und zweitens lange nicht so komplex wie zum Beispiel Hypothalamus oder Amygdala.

Gehirnbilder sprechen nicht für sich

Ungeachtet der technischen Fragen, die sich sicher in den nächsten Jahrzehnten minimieren werden, gibt es ein weit größeres Problem. Die Bilder, die aus dem Hirnscannern kommen, sprechen nicht für sich – sie müssen interpretiert und gedeutet werden. Es muss also gesichertes Wissen darüber geben, wie die Gehirnbereiche zusammenspielen und welche Funktionen sie genau haben. Es muss Einigkeit darüber herrschen, welche Motivations- und Emotionssysteme in unserem Kopf existieren und wie Lern- und

Denkvorgänge ablaufen. Von solchen allseits getragenen und akzeptierten Modellen sind wir noch weit weg.[(12.3; 12.6)]

Das Experten-Dilemma

Nehmen wir einmal an, es gäbe solche Modelle. Dann bräuchte man Experten, die sich in allen Strukturen, Abläufen und Details des Gehirns auskennen und die zusätzlich genau Bescheid wissen, welche Motivations- und Emotionssysteme in unserem Kopf existieren und wie Lern- und Denkvorgänge ablaufen. Diese Wollmilchschwein-Experten gibt es nicht! Fast alle Gehirnforscher arbeiten auf sehr engen Spezialgebieten, mit eigenen spezialisierten Denkmodellen. Diese ausgesprochenen oder unausgesprochenen Denkmodelle beeinflussen und steuern die Interpretation. Wenn es um Fragen der Neuromarketing-Marktforschung geht, gibt es viele Ungewissheiten, die psychologischer Natur sind, vor allem, wenn es sich um komplexere Motive und Entscheidungsstrukturen handelt. Eine Lösung wären Forschungsteams aus Radiologen, Neurowissenschaftlern, Psychologen und Marketingexperten. Damit ein sinnvoller Dialog zustande käme, müssten alle Experten zumindest die Grundlagen der Nachbarwissenschaften kennen. Ein hoher Anspruch. Angesichts der enorm hohen Kosten, die allein für die Nutzung der fMRI-Systeme anfallen, wäre das eine zusätzliche und hohe Kostenposition. Schon heute kostet eine relativ einfache Neuromarketing-Studie mit wenigen Versuchspersonen und ohne Expertenteam um die 40.000 bis 100.000 Euro.

Was leisten Hirn-Scanner im Marketing wirklich?

Angesichts des enormen Aufwands und der aufgezeigten Probleme ist die Frage berechtigt, ob der Einsatz von Hirnscannern

- ein kurzlebiger Modetrend ist,
- die Marktforschung revolutioniert und alle anderen Verfahren ersetzt,
- die bekannten Marktforschungsmethoden ergänzt?

Das Letztere ist der Fall. Hirnscanner bringen Ergebnisse, die von anderen Forschungsmethoden nicht erbracht werden.[(12.5)] Aus diesem Blickwinkel wollen wir nochmals die Coca-Cola-Untersuchung betrachten. Zunächst einmal hat die Untersuchung bestehende Erkenntnisse bestätigt, die Coca-Cola ein stärkeres Markenimage attestieren. Subjektive Befragungen wurden durch Gehirnbilder und durch andere Erklärungsmodelle, nämlich Abläufe im Kopf des Kunden, ergänzt. Welche praktische Relevanz haben diese Ergebnisse nun für die Coca-Cola-Manager? Man kann natürlich sagen, allein die Pressewirkung hat die Untersuchungskosten mehrfach eingespielt. Das ist sicher richtig. Aber welche Handlungsableitungen kann man daraus ziehen? Das Rezept verbessern, sodass nicht nur das Großhirn, sondern auch der Nucleus Accumbens aufleuchtet? Vielleicht. Wenn man allerdings an die Konsumentenreaktionen bei der letzten Rezept-Umstellung denkt, ist die Idee möglicherweise doch nicht so gut. Alles in allem ist der Erkenntniswert eingeschränkt.

Aus den Gehirnbildern ergibt sich nicht, in welchen Image- und Emotionswelten Coca-Cola besonders gepunktet hat. Genauso wenig kann man aus den Bildern erkennen, welche bewussten und unbewussten Vorstellungen mit Coca-Cola und seinem Markenkern im Kopf des Konsumenten verankert sind. Auf diese und viele weitere Fragen, die für die Marktforschung wichtig sind, können Gehirnbilder keine Auskunft geben. Zum Beispiel wann und wo das Produkt verwendet wird, welche Unterschiede in der Produkt- oder Markenbewertung zwischen verschiedenen Zielgruppen bestehen und was Kunden von einem guten Auto-Service erwarten. Immer wenn es insbesondere um komplexere Einschätzungen, Zusammenhänge oder Erlebnisse von Kunden in der Marktforschung geht, bleiben Gehirnbilder stumm.

Das harte Problem der Hirnforschung

Das gerade geschilderte Problem, dass Computerbilder weder etwas über subjektive Geschmacks-Urteile noch über Inhalte von Marken- und Image-Einschätzungen sagen können, ist das Kernproblem der Hirnforschung und Neurophilosophie: Das sogenannte Gehirn-Geist-Problem. Subjektiv berichtete Erlebnisse (Geist) wie beispielsweise „Ich liebe Sonnenuntergänge am Strand" und gleichzeitig gemessene physikalische Gehirn-Daten wie zum Beispiel gesteigerter Sauerstoffverbrauch, beschreiben zwar das gleiche Phänomen. Sie tun dies aber in völlig unterschiedlichen und eigenständigen Beschreibungssprachen. Zwar gibt es Zusammenhänge, sogenannte Korrelationen. Man kann aber ein Beschreibungssystem nicht durch das andere ersetzen. Betrachten wir dazu nochmals den Nucleus Accumbens, den Lustkern. Sowohl in der Coca-Cola-Untersuchung wie auch in der DaimlerChrysler-Untersuchung leuchtete er auf. Einmal beim Anblick eines Sportwagens, das andere Mal beim Genuss von Pepsi-Cola. Er leuchtet aber auch auf, wenn eine Versuchsperson um Geld Karten spielt und einen Gewinn erwartet oder wenn sich Menschen auf ein schönes Konzert freuen. Das Aufleuchten des Lustkerns kann also viel bedeuten. Erst wenn man durch klassische Marktforschung die Erlebnisse des Kunden erkundet, erkennt man die Feinheiten und Unterschiede. Im Scanner kann man dann durch das Aufleuchten des Nucleus Accumbens feststellen, wie stark die beteiligten Emotionen wirklich sind und welche Gehirnbereiche an der Verarbeitung der Erlebnisse sonst noch beteiligt sind. Aus diesem Grund ergänzen sich der Hirnscanner und die klassische Marktforschung und erweitern unseren Wissenshorizont. Auch wenn sich heute der Erkenntniswert der Scanner-Bilder für das Marketing noch in Grenzen hält, so muss das zukünftig nicht so bleiben. Die technische Verbesserung der Systeme, die interdisziplinäre Zusammenarbeit von Experten bei solchen Untersuchungen und die weitere zu erhoffende Verknüpfung der Erkenntnisse verschiedenster Disziplinen zu praxisnahen Modellen, wird dem Marketing weitere und wichtige Impulse bringen.

Für eine Erweiterung des Neuromarketing-Begriffs

In der öffentlichen Diskussion wird oft der Einsatz von Hirnscanner mit Neuromarketing gleich gesetzt. Die Erkenntnisse dieser Forschungsrichtung sind zweifellos wichtig. Aber sie repräsentiert nur einen Ausschnitt aktueller Hirnforschungsmethoden und ist auch nur für bestimmte Fragestellungen geeignet. Die Erkenntnisse der gesamten Hirnforschung und der Nutzen für die Marketingpraxis sind um ein Vielfaches umfangreicher und größer, als der Beitrag, den Hirnscanner heute im Marketing leisten können.

Ich habe in diesem Buch versucht, genau dies zu zeigen und das breite Spektrum der Gehirnforschung und ihrer Erkenntnisse für Marketing- und Verkauf praxisnah zu erschließen: Beispielsweise,

- welche Emotions- und Motivsysteme es in unserem Gehirn gibt und wie sie sich auswirken;

- wie wir durch die Brille dieser Emotions- und Motivsysteme die Welt strukturieren;

- wie Kaufentscheidungen im Kopf fallen;

- wie sich unterschiedliche Zielgruppen psychologisch, aber auch aus Sicht der Gehirnforschung unterscheiden;

- was Marken für das Gehirn sind und wie sie wirken;

- wie man mit Cue-Management Kaufentscheidungen beeinflusst;

- wie sich Kunden am POP verhalten.

Ist die Hirnforschung nun die allein selig machende Forschungsrichtung, wenn es um Konsumentenverhalten geht? Mit Sicherheit nicht. Denn viele Konstrukte und Gedanken der Hirnforschung basieren auf psychologischen Erkenntnissen und Theorien. Aber: Erst aus der Verknüpfung von Psychologie und Gehirnforschung entstanden und entstehen völlig neue Einsichten wie der Kunde denkt und kauft.

Abschließende Bemerkungen

Wir nähern uns dem Ende dieses Buches. Eingangs habe ich einige Mythen aufgezählt, die einer grundlegenden Korrektur bedürfen. Insbesondere der Mythos vom rationalen, vernünftigen Konsumenten, der selbstbewusst und frei seine Entscheidungen trifft. Ich habe zu beweisen versucht, dass dies ein Irrtum ist. Ein weiterer Mythos war und ist, dass Alters- und Geschlechtsunterschiede so gut wie keine Rolle spielten. Auch hier gibt es vielfältige Beweise, dass unterschiedliche Gehirnstrukturen und ein unterschiedlicher Mix der Hormone und Neurotransmitter das Konsum- und Kaufverhalten entscheidend beeinflussen. Zugegeben, was für die einen spannend ist, mag für die anderen etwas erschreckend sein. Sie wehren sich gegen diese Erkenntnisse, weil damit auch ein Thronsturz des Menschen als selbstbestimmtes und freies Wesen verbunden ist. Auch der Vorwurf, man könne Menschen nicht auf Biologie reduzieren wird laut. Aber es hilft nichts. Zweifellos haben Kultur und Erziehung einen großen Einfluss, aber auch sie wirken auf unser Gehirn und unsere Gene zurück und verändern sie. Es geht auch nicht darum einen radikalen Biologismus zu proklamieren, der den Konsumenten auf Gehirnstrukturen und Neurotransmitter reduziert. Viel mehr ist es und war es immer mein Anliegen, den ungeheuren Einfluss dieser zweiten unbeachteten Seite aufzuzeigen und Marketing-Mythen zu entlarven, die auf Wunsch und Hoffnung, aber nicht auf Tatsachen gründen. Genauso wie ich mich selbst damit abgefunden habe, nicht ganz so frei in meinen Entscheidungen zu sein, wie es mir mein Bewusstsein vorgaukelt, genauso wenig ist es der Konsument. Wer seine Verkaufs- und Marketingstrategie nicht auf Mythen aufbaut, sondern gesicherte Erkenntnisse nutzt, wird selbst wesentlich erfolgreicher sein. Gewinner im Spiel ist aber auch der Konsument, weil auf seine vielfältigen und wahren Bedürfnisse und Wünsche besser eingegangen wird und er nicht auf eine „Preis-ist-alles-Rechenmaschine" reduziert wird.

Alle in diesem Buch vorgestellten Überlegungen und Erkenntnisse sind hoffentlich so dargestellt, dass sie auch für ein breites Publikum nachvollziehbar sind. Als Fachmann oder Fachfrau, die Sie im Marketing und Vertrieb tätig sind, haben Sie hoffentlich genügend Anregungen für Ihre tägliche Praxis bekommen. Wenn Sie als Leser einfach an der Welt und am Menschen interessiert sind, hat Ihnen das Buch etwas Einblick in Ihre Mitmenschen aber auch in Ihr eigenes Konsum- und Kaufverhalten gegeben. Und wenn Sie sich politisch gegen Konsumterror engagieren, können Sie dieses Buch als Einblick in die Waffenkammer Ihres Gegners verwenden und Gegenstrategien entwerfen. Die Welt in ihren Meinungen und ihren Zielen ist vielfältig und das ist gut so. Wir brauchen die Marketingmanager(innen), und Verkäufer(innen), die neue spannende Produkte entwickeln, für Erlebnisse und für Vielfalt in den Regalen sorgen. Genauso brauchen wir aber auch deren Kritiker, die einem ungestümen und egoistischen Hedonismus und Egoismus Einhalt gebieten, uns an unsere Verantwortung für andere erinnern und uns ins Gedächtnis rufen, dass ein erfülltes Leben auch außerhalb von Kaufen und Konsum möglich ist.

Bleibt noch wie immer der letzte Satz. Gleich ob Sie mit meinen Ausführung einverstanden sind oder nicht, wenn Sie Gegenargumente, Kritiken oder Fragen haben – vorne im Buch ist meine E-Mail-Adresse abgedruckt. Ich freue mich auf Ihre Zuschrift und werde Sie beantworten, auch wenn dies manchmal ein paar Tage dauern kann.

Noch ein kleiner Hinweis in eigener Sache:

Leser, die sich für einen umfassenden Einblick in den aktuellen Forschungsstand des Neuromarketings interessieren, empfehle ich das von mir heraus gegebene Buch:

„Neuromarketing – Erkenntnisse der Hirnforschung für Markenführung, Werbung und Verkauf" (Haufe 2007). Führende internationale Neuromarketing-Experten zeigen, was Neuromarketing leisten, aber auch nicht leisten kann.

Die Essentials aus Teil 3:

1. Marken sind neuronale Netzwerke im Gehirn des Kunden, in denen funktionale und emotionale Aspekte des Produkts und der Werbebotschaft zu einem Gesamtbild verknüpft sind. Bei der Auswahl zwischen zwei Produkten siegt das Produkt, dessen neuronales Markennetzwerk mehr Emotionen aktiviert.

2. Erfolgreiche Marken aktivieren mehrere Emotionsfelder gleichzeitig, zusätzlich erzählen sie eine Geschichte, einen Mythos, der meist mit einer Gründerpersönlichkeit verbunden ist.

3. Perfektes Cue-Management wendet sich an alle Sinne des Kunden und achtet auf das kleinste Detail bei Produktgestaltung, Sprache, Design, Haptik, Geruch usw. Die meisten Signale und Botschaften wirken unbewusst, haben aber trotzdem eine enormen Einfluss auf die Kaufentscheidung.

4. Auch am POS gibt es viele Möglichkeiten den Kunden zu gewinnen oder zu verärgern. Im Gehirn des Kunden sind viele Programme gespeichert, deren Kenntnis und Nutzung zu erheblichem Mehrumsatz am POS führt.

5. Neuromarketing, insbesondere der Hirnscanner (fMRI) kann die klassische Marktforschung nicht ersetzen, weil allenfalls sichtbar wird, welche Gehirnbereiche aktiv sind, aber nicht, was der Kunde denkt. Untersuchungen mit fMRI sind im Vergleich zum Erkenntnisgewinn derzeit noch zu teuer.

6. Die Beschränkung des Begriffs Neuromarketing auf die Anwendung des Hirnscanner ist falsch. Wirkliches Neuromarketing sollte die vielfältigen und spannenden Erkenntnisse der modernen Gehirnforschung für Marketing und Verkauf anwendbar machen.

Infoboxen

Infobox 1

Das Balance-System aus der Perspektive der Wissenschaften

Psychologie	Angst, Furcht; Phobie, Neurotizismus, Behavioral Inhibition System, Depression. Diese Konstrukte bezeichnen zwar nicht genau dasselbe, haben aber doch einen gemeinsamen Kern. Angst beispielsweise ist auf unspezifische Situationen mit Zukunftsaspekt bezogen, während sich Furcht auf konkrete Objekte richtet.
Gehirnforschung	Angst, Furcht und Panik sind in einem großen funktionalen „Fear-System" vereinigt. Es gibt funktionelle Unterschiede. Die Furcht vor Objekten wird in der Amygdala (Mandelkern) verarbeitet, Unspezifische Angst eher im septo-hippokampalen System. Panikreaktionen dagegen (Flucht, Kampf, Erstarrung) werden stärker im Hypothalamus und im periaquäduktalen Grau (PAG) ausgelöst. Wichtigste Neurotransmitter und Hormone sind: Gamma-Amino-Butter-Säure (GABA), Serotonin, Cortisol. Entgleist dieses System, kommt es zu Angstzuständen, Panikattacken und zur Depression.

Infobox 2

Das Stimulanz-System aus der Perspektive der Wissenschaften

Psychologie	Diversive Neugier (zu unterscheiden vom ängstlichen Suchverhalten). In der englischsprachigen Forschung sind es Konstrukte wie beispielsweise „Sensation-Seeking"oder „Novelty Seeking".
Gehirnforschung	Der amerikanische Neurobiologe Panksepp hat dem Stimulanz-System den Namen „Seeking" gegeben. Dieses gesamte System wird auch oft als mesolimbisches dopaminerges Belohnungssystem bezeichnet. Das „Seeking-System" sucht nach Belohnung und sagt dem Organismus, wo eine Belohnung zu erwarten ist. Das „Seeking-System" beginnt im oberen Hirnstamm, im sogenannten ventralen Tegmentum (VTA) und zieht sich über den Hypothalamus, den Nucleus Accumbens über ein Nervenfaserbündel (Medial Forebrain Bundle – MFB) bis in das vordere Großhirn. Alle aufgezählten Gehirnbereiche werden dem limbischen System zugerechnet. Manche Gehirnforscher bezeichnen es auch als Lustzentrum in unserem Kopf. Das stimmt allerdings nur zum Teil, weil dieses System nur für die lustvolle Erwartung der Belohnung zuständig ist (Antizipation). Die befriedigende Lust, die sich beim Konsum der Belohnung (Konsumation) einstellt, wird oft in anderen Gehirnzentren verarbeitet. Das Seeking-System hat neben seinem positiven Grundcharakter auch einen Nachteil: Viele krankhafte Süchte haben dort ihr Zentrum. Der Neurotransmitter, der das Seeking-System antreibt, ist das Dopamin. Entgleist dieses System, sind Krankheiten wie Manie die Folge, die sich beispielsweise auch in einem unstillbaren Kauf- und Konsumzwang und einer heillosen Überschuldung der Patienten zeigt.

Infobox 3

Das Dominanz-System aus der Perspektive der Wissenschaften

Psychologie	Viele psychologische Motive und Konstrukte sind eng mit dem Dominanz-System verknüpft. Beispielsweise das „Machtmotiv", das „Durchsetzungsmotiv", das „Leistungsmotiv" usw. Die negative Seite des Dominanz-Systems wird durch den Begriff der Aggression ausgedrückt.
Gehirnforschung	In der Gehirnforschung wird Dominanz oft als „Rage (Wut)/Aggression" bezeichnet. Die Gehirnforschung unterscheidet zwischen zwei Hauptformen der Aggression: instrumentelle Aggression und reaktive Aggression. Das Ziel der instrumentellen Aggression ist, sich durchzusetzen, um seine eigenen Ziele zu verwirklichen. Konkurrenten oder Gegner, die sich in den Weg stellen, werden verbal oder körperlich angegriffen. Die instrumentelle Aggression ist die Form, die vom Dominanz-System abgedeckt wird. Gehirnbereiche, die sich mit ihrer Ausführung und Verarbeitung beschäftigen, sind u.a. der mediale Kern der Amygdala, Teile des Hypothalamus und Kerne im Hirnstamm. Auch alle diese Bereiche zählen zum limbischen System. Die entsprechenden Nervenbotenstoffe und Hormone sind das Testosteron, Glutamat, MAO, Substanz P, aber auch Dopamin usw. Die reaktive Aggression, die im beobachteten Verhalten oft nicht von der instrumentellen Aggression unterschieden werden kann, wird vom Angst-Panik-System (siehe Balance) ausgelöst. Sie ist Teil der Panikreaktion, die bei großen Bedrohungen aktiviert wird. Es gibt noch eine weitere Aggressionsform, die Brutpflege-Aggression. Läuft das Dominanz-System aus dem Ruder, führt das zu psychopathischen und antisozialen Persönlichkeitsstörungen.

Infobox 4

Die Machtkämpfe im Kopf aus der Perspektive der Wissenschaften

Psychologie	Einer der renommiertesten deutschen Psychologen, Norbert Bischoff, kommt mit seinem von ihm aufgestellten Zürcher Modell zu einer ähnlicher Motivdynamik, auch wenn die Bezeichnungen seiner Motive aus heutiger Sicht etwas unglücklich und missverständlich sind.
Gehirnforschung	Diese Grundlogik zwischen einem expandierenden, nach vorne treibenden System und einem hemmenden Gegenpart findet sich auch in der Gehirnforschung. Hier sind insbesondere die Forschungen von Jeffrey A. Gray zu nennen. Beide Systeme kennen wir bereits: Das sogenannte mesolimbische und mesokortikale Dopamin-System im Gehirn scannt unsere Welt nach Belohnungs-und Expansionsmöglichkeiten ab. In der englischsprachigen Literatur wird es auch „Behavioral Acitivation System = BAS" genannt. Das septo-hippokampale Angstsystem dagegen macht uns auf drohende Gefahren und zweifelhafte Situationen aufmerksam. Seine englische Bezeichung ist „Behavioral Inhibition System = BIS". In der Mitte dieser beiden Systeme – quasi als Zünglein an der Waage – stehen die Amygdala und ein Teil des vorderen Großhirns (orbitofrontaler Kortex und ventromedialer Kortex).

Infobox 5

Die wichtigsten Nervenbotenstoffe und ihre Wirkung

Wirkung

Serotonin	Macht ruhig und gelassen. Ist zu wenig Serotonin vorhanden, kommt es zu Reizbarkeit, Aggression, Angst und Depression.
GABA (Gamma Amino Butric Acid)	Dämpft und nimmt Angst. Ist zu wenig GABA vorhanden, kommt es zu Angst und Depression.
Dopamin	Treibt an, macht euphorisch und ist an Neugier beteiligt. Wichtige Funktion auch bei der Handlungsplanung.
Noradrenalin	Sorgt für unspezifische Aktivierung, Erregung und Wachheit des Gehirns.
Cortisol	An der Stress- und Angstreaktion des Körpers beteiligt. Sorgt mit dafür, dass im Körper Energie für Flucht und Kampf mobilisiert werden.
Acetylcholin	Wichtig beim Gedächtnisaufbau und bei der Verankerung von Lerninhalten im Gehirn. Stimmungsaufhellende Wirkung.
Östrogen	Wichtig für weibliche Sexualität. Wirkt eher stimmungsaufhellend und optimistisch, macht weich und sensibel.

Testosteron	Wichtig für männliche Sexualität. Macht optimistisch und aggressiv/kämpferisch.
Oxytocin	Sorgt bei Frauen für Bindung an männlichen Partner, wichtig für Fürsorge/Empathie.
Vasopressin	Sorgt bei Männern für Bindung an weiblichen Partner und „Nestverteidigung", auch stark bei Eifersucht involviert.
Prolactin	Wichtig bei der Milchproduktion während der Stillzeit. Macht ruhiger und reduziert Sexualtrieb.

Infobox 6

Das limbische System, seine wichtigsten Akteure und ihre Funktionen

Amygdala *(Mandelkern)*	Die mächtige graue Eminenz und Schaltstelle. Sie ist maßgeblich an der emotionalen Bewertung von Objekten beteiligt und ein wichtiger Teil des Balance- und Dominanz-Systems. Sie ist aber auch am Stimulanz-System beteiligt.
Orbitofrontaler und ventromedialer Kortex:	Ebenfalls an der Bewertung von Objekten beteiligt. In ihnen laufen die Motiv- und Emotionssysteme zusammen. Auch emotionale multisensorische Erfahrungen werden hier verknüpft. Hier werden ebenfalls emotionale Erfahrungen abgespeichert. Beide Bereiche sind wichtige Komponenten des emotionalen Rechenzentrums des Neokortex.
Gyrus Cinguli	Wichtige Schnittstelle zwischen limbischem System und Neokortex. Wird bei Emotions- und Motiv-Konflikten aktiviert. Stark an der Konstruktion des „Ich-Bewusstseins" und an der Berechnung von Zukunftserwartungen beteiligt.
Hippocampus	Emotionales Lernzentrum. Verknüpft Objekt- und Situationsmerkmale mit emotionaler Bewertung und speichert Erfahrung im Neokortex ab. Nicht zuständig für Lernen von Bewegungen und reinen Fakten.
Nucleus Accumbens	Wichtiger Kern im Stimulanz-/Belohnungssystem („Lustkern"). Mit zuständig für die Belohnungsvorhersage. Als Teil der Basalganglien ist das Striatum wichtige Übergangsstation vom Wunsch zur Handlung.

Septum	Wichtiger Teil des Balance-Systems. Verhaltenshemmender Einfluss. Gemeinsam mit Hippocampus an pessimistischer (ängstlicher) Situations- und Zukunftsbewertung beteiligt. Tritt in Aktion, wenn vorhergesagte Belohnung nicht eintritt.
Hypothalamus	Der „Feldwebel" im limbischen System. Er setzt die Bewertung z. B. der Amygdala um, indem er die Ausschüttung von Nervenbotenstoffen veranlasst und den Körper aktiviert. Zentrum für Hunger, Durst, Sex.
Gehirnstamm	„Startpunkt" der Motiv- und Emotionssysteme. Schlaf-Wach-Aktivierung. Außeninformation und Inneninformation aus dem Körper werden zu Gesamtbild integriert. Aufrechterhaltung des emotionalen und physiologischen Gleichgewichts.

Infobox 7

Der Neokortex, seine wichtigsten Akteure und ihre Funktionen

Präfrontaler Kortex (*„Stirnhirn"*)	Zuständig für Zukunftsplanung, Handlungsvorbereitung und Problemlösung. Sitz der Intelligenz und des Arbeitsgedächtnisses. Im präfrontalen Kortex werden Informationen aus anderen Kortex-Arealen zusammengeführt. Sitz der Sprache.
Orbitofrontaler und ventromedialer Kortex (*Teile des limbischen Systems, gehören zum präfrontalen Kortex*)	Stark an der Bewertung von Objekten beteiligt. In Ihnen laufen die Emotionssysteme zusammen. Hier werden teilw. auch emotionale Erfahrungen abgespeichert. Zentrale Bereiche des emotionalen Rechenzentrums des Neokortex.
Temporaler Kortex (*Seitlicher Kortex*)	Hier werden Sinneseindrücke aus verschiedenen Sinnesbereichen zu einem Objekt-Gesamtbild zusammengesetzt. Wichtig für Hören und Sprache, aber auch für Objekterkennung und Objektkonstanz. Wichtig für das Lernen und Speicherung von Information.
Motorischer Kortex	Zuständig für die Speicherung und mit zuständig für die Steuerung von Bewegungen.
Sensomotorischer Kortex	Zuständig für die Verarbeitung von Sinneseindrücken z. B. aus Fingern, Armen, Körperstellung und Körperhaltung. Mit zuständig für Koordination des Körpers in Zeit und Raum.

Parietaler Kortex	Verdichtet die visuellen Sinneseindrücke aus dem occipitalen Kortex und die Körper-Sinneseindrücke aus dem sensomotorischen Kortex. Ist stark an der raumzeitlichen Bewegungsplanung und Steuerung beteiligt.
Occipitaler Kortex *(hinterer Kortex)*	Visueller Kortex. Verarbeitet die visuellen Sinneseindrücke zu Mustern und Objekten.

I. Basis-Literatur:

Nachfolgend einige Literaturempfehlungen für jene Leser, die sich einen allgemeinen Überblick über die Gehirnforschung verschaffen wollen und dabei Wert auf leichte Verständlichkeit legen.

B1: Damasio, A. R. (2000): *Ich fühle also bin ich.* München: List Verlag

B2: Edelmann, G. & Tononi, G. (2002): *Gehirn und Geist.* München: C.H. Beck

B3: Häusel, H. G. (2000/2003): *Think Limbic!* Planegg: Haufe Verlag

B4: Häusel, H. G. (2002): *Limbic Success!* Planegg: Haufe Verlag

B5: LeDoux, J. (2002): Das Netz der Persönlichkeit. Düsseldorf: Walter-Verlag

B6: Roth, G. (2003): *Aus Sicht des Gehirns.* Frankfurt: Suhrkamp

B7: Singer, W. (2003): *Ein neues Menschenbild.* Frankfurt: Suhrkamp

B8: Spitzer, M. (2002): *Lernen.* Heidelberg: Spektrum

II. Vertiefende Literatur:

Für interessierte Leser, die sich mit den im Buch aufgezeigten Themen weiter beschäftigen wollen, ist die Vertiefungsliteratur nach Kapiteln und Themen geordnet

Kapitel 1:
Hirnforschung – den geheimen Verführern auf der Spur
In diesem Kapitel wird insbesondere ein Überblick gegeben über die verschiedenen Aspekte und Fragestellungen der Gehirnforschung und der Psychologie im Hinblick auf das Verhalten des Menschen und damit des Konsumenten. Vertiefende Literatur:

Gehirnforschung
1.1 Gazzaniga, M. S. (2000): *Cognitive Neuroscience.* New York: W. W. Norton
1.2 Kandel, E. R. et al.(2000): *Principles of Neurosciences.* Stanford: Appelton&Lange
1.3. Roth, G. (2003): *Fühlen, Denken, Handeln.* Frankfurt: Suhrkamp
1.4. Spitzer, M. (2000): *Geist im Netz.* Heidelberg: Spektrum

Neurochemie
1.5 Becker, J. B. et al (2002): *Behavioral Endocrinology.* Oxford: MIT-Press
1.6 Brown, R. E. (1994): *An Introduction to Neuroendocrinology.* Cambridge: Cambridge University Press
1.7 Schulkin, J. (1999): *The Neuroendocrine Regulation of Behavior.* Cambridge: Cambridge University Press
1.8 McEwen, B. S. et al. (2001): *Coping with the Environment Neural and Endocrine Mechanisms.* Oxford: Oxford University Press
1.9. Webster, R. A. (2001): *Neurotransmitters, Drugs an Brain Function.* New York: John Wiley & Sons

Psychologie
1.10 Asendorpf, J. B. (1999): *Psychologie der Persönlichkeit.* Berlin: Springer
1.11 Bierhoff, H. (1998): *Sozialpsychologie.* Stuttgart: Kohlhammer

Marktforschung
1.12 Blackwell, R. D. (2001): *Consumer Behavior.* Mason: South Western College Publishing

Neurophilosophie
1.13 Bieri, P. (2001): *Das Handwerk der Freiheit.* München: Hanser
1.14 Pauen, M. (2001): *Grundprobleme der Philosophie des Geistes.* Frankfurt: Fischer
1.15 Walter, H.(1999): *Neurophilosophie der Willensfreiheit.* Paderborn: Mentis Verlag

Kapitel 2:
Was Kunden wollen! Die wahren Kaufmotive im Gehirn

Schwerpunkt dieses Kapitels sind die menschlichen Motiv- und Emotionssysteme, ihr Zusammenspiel und die Unterscheidung zwischen Motiven, Emotionen und Kognition. Vertiefende Literatur:

Motiv- und Emotionssysteme im Gehirn
2.1 Bischoff, N. (2001): *Das Rätsel Ödipus.* München: Piper
2.2 Bodnar, R. J. (2002): *Central States Relating Sex and Pain.* Baltimore: Hopkins University Press
2.3 Bond, A. J. (1997): *Aggression.* New York: Psychology Press
2.4 Gray, J. A. (2000): *The Neuropsychology of Anxiety.* Oxford: Oxford Medical Publications
2.5 Glicksohn, J. (2002): *Neurobiology of Aggression.* New York: Kluwer Academic Press

2.6 Mattson, M. (2003): *The Neurobiology of Aggression.* Ottawa: Humana Press

2.7 Numan, M. (2003): *The Neurobiology of Parental Behavior.* New York: Springer

2.8 Panksepp, J. (1998): *Affective Neuroscience.* Oxford: Oxford University Press

2.9 Rheinberg, F. (1997): *Motivation.* Stuttgart: Kohlhammer

2.10 Stein, D. J. (2003): *Cognitive-Affective Neuroscience of Depression and Anxiety Disorders.* London: Dunitz

2.11 Volavka, J. (2002): *Neurobiology of Violence.* Arlington: American Psychiatric Publishing

2.12 Zuckermann, M. (2000): *Vulnerabilty to Psychopathology.* Washington: American Psychological Association

Zusammenhang Emotion, Motive Kognition

2.13 Forgas, J. P.(2000): *Feeling and Thinking.* Cambridge: Cambridge University Press

2.14 Lane, R. & Nadel, L. (2000): *Cognitive Neuroscience of Emotion.* Oxford: MIT-Press

2.15 Lewis, M.(2000): *Handbook of Emotions.* Greensboro: Guilford

2.16 Power, M. et al. (2003): *Cognition and Emotion.* New York: Psychology Press

2.17 Smith, C. A. (2000): *Cognition & Emotion.* New York: Psychology Press

2.18 Stephan A. et al. (2003): *Natur und Theorie der Emotion.* Paderborn: Mentis Verlag

Kulturunterschiede

2.19 Holzmann-Seelmann, H. (2004): *Global Player brauchen Kulturkompetenz.* Nürnberg: BW-Verlag

2.20 Seelmann, H. (2007): *The Asian Brain.* In: Häusel, H.G (2007): Neuromarketing.
Planegg: Haufe Verlag

Kapitel 3:
Die unbewusste Logik von Produkten und Märkten
In diesem Kapitel wird dargestellt, wie man durch Kenntnis der Motiv- und Emotionssysteme im Gehirn, die Attraktivität von Produkten und die Struktur von Märkten besser verstehen kann. Vertiefende Literatur:

3.1 Nehlig; A. (2004): *Coffee, Tea, Chocolate and the Brain.* London: CRC Press

Kapitel 4:
Wie Kaufentscheidungen im Kopf des Kunden wirklich fallen

In diesem Kapitel wird dargelegt, wie unser Gehirn aufgebaut ist und welche wesentlichen Funktionen die einzelnen Gehirnbereiche haben. Es wird gezeigt wie Kaufentscheidungen im Kopf ablaufen und welche enorme Rolle das Unbewusste spielt. Vertiefende Literatur:

Gehirnbereiche und ihre Funktionen
4.1 Aggleton, J. P. (2000): *The Amygdala.* Oxford: Oxford University Press
4.2 Förstl, H. (2002): *Frontalhirn.* Berlin: Springer
4.3 Goldberg, E. (2001): *The Executive Brain.* Oxford: Oxford University Press
4.4 Lautin, A. (2001): *Limbic Brain.* New York: Kluwer Academic
4.5 Miller, B. L. et al. (1999): *The Human Frontal Lobes.* New York: Guilford Publications
4.6 Numan, M. (2001): *The Behavorial Neuroscience of septal region.* Berlin: Springer
4.7 Roberts, A. C. et al. (1998): *The Prefrontal Cortex.* Oxford: Oxford University Press
4.8 Rolls, E. T. (1999): *The Brain and Emotion.* Oxford: Oxford University Press
4.9 Salloway, S. (1997): *The Neuropsychiatry of Limbic Disorders.* Washington: American Psychiatric Press
4.10 Uylings, H. B. M. (2000): *The integrative Role of Prefrontal Cortex and Limbic Structures.* New York: Elsevier
4.11 Zald, D. H & Rauch, S. L. (Eds) (2006): *The Orbitofrontal Cortex.* Oxford: Oxford University Press

Gehirnhälften und ihre Funktionen
4.12 Hellige, J. B. (2001): *Hemispheric Asymmetry.* Harvard: Harvard University Press
4.13 Springer, S. P & Deutsch, G. (1998): *Linkes Rechtes Gehirn.* Heidelberg: Spektrum
4.14 Zaidel, E. (2003): *The Parallel Brain.* Cambridge: MIT-Press

Bewusstes und Unbewusstes
4.15 Dehaene, S. (2001): *The Cognitive Neuroscience of Consciusness.* Oxford: MIT-Press
4.16 Libet, B. et al. (1999): *The Volitional Brain.* Exeter: Imprint Academic
4.17 Maasen, S. et al. (2003): *Voluntary Action,* Oxford University Press
4.18 Metzinger, T. (2003): *Being No One.* Bradford: Bradford Book

4.19 Norretranders, T. (1998): *The User Illusion.* London: Penguin Books
4.20 Norretranders, T. (2001): *Spüre die Welt.* Reinbek bei Hamburg: Rowohlt
4.21 Wegener, D. M. (2003): *The Illusion of Concious Will.* Cambridge: MIT-Press

Entscheidungsabläufe im Kopf und im Gehirn
4.22 Gigerenzer, G. et al. (2001): *Bounded Rationality.* Cambridge: MIT Press
4.23 Glimcher, P. W. (2003): *Decisions, Uncertainty, and the Brain.* Cambridge: MIT-Press
4.24 Kahneman, D. et al.(2000): *Choices, Values and Frames.* Cambridge: Cambridge University Press
4.25 Musch, J. et al. (2003): *The Psychology of Evaluation.* Mahwah: Lawrence Publishers
4.26 Raichle, M. E. et al. (1994): *Practice related changes in human brain functional anatomy during nonmotor-learning.* In: Cerebral Cortex, 4, 8-26
4.27 Klein, G. (2004): *The Power of Intuition.* New York: Currency
4.28 Gigerenzer, G. (2007): *Bauchentscheidungen.* München: C. Bertelsmann
4.29 Winkielman, P. et al. (2005): *Unconscious Affective Reactions to Masked Faces.* In: PSPB Vol.31, Nr.1
4.30 Zweig, J. (2007): *Gier – Wie wir ticken, wenn es um Geld geht,* München: Hanser

Kapitel 5:
Gehirn-Typen: Wie man mitten ins Herz seiner Kunden trifft
Schwerpunkt dieses Kapitels sind Persönlichkeitsunterschiede zwischen Konsumenten und daraus abgeleitet psychologische und neurobiologische Zielgruppen. Vertiefende Literatur:

5.1 Amelang, M. & Bartussek, D. (1997): *Differentielle Psychologie.* Stuttgart: Kohlhammer
5.2 Benjamin, J. et al. (2002): *Molecular Genetics and the Human Personality.* Washington: American Psychiatric Publishing
5.3 Grigsby, J. et al. (2000): *Neurodynamics of Personality.* Greensboro: Guilford
5.4 Plomin R. et al. (2003): *Behavioral Genetics.* Washington: American Psychology Asscociation
5.5 Roth, G. (2007): *Persönlichkeit, Entscheidung und Verhalten.* Stuttgart: Klett-Cotta
5.6 Canli, T. (Ed.) (2006): *Biology of Personality and Individual Differences.* New York: Guilford

Kapitel 6:

Sex on the Brain: Warum Frauen anders kaufen als Männer
Dieses Kapitel behandelt psychologische und neurobiologische Geschlechtsunterschiede und die Konsequenzen für Marketing und Vertrieb: Vertiefende Literatur:

6.1   Barett, L. (2002): *Human Evolutionary Psychology.* Princeton: Prince-
      town University Press
6.2   Baron-Cohen, S. (2003): *The Essential Difference.* London: Penguin/Al-
      lan Lane
6.3   Bischoff-Köhler, D. (2003): *Von Natur aus anders.* Stuttgart: Kohlham-
      mer
6.4   Blum, D.(1997): *Sex on the Brain.* London: Penguin Books
6.5   Dabbs, J. M. (2000): *Testosterone and Behavior.* Columbus: McGraw Hill
6.6. Geary, D. (1998): *Male, Female.* Washington: American Psychological
      Association
6.7   McGillicuddy, A. (2002): *The Development of Sex Differences in Cogniti-
      on.* Norwood: Ablex
6.8   Mealey, L. (2000): *Sex differences.* London: Academic Press
6.9   Kimura, D. (2000): *Sex and Cognition.* Cambridge: MIT Press
6.10 Pfaff, D. W. (1999): *Drive- Neurobiological Mechanisms of Sexual Motiva-
      tion.* Cambridge: MIT Press
6.11 Wickler, W. et al. (1998): *Männlich-Weiblich.* Heidelberg: Spektrum
6.12 Brizendine, L. (2007): *Das weibliche Gehirn.* München: Hoffmann und
      Campe
6.13 Einstein, G. (Ed.) (2007): *Sex and the Brain.* Cambridge: MIT Press
6.14 Hines, M. (2005): *Brain Gender.* Oxford: Oxford University Press

Kapitel 7:

Age on the Brain: Die Jungen Wilden und die Neuen Alten
Dieses Kapitel behandelt psychologische und neurobiologische Altersunterschiede und die Konsequenzen für Marketing und Vertrieb: Vertiefende Literatur:

7.1   Abdel Ghany A. et al. (1997): *Consumption Patterns among the Young-
      Old and Old-Old.* In: The Journal of Consumer Affairs, Vol. 31, No. 1,
      1997
7.2   Cutler, N. E (1992): *Aging, Money and Life Satisfaction.* New York:
      Springer
7.3   Graf, P. (2002): *Lifespan Development of Human Memory.* Cambridge:
      MIT Press

7.4 Haan, M. et al. (2003): *Cognitive Neuroscience of Development.* New York: Psychology Press

7.5 Häusel, H. G. (2001): *Geld und Gut in der Beziehung zum Alter.* TU München

7.6 Hof, P. et al. (2001): *Functional Neurobiology of Aging.* London: Academic Press

7.7 Huttenlocher, P. (2002): *Neural Plasticity.* Harvard: Harvard University Press

7.8 Leon-Carrion, J. (2001): *Behavioral Neurology in the Elderly.* London: CRC-Press

7.9 Morley, J. et al. (2000): *Endocrinology of Aging.* Totowa: Humana Press

7.10 Powell, D. H. (1994): *Profiles in Cognitive Aging.* Harvard: Harvard University Press

7.11 Parker, A. et al. (2002): *The Cognitive Neuroscience of Memory.* New York: Psychology Press

7.12 Ricklefs, R. & Finch, C. (1996): *Altern: Evolutionsbiologie und Forschung.* Heidelberg: Spektrum

7.13 Whalley, L. (2001): *The Aging Brain.* Portland: Weidenfeld & Nicolson

7.14 Riddle, D. R. (Ed.) (2007): *Brain Aging.* New York: CRC Press

Kapitel 8:
Marken-Logenplätze im Gehirn
In diesem Kapitel werden Marken aus Sicht der Gehirnforschung beleuchtet. Vertiefende Literatur:

8.1 Bischof, N. (1998): *Das Kraftfeld der Mythen.* München: Piper Verlag

8.2 Esch, F. J. (2004): *Strategie und Technik der Markenführung.* München: Vahlen

8.3 Fuchs, W. (2006): *Tausend und eine Macht.* Zürich: Orell-Füssli

Kapitel 9:
Cue-Management: Die hohe Schule der Verführung
Schwerpunkt dieses Kapitels ist das Management der Signale und Botschaften, die von einem Produkt ausgehen. Vertiefende Literatur

9.1 Lieberman, P. (2002): *Human Language and our Reptilian Brain.* Harvard: Harvard University Press

9.2 Rickheit, G. (2002): *Psycholinguistik.* Tübingen: Stauffenberg

9.3 Pulvermüller, F. (2002): *The Neuroscience of Language.* Cambridge: Cambridge University Press

9.4 Süddeutsche Zeitung (8.7.2004): Martin Zips: *Der Sound des Bieres*

9.5   Wirtschaftswoche (1.7.2004): Tillmann Neuscheler: *Richtiges Gespür*

9.6   Calvert, G. (2004): *The Handbook of Multisensory Processes.* Cambridge: MIT Press

Kapitel 10:
POS & POP: Der Ort der Entscheidung

Dieses Kapitel beschäftigt sich mit den unbewussten Gesetzen am POS. Vertiefende Literatur:

10.1 Eichenbaum, H. (2002): *Cognitive Neuroscience of Memory.* Oxford: Oxford University

10.2 Gluck, M. (2001): *Gateway to Memory.* Cambridge: MIT Press

Kapitel 12
Hirnscanner: Der Blick in die tiefste Seele des Kunden?

Inhalt dieses Kapitels sind die Chancen und Begrenzungen des Neuromarketings, insbesondere der Einsatz von Gehirn-Tomographen für die Marktforschung. Vertiefende Literatur:

12.1 Cabezza; R. (2001): *Handbook of Functional Neuroimaging of Cognition.* Cambridge: MITPress

12.2 Erk, S. et al. (2002): *Cultural objects modulate reward circuitry.* In: Neuroreport 13, 2499-2503

12.3 Dumit, J. (2004): *Picturing Personhood.* Princetown: Princetown University Press

12.4 Kenning, P. et al. (2002): *Die Entdeckung der kortikalen Entlastung.* Münster: Universität Münster

12.5 Smidts, A. (2002): *Kijken in het brein- over de mogelijkheden von neuromarketing.* Rotterdam: ERIM-Rotterdam

12.6 Uttal, W. (2001): *The New Phrenology.* Cambridge: MIT Press

12.7 Marketing-Trend-Innovation (2003): *Dem Käufer in den Kopf geschaut.*

12.8 McClure, S. et al. (2004): *Neural Correlates of Behavioral Preference of Culturally Familiar Drinks.* In: Neuron, Vol. 44, 379 -387

12.9 Huettel, S. et al. (2004): *Functional Magnetic Resonance* Imaging. Sunderland: Sinauer

12.10 Häusel, H. G. (2007): *Neuromarketing.* Planegg: Haufe Verlag

Stichwortverzeichnis